MEMORIA de la HISTORIA

Episodios

Memoria de la Historia pretende ofrecer a los lectores la Historia contada por quienes la hicieron, por los mismos *personajes* que en vez de figurar en las páginas de los libros como objeto pasivo, adquieren voz y nos cuentan su vida y su peripecia en primera persona. La Historia como una novela personal, autobiográfica, en la que todo lo que aparece en estas páginas es verdad, con hechos ciertos y comprobados, pero que se presentan con la inmediatez y el dramatismo que da al relato la voz del protagonista, supuesto historiador de sí mismo gracias a la pluma de unos escritores que consiguen el difícil y apasionante equilibrio entre los materiales de la crónica, tratados con el máximo respeto, y el enfoque que corresponde a la más amena de las narraciones novelescas. Otra vertiente de estas semblanzas es la evocación de *episodios* del pasado en tercera persona con todo el rigor que exige el trabajo del historiador y la amenidad de la novela.

Éste es el objetivo de una colección que aspira a fundir lo más atractivo que pueden ofrecer la historia y la literatura.

Errores y fraudes
de la ciencia y la técnica

Pedro Voltes

Errores y fraudes de la ciencia y la técnica

Equivocaciones, abusos y desastres en el camino de la sabiduría

PLANETA

Córcega, 273-279, 08008 Barcelona (España)
Realización cubierta: Departamento de Diseño de Editorial Planeta
Ilustración cubierta: «Galileo Galilei», según un retrato de J. Sustermar, Galleria degli Uffizi, Florencia, y «Hombres de progreso», de C. Schussle, National Portrait Gallery, Washington (foto Aisa)

Procedencia de las ilustraciones: Anderson-Giraudon y Archivo Editorial Planeta

Primera edición: setiembre de 1995
Depósito Legal: B. 32.756-1995
ISBN 84-08-01555-9
Composición: Foto Informática, S. A.
Papel: Offset Editorial Ahuesado, de Clariana, S. A.
Impresión: Duplex, S. A.
Encuadernación: Serveis Gràfics 106, S. L.
Printed in Spain - Impreso en España

Índice

PRÓLOGO

Este volumen que el lector comienza a examinar se propone darle unas horas agradables; no busca efectos intelectuales de gran bulto ni tampoco se propone librar combate alguno por la verdad, la belleza, la virtud ni el progreso. A estos ideales sí que creían prestar servicio muchos de los personajes que aquí comentaremos. Los que obraban con honradez no siempre salieron bien parados. Si hay fracasos en la ciencia y la técnica es porque dos grandes azotes de la vida humana —el error y el desorden— se han interpuesto a veces entre los propósitos de los estudiosos y su resultado.

No nos lo enseñaron así en la juventud, en general: nos presentaron los productos de la cultura como mensajes excelsos llegados de otro mundo para sacarnos de las penurias de éste y conducirnos a otro contorno más brillante. No se nos señaló que los trabajos científicos y técnicos habían sido desarrollados por hombres como nosotros, insertos en colectividades parecidas a la nuestra y oprimidos por la pobreza, la persecución, la enfermedad, la envidia y la intriga, como puede ocurrir hoy a sus análogos.

Tampoco se nos advirtió que el error —inseparable compañero del quehacer intelectual— no sólo es inevitable sino que a menudo actúa de modo feliz y fecundo. El perseguirlo en las aulas, como se expulsaría a un ratón que hubiera entrado en ellas, condena a ignorar cómo se ha llegado a las grandes conquistas del talento. La situación es parecida a la de un curso de magia de salón donde sólo nos mostraran los efectos pero no los trucos para lograrlos.

Jean-Pierre Lentin ha publicado el pasado año de 1994 un repertorio de errores, bobadas y malicias registrados en la historia de la ciencia. Se intitula *Je pense donc je me trompe* (París, Albin Michel) y, puesto a reivindicar la función coadyuvante que en la ciencia ejerce el error, cita el caso de diversos profesores franceses actuales que encomiendan a sus alumnos que demuestren afirmaciones notoriamente equivocadas para que hagan gimnasia mental acaso de modo más humorístico que manejando sobadas verdades antiguas.

«El conjunto de la ciencia no consiste en nada más que en el refinamiento del pensamiento de cada día», decía Einstein, y añadía: «El misterio eterno del mundo estriba en su comprensibilidad.» El edificio de la ciencia es inacabable, está construido sobre cimientos movedizos y temblorosos y nunca llegará a ser completa y exactamente correlativo al cosmos que estudia. El reconocerlo así presta, sin duda, más servicio a la ciencia que la veneración exagerada a los antecesores, la autovaloración pedante de lo propio y el manejo sectario de nuestro contorno. Ninguno de estos pecados es compatible con una tarea científica provechosa y respetable. A la inversa, ayuda a todos los estudiosos alguna crítica de tales defectos, sazonada con el humor que sea del caso.

I. Torpezas de la sapiencia moderna

1. TEMERIDADES DE LA AVIACIÓN

HUMOR NEGRO EN LA HISTORIA DE LA AERONÁUTICA

La historia aeronáutica contiene buen número de páginas tan grotescas y extravagantes que es inevitable atribuirlas a que sus responsables quisieron divertirse a costa del prójimo. Sólo así cabe explicarse que hayan sido ideados, dibujados, proyectados, pagados, construidos y pilotados artefactos cuya absoluta inadecuación al vuelo podía juzgar hasta un párvulo. Como es natural, no incluiremos en este repertorio aquellos diseños e intentos efectuados por creadores más fantasiosos que expertos. Desde Ícaro en adelante, tales ensayos, por locos que resulten, ayudan a enriquecer la sabiduría aviatoria.

Tampoco vamos a ensañarnos con ejemplares que han padecido la injerencia de impulsos patrióticos o comerciales, causantes de prisas y, con ellas, de defectos que sólo la experiencia puede revelar. Así ocurrió con los DC-10 de la compañía McDonnell-Douglas, que fueron protagonistas de dos clamorosas catástrofes en 1974 y 1979 y otras dos en 1989, en términos que pusieron a la empresa al borde de la quiebra, tan rotundo fue el repudio del público y el griterío de los medios informativos. También sucedió así con los reactores comerciales De Havilland Comet, de bandera británica, primeros de su clase, que experimentaron varios desastres a partir de 1952.

Tales estropicios son tan antiguos como la aviación misma, si no es que lo son todavía más. En efecto, dentro de la primera mitad del siglo XIX, el científico inglés sir George Cayley se sintió estimulado por dos éxitos de la experimentación de su tiempo: por una parte, la posibilidad de ascender en globos, ya perfilada por los Montgolfier unos decenios antes, y, por otra, el invento del ferrocarril por Stephenson, del cual tratamos en otro capítulo de este libro. Sir George quiso refundir ambas conquistas y se dedicó a meditar sobre un aeroplano que llevase una máquina de vapor para moverse por los aires. El avión había de ser del estilo de una cometa, según, más o menos, lo fueron decenios más tarde los fuselajes de los aeroplanos con motor de gasolina. No hubo quien pudiera convencer al inventor de que no había cometa que cargara con una máquina de vapor y la caldera de agua para alimentarla, para no recordar el combustible necesario. En el año 1848 unos discípulos de Cayley, Bill Henson y John Stringfellow, alcanzaron un éxito importante en favor de aquella discutida idea: lograron que volase una maqueta de aeroplano movido por la fuerza del vapor. El triunfo tenía una quiebra importante: el aparato no admitía entonces el peso de un hombre que lo pilotase.

Cuarenta años se pasaron en la pugna contra este inconveniente tan prohibitivo hasta que el insigne astrónomo y físico profesor Samuel Pierpoint Langley lo aclaró: en el año 1886, dentro de los mismos límites de los experimentos anteriores, hizo volar su propia maqueta de aeroplano movido por vapor, la cual pesaba un total de diez kilos. Asistió a la prueba y la avaló con su autoridad el famoso Alexander Graham Bell, inventor del teléfono. Por mediación de él, el presidente McKinley otorgó a Langley espléndidas subvenciones. Con este apoyo, Langley construyó una plataforma de lanzamiento sobre el río Potomac, fabricó un aeroplano al cual denominó *Aerodrome* y se dispuso a probarlo. En aquellas mismas fechas se comenzó a tener noticia práctica de los motores de gasolina, y Langley decidió aplicar uno al fuselaje que ya tenía presto. El motor de combustión interna seguía siendo pesado en aquella etapa. Aun así, en 1901 Langley hizo volar una maqueta de su invento. En 1903 se propuso que lo hiciera el *Ae-*

rodrome, y por dos veces el trasto se fue de morro al agua. El prestigioso inventor lo dejó correr.

El destino estuvo sarcástico con él, porque sólo nueve días más tarde, el 17 de diciembre de 1903, los hermanos Wilbur y Orville Wright, mecánicos de bicicletas, lograron en Kitty Hawk, estado de Carolina del Norte, volar con motor por cuatro veces. Los Wright patentaron el invento y tuvieron entre sus primeros clientes al ejército de su país. Su éxito irritó y sublevó a extensos sectores: por un lado, los estamentos científicos no pudieron asimilar que donde había fracasado todo un secretario de la Smithsonian triunfasen un par de mecánicos de bicicletas, y Graham Bell se puso al frente de un consorcio para estropearles el triunfo a aquellos muertos de hambre y revisar las causas —a sus ojos accidentales— del fracaso de Langley.

Los círculos industriales no simpatizaban tampoco con que la patente fuera a salirse de sus cotos, y el fabricante de motos Glen Hammond Curtis se propuso impugnar los derechos de los Wright y demostrar que el primer aeroplano eficaz del mundo había sido el de Langley. Un tiempo después era éste —reconstruido y amañado— el que era exhibido en la Smithsonian Institution de Washington, mientras que el aeroplano de los Wright no entró en sus naves de exhibición hasta 1948. Curtis puso empeño en aquel desgarbado pleito y sus aeroplanos del modelo Langley fueron cayéndose como plomos. Tuvo que diseñar uno nuevo, el *June Bug,* en 1908, para obtener algún éxito: en este caso, el de ser el primer avión norteamericano que volaba un kilómetro seguido. Es sabido que Curtis se iría convirtiendo en uno de los gigantes de la industria aeronáutica contemporánea.

No habrían de escasear los dislates en esta primera etapa de la aviación ni, por supuesto, en otras siguientes. El doctor Graham Bell, que estaba en la cúspide de las glorias científicas y de la prosperidad empresarial, no quería morir sin inscribir su nombre en la historia de la aviación y perseveró en esfuerzos desatinados para lograrlo. Se le ocurrió hacer volar un artefacto de singular forma: su estructura podía compararse tanto a la de un panal de abejas como a los casilleros donde se conservan botellas de vinos apreciables. Esa especie de estantería, de unos quince metros de longitud de lado a lado, estaba dotada de un motorcito y una hélice. Fue puesta a prueba de vuelo varias veces y con diversas modificaciones, en 1908, 1909 y 1912, sin el menor de los éxitos, porque el aparato era intrínsecamente tan incapaz de volar como el armario de mi dormitorio. Graham Bell murió en 1922 con la frustración de no haber aportado grandes mejoras a la evolución de los aeroplanos.

Antes de hablar de otras diversas fantasías que se habían de registrar en el curso de ésta, anotemos que la idea originaria de mover aviones con carbón renació en los últimos meses de Hitler, cuando sus técnicos le prepararon un reactor, el *Skoda Kauba*, que consumía polvo de carbonilla, no se sabe con qué éxito, probablemente poco. No hay que reírse de ocurrencias así desde el punto de vista del sentido común, porque éste ha regido poco en tal repertorio. Basta con contemplar las fotografías de muchas de las creaciones del primer cuarto de este siglo para asegurar que no pueden volar en modo alguno. Sin embargo, todas ellas fueron proyectadas, fabricadas y pagadas con este fin, interviniendo técnicos, militares, ministerios, talleres y universidades.

Extravagancias y desvaríos

Este caso se dio de modo sobresaliente con el modelo *Tarrant Tabor*, un monstruo que levantaba tanto como una casa de tres pisos y pesaba ocho toneladas vacío, con cuarenta metros de envergadura; era movido por seis motores y se sustentaba en tres planos de alas. Había sido encargado por el gobierno de Londres durante la primera guerra mundial con la finalidad de bombardear Berlín. Mientras era construido se acabó la contienda, y se pensó entonces en dedicarlo a largos vuelos dentro del Imperio británico: se anotó con optimismo que podía volar hasta la India parando una sola vez para repostar. El 26 de mayo de 1919 se efectuó el primer y último vuelo de aquel catafalco. En el espacio de unos segundos, los motores entraron en acción, el avión despegó, capotó y en el choque con el suelo se hizo mil pedazos y perdieron la vida los tres tripulantes.

Si no hubiera habido también pérdidas humanas implicadas, el caso del inventor norteamericano doctor William Christmas podría contarse humorísticamente. En 1918, cuando estaba concluyendo la Gran Guerra, salió a la escena pública pretendiendo que llevaba años construyendo y pilotando aviones dentro de su propia empresa. No hubo nunca constancia de ninguna de las tres cosas, pero su poder de convicción debía de ser tan irresistible que logró lo que quiso de los políticos y parlamentarios de Estados Unidos: en concreto, que le construyeran un aeroplano que diseñó, con el cual se ofrecía a ir a secuestrar al káiser Guillermo de Alemania. El aparato quedó acabado cuando la guerra había concluido, pero esto no privó al doctor Christmas de promover el vuelo de prueba hacia la Navidad de 1918. El aparato estuvo un instante en el aire y luego se le desprendieron las alas y cayó como un bulto, matando al piloto. Conviene subrayar que el doctor Christmas defendía que las alas de un avión habían de ser livianas, incluso flexibles. Según este credo construyó otro ejemplar, contando de nuevo con inexplicables apoyos. En marzo de 1919 esta segunda edición del *Bullet*, porque así se denominaba el invento, fue presentada en el «New York Air Show». En pocos segundos, la máquina logró levantarse del suelo y volar el trecho que la separaba de una granja agrícola, contra la cual chocó sin gobierno, haciendo perder la vida al piloto. El doctor Christmas se retiró de tales lides, pero siguió intrigando y bullendo, y en 1923 logró que el ejército estadounidense le pagara cien mil dólares por el diseño revolucionario de las alas de sus chapuzas. Murió en 1960, a los noventa y cuatro años, cargado de dinero y de recuerdos.

Si el *Bullet* había fracasado por frágil y ligero, otros habría que irían a la ruina por su pesadez y barroquismo, a la manera del malaventurado *Trabant*. De este mal padecían también las creaciones del italiano conde Caproni, el cual había comenzado a idear aviones durante la primera guerra mundial, gozándose en hacerlos de enormes proporciones para usarlos en misiones de bombardeo o de gran transporte. En 1921, Caproni anheló superarse a sí mismo y comenzó por construir una embarcación de lujo de veinticinco metros de eslora, que navegaba deleitosamente por el lago Mayor. Una vez fabricado este yate de ostentación y placer, el inventor pensó en ponerle alas y motores y hacerle volar hasta Nueva York, por lo menos. En cuanto a lo primero le plantó tres juegos de tres alas: uno en la proa, otro en la mitad y otro en la popa, todos de treinta metros de envergadura. El 4 de marzo de 1921 toda aquella catedral se había de alzar por los aires mediante el impulso de ocho motores de cuatrocientos caballos, y así ocurrió durante unos segundos, los que tardó la sección central del monstruo en quebrarse y el total en caer despedazado en las aguas del lago.

Poco más de veinte años transcurrieron entre el término de la primera guerra mundial y el comienzo de la segunda. Ésta encontró a la aviación mucho más ajustada a sus necesidades que la primera, tanto en tripulaciones como en técnicos y fábricas. Debe anotarse que entre medias había habido guerra en Marruecos, en China, en Abisinia y en España, con relevante participación aviatoria, creadora de experiencia y refinamiento en la materia.

Siguieron registrándose, sin embargo, numerosos rasgos de extravagancia, arbitrariedad y ligereza en la concepción y la ejecución de aviones militares, en cualquiera de los países en guerra, comprendida la grave y rígida Alemania hitleriana. En ésta efectuó su primer vuelo, el 25 de febrero de 1938, el modelo Blohm & Voss BV-141, producido por una empresa de acrisolada formalidad y diseñado con todo rigor. El único inconveniente —o la gracia única— que tenía era ser asimétrico a más no poder. El proyectista, Richard Vogt, había ideado un avión que tenía la cabina de pilotaje en medio del ala derecha, con el motor y el fuselaje del aparato enteramente apartados de ella. El modelo cumplía gallardamente con todos los requisitos, pero los aviadores no acabaron de simpatizar con él, y el fabricante tuvo el tesón y el arrojo de producirlo a sus costas. El raro caso puede tener moraleja consoladora: la estética triunfa siempre, incluso en plena guerra, de los halagos de la eficacia.

Sería el cuento de nunca acabar el de los proyectos delirantes, genialidades impracticables y otros mil incidentes que surgieron en los años de la última guerra mundial al socaire de los nervios y las prisas propios de ésta. Hay numerosos libros en torno al tema. Uno es muy reciente, el de Robert Wohl, *A passion for wings* («Pasión por las alas»), editado en 1994 por la Yale University Press. Junto a las patochadas materiales que ya vamos conociendo, esta obra da luz sobre las intrigantes conexiones entre el surgimiento de la aviación y los movimientos literarios y artísticos de la época, especialmente aquellos que exaltaban la energía, la intrepidez, el machismo. La conexión de D'Annunzio y el fascismo con la aviación es muy significativa, según dice. Bill Yenne publicó en 1990 *The world's worst aircraft* (Greenwich, Brompton).

Este último autor analiza detalladamente el desorden que introdujo en la aviación la rivalidad de las compañías constructoras norteamericanas y la arrogancia con que se resistían a entrar en planes conjuntos elaborados por el gobierno. La General Motors, la más poderosa, era también la más refractaria a compaginarse con nadie. Al cabo, para que se callasen los demás, fabricó de mala gana un prototipo de caza, el P-75 Eagle, en 1944, que costó nueve millones de entrada y otros muchos de retoques, y salió lento, caro de mantener y complicado de manejar. Aquella gigantesca empresa, mientras lo fabricaba, se escaqueó de producir los B-29, los eficaces bombarderos de la casa Boeing que dieron tan buen resultado que el gobierno apremió a que todas las compañías se pusieran de acuerdo para construirlo en común, que es lo que la General Motors se dolía de hacer.

Puestos a anotar rasgos de apasionamiento y singularidad, será forzoso mencionar la figura de Howard

Hughes, el original millonario dedicado a la aviación, que dio la vuelta al mundo en récord de velocidad en 1938; contribuyó a la elaboración del modelo de *Constellation*, el cual fue durante mucho tiempo uno de los mejores aviones de pasajeros; y, en suma, entre otros lauros, gozó del de ser propietario de la compañía TWA. Todos los éxitos y glorias que acumuló en tareas de estilo individual, Hughes los malbarató o desfiguró en cualquier empeño que tuviera algún aspecto colectivo. De este modo, empezada la guerra mundial, fue apremiado a que diera forma definitiva a un proyecto de avión de caza que tenía adelantado, el DX-2. El célebre proyectista estaba preocupado por otra innovación, tanto o más que por el avión en sí: el construirlo de madera plastificada, atendido que había escasez de metal y que el «Duramold» —chapas impregnadas de resinas y sometidas a tratamiento— resultaba tan resistente como el acero.

El temperamental Howard Hughes se aburrió de discutir con el gobierno y los generales acerca de su «avión de madera» y acabó construyéndoselo él por su gusto. El avión fue terminado, voló en manos de su autor y fue encerrado luego a cal y canto por su creador. Algo más tarde, el 11 de noviembre de 1943, el hangar donde estaba guardado, en pleno desierto de Mojave, se incendió misteriosamente, y se perdió toda noticia y dato acerca del efímero invento. Mientras tanto, acaso por llevarle la contraria, creció en Washington el interés por el modelo creado por Hughes y en la primavera de 1945 le encargaron centenares de unidades de él, con la única expresa condición de que fueran de metal y no de madera plastificada. Se le dio la nueva contraseña de F-11 y el 7 de julio de 1946 Hughes se puso a los mandos para el vuelo de prueba.

Acaso se podría aquí evocar la doctrina de los actos fallidos de Freud, porque tanto el aparato como su piloto lo hicieron lo peor que pudieron, y la prueba acabó con el avión empotrado en una casa de Beverly Hills y con Hughes en el hospital, herido de gravedad. Más tarde, cuando se puso bueno, fue citado ante un comité senatorial de investigación por haber pilotado mal el aparato, y además se les acusó, a él y a un hijo de Roosevelt, de tráfico de influencias por haberse procurado el contrato con malicias diversas. Roosevelt y él se defendieron contraatacando a base de que la acusación era una cábala de las grandes empresas contra las pequeñas.

Se dice habitualmente que Hughes ya no construyó ningún otro avión, y debe de ser verdad, porque el más famoso de todos, y el que menos tiempo voló —un minuto justo— lo había creado en 1942. Lo habían generado el problema de la amenaza submarina alemana y la dificultad de llevar abastecimientos a Inglaterra. Hughes pensó entonces en crear unos gigantescos hidroaviones y contrató con el gobierno su construcción. Junto con el industrial Henry J. Kaiser emprendió la producción del prototipo, dentro de sus características dudas y exigencias perfeccionistas. Huelga decir que ya entonces Hughes tenía empeño en emplear madera en la estructura del avión. En éste fue principalmente de abedul, y en alguna parte de abeto picea. Por el nombre inglés de este último árbol, *spruce,* el avión fue bautizado con el apodo de *Spruce Goose,* o ganso de picea, pero el dicho, que no gustaba al neurasténico Hughes, tiene un doble sentido humorístico puesto que puede significar también «ganso chulo, o presumido». El aparato, en algunas de sus dimensiones, era mayor que un Jumbo actual y llevaba ocho motores. Voló durante sesenta segundos el día 2 de noviembre de 1947 en aguas de Long Beach, delante de los periodistas y un enorme público, y fue inmediatamente conducido a un hangar donde ha permanecido como atracción de turistas desde entonces. Howard Hughes encargó que se lo mantuviera siempre en condiciones de volar, cosa que no sabemos si se ha cumplido. Lo que sí parece cierto es que todo el invento costó trescientos millones de dólares que, en moneda constante, representaron más que los gastos de enviar el primer hombre a la Luna en 1969.

Es probable que las ciencias aviatorias se hayan vuelto cada vez más severas y categóricas y dejen menos margen de inventiva a los fantasiosos. En el día de hoy apenas queda otro capítulo en discusión que el despegue vertical de algunos modelos de avión. La posibilidad de elevarse en el aire con poca o ninguna pista fue en su día uno de los principales atractivos que abrillantaron el autogiro de La Cierva y el helicóptero de Sikorsky. El primer logro que se obtuvo en tal materia acaeció en la Alemania hitleriana, en setiembre de 1944, en los talleres de la Focke-Wulf, y lo ideó Heinz von Halem. Su diseño consistía en un avión muy esbelto y ligero, sin apenas alas, y un motor y una hélice muy vigorosos. Los talleres no tuvieron tiempo de fabricarlo y probarlo de veras.

Esta inquietud fue recogida por diversas empresas inglesas y norteamericanas, las cuales produjeron unos prototipos muy aparentes, tanto los Lockheed como los Convair. Todo iba la mar de bien hasta que llegaba la hora de aterrizar, tarea que resultaba tan fatigosa y arriesgada que casi valía la pena renunciar a ella. En efecto, el piloto había subido a su asiento con la ayuda de una escalera o una plataforma, porque el avión estaba vertical como un cirio. En tales condiciones era más o menos fácil despegar, pero no aterrizar, porque el piloto no podía ver satisfactoriamente el suelo, y menos en circunstancias anormales de guerra, mal tiempo y demás. La producción de estos modelos fue suspendida en 1955. Sólo ha quedado en uso el Harrier inglés, desarrollado hacia 1960 por la British Aerospace. Fue empleado sin quejas en la guerra de las Malvinas. El tema está sobre la mesa.

Mejor solo que mal acompañado

Ha habido aviones y dirigibles que han tomado tierra, con relativa normalidad, sin llevar a nadie a bordo, y el número de tales casos, registrados por la historia de la aeronáutica, es lo bastante copioso para que abran capítulos específicos sobre ellos diversos libros que tratan de la navegación aérea. Consta así el episodio vivido el 12 de agosto de 1942 por la pacífica y sosegada población de Daly City, en las afueras de San Francisco. A eso de las once de la mañana, sus buenas gentes vieron con espanto que un dirigible de la Marina, del tipo L-8, descendía rápidamente con el morro vuelto hacia la urbe y un inequívoco propósito de situarse en medio de la calle principal. Semejantes intenciones crecieron en amenazadora peligrosidad cuando los ciudadanos percibieron que la aeronave medía cosa de ochenta metros de largo, que los motores estaban en marcha y que, en suma, las puertas de la góndola de mando estaban abiertas y batían al viento, cosa que permitía deducir que no había a bordo nadie con capacidad para cerrarlas y mucho menos para gobernar el dirigible.

Los transeúntes empezaron a gritar, la gente se asomó a las ventanas, acudieron los bomberos y la autoridad y mientras tanto el dirigible completó su previsible viaje aterrizando en la calzada de la calle mayor con la precisión con que una salchicha es colocada a lo largo de una barrita de pan ad hoc. La Providencia quiso que en su trayectoria la aeronave esquivara varios edificios altos y, en resumidas cuentas, que no chafara otra cosa que dos coches que estaban parados en la calle. Tal como se presumía, los bomberos y la policía, que subieron presurosamente a bordo, no encontraron a nadie. Pasaron nerviosos a buscar a los tripulantes entre los depósitos de gas, y tampoco. Los motores estaban encendidos, había en los tanques toda la gasolina necesaria, la radio estaba conectada, la documentación en su sitio, la balsa de salvamento intacta, y en una mesita había un bocadillo mordido y una taza de café volcada, con el líquido derramado alrededor, y hubo quien dijo que todavía estaba tibio. Faltaban sólo los dos tripulantes y sus chalecos salvavidas. Eran un teniente y un alférez perfectamente capacitados y solventes. Habían partido de la base aeronaval llamada, con un gracioso guiño literario, Treasure Island («Isla del Tesoro»), próxima a San Francisco, a las seis de aquella mañana para efectuar un vuelo de vigilancia por los alrededores.

A las siete y media el teniente emitió un mensaje radiado para dar noticia de que percibía una gran mancha de aceite a cinco millas de las islas del Farallón, mar adentro, y que iba a averiguar a qué se debía. Recordemos que Estados Unidos estaba ya en guerra y la costa californiana en permanente alerta. Unos pescadores que trabajaban en dicho litoral vieron que la aeronave maniobraba para observar aquella mancha. Sabedores de que tales dirigibles llevaban cargas de profundidad para atacar a los submarinos que pudieran detectar, los pescadores se alejaron rápidamente del lugar, no sin darse cuenta de que el dirigible no actuaba agresivamente en ningún sentido sino que, por el contrario, se volvía hacia la costa, volando cada vez más bajo, con cierto talante decaído. Ya desde tierra adentro, se le vio ir deformándose y descendiendo. Este porte triste y flojo no le privó de soltar una carga de profundidad sobre un campo de golf, la cual, por fortuna, no estalló ni creó ningún hoyo extra. A estas alturas —que eran bajuras— parecía ya notorio que no había nadie a bordo que lo gobernase.

Después del susto que padeció la población de Daly City y la faena que dio despejar la calle principal de la balumba del siniestro, comenzó la investigación del mismo. Los dos tripulantes habían desaparecido totalmente y el mar no los devolvió nunca. No faltó quien supusiera que habían sido raptados por algún poder extraterrestre, tal como se ha dicho a veces de buques hallados en condiciones y ruta normales sin nadie a bordo.

Reseña este caso Alexander McKee en su libro *Into the blue. Great mysteries of aviation* (Londres, Book Club, 1981), y añade otros varios ocurridos en aviones que en seguida resumiremos. Antes de despedirnos del tema de los dirigibles hemos de sugerir que en algunos casos (sobre todo en las novelescas expediciones al polo Norte de varios de ellos) es concebible que la nave volase a su albedrío, sin gente capaz de manejarla, durante algunos tiempos y trayectos, porque constan sucesos raros de tal estilo. Dado que acabaron mal, ha sido imposible aclarar su desarrollo.

No se puede hablar de dirigibles sin dedicar un homenaje —hasta ahora todos insuficientes y entrecortados— al gran inventor español Leonardo Torres Quevedo (1852-1936), el cual es autor de una página insoslayable y decisiva en la historia de aquéllos, tal como en la de los autómatas, los transportes y funiculares, la óptica y tantos más territorios de la ingeniería. En 1911 la compañía francesa Astra, de Billancourt, adoptó su llamado diseño trilobular de los depósitos de gas, según el cual los franceses y los ingleses construyeron los dirigibles que emplearían en la primera guerra mundial. Desde España, todas las ocasiones son buenas para recordarlo.

Sabido es que dicha contienda constituyó el prólogo de la aeronáutica moderna, y también está claro que el factor humano tuvo entonces todavía más relieve que en la aviación posterior.

La preeminencia inevitable de los componentes humanos se sigue notando hoy, incluso dentro de lo supermecanizado del pilotaje actual. El análisis de los accidentes que ocurren con los gigantescos y sofisticados aviones de ahora muestra, por ejemplo, que la mayoría se dan cuando lleva los mandos el primer oficial y le asiste el comandante haciendo de copiloto —dentro de los turnos que usualmente establecen los dos—; la siniestralidad es menor cuando va pilotando el comandante y le ayuda el primer oficial. La explicación no consiste en que éste «sepa menos» que el comandante, porque la diferencia de calidad profesional entre los dos es minúscula y no entra en este examen. Lo que ocurre, al parecer, es que el comandante da peor resultado haciendo de segundo que el segundo llevando los mandos. Lo recogemos del estudio de Richard L. Collins *Air crashes* (Charlottesville, Thomasson-Grant, 1992). La misma obra señala que el abuso del alcohol tiene algo que ver con el diez por ciento de los accidentes registrados en aviación general (es decir, comprendiendo toda clase de vuelos y no sólo los comerciales regulares y los militares) en Estados Unidos. Para matizar correctamente este porcentaje conviene añadir que el 0,25 % de horas-hombre transcurren bajo los efectos del alcohol en la aviación de aquel país, mientras que en el mismo el 20 % de millas-hombre de circulación automovilística se efectúan dentro de una intoxicación alcohólica. Si se continúa en la comparación con la conducción de vehículos en tierra, la aviación resulta igualmente muy bien parada por lo que toca a la observancia de las indicaciones que dan los controles y el cumplimiento de las normas básicas; en el suelo la gente es paradójicamente mucho más temeraria y rebelde que en el aire. En vuelo sigue comprobándose, sin embargo, que subsisten unas dosis de arbitrariedad y deficiencia humanas, inevitables en nuestra especie.

Tiene una vaga congruencia con semejantes vicios de la actuación del hombre el curioso historial de los vuelos efectuados sin piloto alguno, ni mecanismo que lo valga, claro está. La extraña reiteración de travesías de avión sin nadie a bordo forma un capítulo entero del libro sobre misterios aeronáuticos de McKee antes mencionado, el cual se limita a abarcar desde 1915 hasta 1945. Desde entonces, la serie habrá podido continuar y existe una película de nuestros años, muy popular y afortunada, que describe el vuelo de un gran avión de pasajeros desprovisto de piloto competente, que acaba con felicidad y contento.

Menos dichosos son los casos reseñados en tal obra, porque muchos de ellos versan sobre que los pilotos murieron en combate, y tal cosa no impidió que sus aviones llegaran a tierra con relativa normalidad. Un piloto inglés, en 1916, fue víctima del «as» alemán Oswald Boelcke y quedó muerto, inclinado contra los mandos de su avión, bloqueándolos, de modo que la máquina siguió volando en círculos, cada vez más bajo, hasta que tocó tierra, rebotando varias veces, y se detuvo. Otro piloto inglés, L. A. Strange, en mayo de 1915, llevaba un biplano Martinsyde, cuya ametralladora iba montada en el ala superior. El arma se encasquilló y, para repararla, el piloto se incorporó ligeramente, reteniendo la palanca de mando con las rodillas. Mientras pugnaba con la avería, la palanca se le soltó y el cinturón de seguridad resbaló; el avión, sin gobierno, hizo una cabriola y empezó a volar boca abajo; el piloto cayó por la borda. Pudo agarrarse con las puntas de los dedos en la ametralladora y, con una proeza gimnástica increíble, retornó al avión, el cual se hallaba volando por encima de él, cogió de nuevo los mandos y logró hacerse con el avión y aterrizar como pudo.

Episodios parecidos ocurrieron a porrillo en Inglaterra durante la segunda guerra mundial: abundaron los aviones alemanes que tomaron tierra enteros, mejor o peor, sin tripulante alguno, pues habían saltado en paracaídas mucho antes. Hubo algún caso en que tales aviones se posaron en el jardín de alguna casa; los moradores se aprestaron a hacer frente a la tripulación, pero no les hizo falta pues no había enemigo alguno al que reducir.

El aeropuerto de Woodbridge, cerca de Londres, estaba especialmente equipado para acoger y ayudar a aviones con problemas. Aterrizaban varios de ellos cada semana, alguno con el piloto muerto. Lo normal era que acudieran a él aviones ingleses y norteamericanos, pero el 13 de julio de 1944 se acercó uno alemán, un Junkers 88, novísimo. Le encendieron todas las luces, como si fuera amigo, y el piloto aterrizó distraído y se dejó llevar hasta el lugar adecuado por el personal de tierra, finalmente enterado de la identidad del visitante. Éste fue arrestado en el momento en que paró los motores, y el avión, enterito, quedó a disposición de los ingleses. Dos curiosas notas añaden relieve al caso: primera, que al lado de la pista había un grandioso depósito norteamericano de explosivos, que aquel avión hubiera podido bombardear muy fácilmente, y segunda, que el alemán iba equipado con dispositivos de localización y sensores. Su captura permitió que los ingleses perfeccionaran su invento del radar. Los norteamericanos, por si acaso, se llevaron a otro lado el depósito de explosivos.

Los restantes defectos y fallos que pueden tener parte en un siniestro aviatorio son, en muchos casos, tan extraños como los de carácter humano. Dios nos libre de entrar a enumerarlos y comentarlos, porque no habría tomo bastante para ello. Aun así, no podemos resistir la tentación de recoger un párrafo sorprendente del citado libro *Air crashes*, ante el cual uno se queda petrificado. Dice allí el prestigioso aviador Richard L. Collins, su autor, abriéndonos nuevas ventanas para el asombro: «Todo el mundo se cree que Arkansas es llano. Un articulista de la revista *Flying* ("Vuelo") se refirió cierta vez al estado de Arkansas llamándolo "plano". Sin embargo, las partes occidental, noroccidental y septentrional del mismo comprenden desde colinas hasta auténticas montañas. El problema era tan grave que se incluían advertencias en los mapas y se radiaban avisos para prevenir a los pilotos de lo que ya tenían que haber sabido. Cantidad de aviones, comprendidos los militares, los comerciales y los de aviación general, chocaron con dichas alturas...» En este punto se me ocurre pensar, con la modestia del profano: el estado de Arkansas tiene la extensión aproximada de Andalucía y Extremadura juntas, y ha pasado casi siglo y medio desde que Gustave Aimard escribió la famosa novela *Los tramperos del Arkansas*; lo cual, que hace ya tiempo que el territorio —sito en el centro de Estados Unidos— se halla lo bastante conocido, recorrido y urbanizado para que los aviadores no tropiecen con sus montañas, claro es, si no hay otro motivo para dar contra ellas. Que esto siga ocurriendo en la actualidad parece sugerir que continuamos cohabitando con el azar como en la época de Lindbergh, para no retrotraernos más.

El hado de los dirigibles

La fatalidad que se cebó en varios dirigibles famosos, alrededor de 1930, pareció sepultar bajo una losa abrumadora los proyectos que se habían concebido sobre su función en el transporte de pasajeros. Ya se ha dicho antes que en España se habían efectuado estudios y tentativas de mérito a propósito de los dirigibles. El fracaso final de éstos no empaña el valor de los trabajos españoles, puesto que se debió a factores muy alejados de nuestra intervención histórica en el ramo.

El más funesto de tales factores fue el empecinamiento en sacar partido del dirigible para pomposas iniciativas cuya frivolidad intrínseca pervirtió la producción y el manejo de las aeronaves. Así, en Inglaterra, se observó en 1924 que éstas habrían de constituir un tema de rivalidad entre la industria estatal y la privada. Gobernando en aquel año un gabinete laborista, el secretario de Estado para el Aire, lord Thompson, encargó construir dos enormes dirigibles, de más de doscientos metros de eslora; uno, el *R-101*, lo fabricaría la factoría estatal de Cardington, y el otro, el *R-100*, una planta privada, filial de la casa Vickers. La aeronave de origen oficial había de transportar cien pasajeros y sesenta toneladas de carga y el viaje inaugural lo efectuaría el propio lord Thompson dirigiéndose a la India británica, con cierta arrogancia imperial.

Para disgusto suyo, el *R-101* demostró, en las primeras pruebas, que no podía despegar del suelo porque pesaba demasiado: los motores y otros mecanismos pesaban varias toneladas más que los del gemelo *R-100*, el cual se comportaba maravillosamente y volaba como un gorrión, para orgullo de las empresas privadas. Se intentó remediar los defectos congénitos del *R-101* y, en suma, se logró que se alzara por el aire, pero la suma de tristezas creció todavía: se observó que no era posible hacer funcionar todos los motores a la vez, que los timones eran torpes y que los contenedores de gas se movieron durante el vuelo y, chocando con la estructura, produjeron agujeros y fugas. Anotemos, además, que el dirigible estaba lleno de hidrógeno, porque el helio había parecido demasiado caro. Lord Thompson, empeñado en su viaje triunfal a la India, no estaba para cuentos e insistió en que le pusieran a punto el dirigible en seguida.

Le hicieron cuatro composturas de urgencia y el 4 de octubre de 1930 la aeronave partió, a pesar de que el tiempo era adverso en grado sumo. Lord Thompson había hecho embarcar dos cajas de champán y no es probable que tardase mucho en abrirlas. Debió de ignorar así que desde el primer momento el *R-101* no sacaba mucha velocidad y que, al volar sobre Francia, la tormenta seguía cerrándole el paso y lo obligaba a bajar cada vez más. Al acercarse la noche, un tripulante vio con horror que estaban volando casi al nivel de los campanarios y los tejados de Beauvais.

La noticia cundió a la vez que se desgarraba la cubierta de la aeronave en la proa, salía el gas a chorro y, en suma, el *R-101* caía, chocaba con un cerro y se incendiaba como una pira. Ya no se hablaría más de dirigibles de pasajeros en Inglaterra.

Es sorprendente que en aquellos mismos años estuviera en plena carrera de triunfos el *Graf Zeppelin*, el cual había empezado a transportar pasajeros en 1928 e hizo en nueve años 590 vuelos con un total de 16 000 clientes. Voló, yo lo vi, más de una vez sobre Barcelona y otras ciudades españolas. El éxito embriaga, y la compañía alemana fundada por el precursor conde Zeppelin determinó en 1931 construir un dirigible mayor. No era preciso: el modelo anterior era de magnitud muy proporcionada, airosa y manejable. Visto desde tierra causaba todo el efecto deseable: sus motores ronroneaban majestuosamente en lo alto, su cubierta brillaba como la plata y se deslizaba por el cielo con la suavidad de una nube.

En Estados Unidos la compañía Goodyear adquirió a la Zeppelin sus patentes y técnicas en 1924 y emprendió la construcción de dos grandes dirigibles para la armada. Contaban con el perfeccionamiento de un hangar interior para llevar cinco aviones y una pequeña pista para lanzarlos y recogerlos. Los motores podían girar y situarse en una posición que ayudaba a la ascensión de la aeronave, algo así como en los aviones de despegue vertical. Las dos unidades fabricadas fueron el *Akron*, que después de haber volado 1 700 kilómetros normalmente se estrelló el 4 de abril de 1933 en el curso de una tempestad, y el *Macon*, que cayó al mar el 12 de febrero de 1935, tras un período semejante de servicio a la marina.

En Alemania, la pretensión de que su siguiente dirigible fuera aún más grande que el anterior subió de tono con la toma del poder en Alemania por Hitler. Por de pronto, la ampliación redundaba en aumentar la cantidad de gas necesario hasta doscientos mil metros cúbicos, y habrían de ser de hidrógeno, porque Estados Unidos, monopolizador del helio en el mundo, no estaba dispuesto a proporcionárselo a Alemania. A pesar de este funesto inconveniente, los trabajos siguieron adelante: el régimen hitleriano deseaba emprender una operación de prestigio. El nuevo dirigible sería bautizado con el nombre de una figura gloriosa: *Hindenburg*.

En 1936 comenzó sus servicios de pasajeros con toda felicidad e hizo 21 entre Alemania y América del Sur. Corrió el rumor de que la compañía había sido amenazada de que si el dirigible tocaba Estados Unidos sería destruido.

Nunca ha podido aclararse si el *Hindenburg* fue víctima de un atentado en su primera visita a dicha nación. Lo cierto es que el 6 de mayo de 1937, en el aeropuerto de Lakehurst, en New Jersey, campo destinado a dirigibles, el *Hindenburg* estalló en el momento de llegar y se convirtió en una espantosa bola de fuego en un instante. Treinta y seis de las 96 personas que iban a bordo perdieron la vida.

Como si el tiempo volviera atrás, por lo menos en esto, los dirigibles siguientes retornarían a la figura y la utilidad que habían tenido a principios de siglo: serían globos alargados, de blanda y maciza traza, prácticamente inmóviles, destinados a observación y a poner obstáculos al vuelo enemigo. Quedaba cancelado para siempre el ensueño de la nave airosa, gigantesca, potente, plantada como un palacio en medio del cielo. Demasiado hermoso para ser posible.

La ley de Murphy en su propia salsa

La ley de Murphy, gestada en el seno de la aviación norteamericana, profesa, como es sabido, que «cualquier cosa que pueda ir mal, irá mal». La ideó el capitán de aquellas fuerzas, Edward A. Murphy Jr., en 1949, cuando trabajaba como ingeniero de desarrollo en el laboratorio de la US Air Force en Wright Field. El hombre ha narrado que había inventado un equipo dotado de dieciséis sensores destinado a medir y registrar la aceleración que podía soportar un cuerpo humano. Se efectuó la prueba en tierra, en un cohete-trineo conducido por el comandante John Paul Stapp, el cual había dirigido otro dispositivo parecido para correr hasta

960 kilómetros por hora. La prueba del aparato de Murphy falló y le echaron la culpa a él. Murphy revisó el mecanismo y descubrió que los instaladores habían montado mal una pieza clave. En tal ocasión dijo la frase que se haría histórica: «Si hay algún modo de que un técnico haga las cosas mal, las hará mal.» George E. Nichols, gerente de proyectos de la fábrica de aviones Northrop, que estaba presente, tuvo sensibilidad bastante para captar las hondas implicaciones de unas palabras que otro no hubiera valorado más que como desahogo malhumorado, y divulgó y ensalzó en seguida la «ley de Murphy».

Hasta el día de hoy han seguido dedicándose densos volúmenes al análisis de ésta, y no faltan quienes añaden que no fue casual que naciera del numen de un estudioso de la aeronáutica y en el ambiente aviatorio. A este mundo cabe aplicar, con toda propiedad, un dicho tradicional en todos los países que asegura que hay tres maneras de hacer las cosas: bien, mal y al estilo militar. El profesor Laurence J. Peter, creador del «principio de Peter», enumera en sus obras, tan divertidas y aleccionadoras, cientos de casos que lo confirman.

Uno de ellos es que la aviación norteamericana tuviera que comprar 71 escaleras de aluminio de tres metros de longitud para que los pilotos pudieran entrar en las cabinas de sus aviones de despegue vertical. Las escaleras le costaban 1 676 dólares cada una, mientras que en la calle se vendían a menos de cien dólares. Dentro del mismo modus operandi, la aviación naval del mismo país quiso encargar 1 366 unidades del nuevo avión FA-18 Hornet, que estaba presupuestado en 9,9 millones de dólares, pero costaría luego treinta millones cada uno; es decir, cerca de 41 000 millones de dólares en total. El avión gastaba tanta gasolina que su radio de acción se limitaba a 624 kilómetros, por lo cual los portaaviones tenían que navegar más cerca de la costa enemiga de lo que hubiera sido de desear. Se estudiaba hacia 1980 cancelar el pedido, lo cual traía graves gastos, y encargar otro modelo más adecuado.

Como venimos diciendo, el tema aeronáutico, tan joven, diverso y dinámico, posee cierta predestinación para que en él se inscriban disparates variados. No puede causar así extrañeza que el 16 de julio de 1938 el aviador norteamericano Douglas Corrigan subiese a un monoplano de su propiedad con ánimo de volar de Nueva York a Los Ángeles. Los amigos y curiosos que le despidieron en la primera de dichas ciudades contemplaron con asombro que el avión, en vez de dirigirse hacia el oeste, ponía proa al mar y se encaminaba hacia Europa. Allí llegó veintiocho horas más tarde. En el aeropuerto dublinés de Baldonnel, donde nadie le esperaba, le acogieron efusivamente y en seguida convirtieron su rara hazaña en una especie de respuesta irlandesa a Lindbergh. Corrigan gozó de los honores de un desfile por Broadway, completado con otras fiestas, ágapes y discursos de exaltación irlandesa. Hay que reconocer que, por austero que fuese el equipamiento de Lindbergh, todavía le ganó en cortedad el de Corrigan: llevaba sólo una brújula y un mapa de Estados Unidos, y no comió ni bebió nada durante el extraño vuelo. «Me gustaría repetirlo», dijo cuando se enteró de dónde estaba y lo que había hecho.

Muchas veces las gentes de la aviación, por lo menos en Estados Unidos, se enteran tarde de las cosas. Dice así Stephen Pile que el avión de caza F-19 estuvo rodeado del más riguroso secreto durante años y años, y que ni los parlamentarios ni muchos jefes militares tuvieron acceso a sus planos. En realidad, el modelo era tan reservado que ni siquiera se admitía su existencia. El secreto continuó cuando uno de tales aviones se estrelló en el parque nacional de Sequoia y la autoridad impuso silencio a los medios de comunicación, rodeó el lugar de tropas y tomó medidas aparatosas de aislamiento. Poco más tarde, en julio de 1986, la compañía de juguetes Testor Toys fabricó una miniatura del mismo, a base de que los niños montaran sus piezas, y vendió cien mil cajas, a diez dólares.

El mismo autor cuenta que en 1987 había un mecánico en la base aeronaval norteamericana de Jacksonville que tenía la curiosa manía de mejorar y corregir los mecanismos de los aviones, desmontándolos y volviéndolos a reunir, dejando, si era el caso, piezas fuera. Fue culpable de que hubiera que dar de baja por una temporada un total de trescientos reactores que él había toqueteado. Parece que no les causaba graves daños, pero aun así fue preciso que la armada mandara circulares a sus puestos y bases del mundo entero poniéndolos en guardia por si alguno de sus aviones había sido repasado por el animoso mecánico. Igualmente tuvo que expedir diez equipos de revisión para comprobarlo y mantener inmovilizados docenas de aparatos mientras se concretaban las anomalías.

Como escrúpulos mecánicos, peores fueron los de un aviador japonés, destinado al grupo de los kamikazes, el cual hizo toda la guerra mundial y murió a los noventa y tres años. El hombre salió once veces en vuelos suicidas, con todo el ritual de despedida, y, aunque no llevaba gasolina ni equipo alguno para el regreso, volvía siempre para dar cuenta de que el avión era peligroso porque tenía tal o cual defecto.

2. DELIRIOS NÁUTICOS

LOS NAVÍOS EXTRAVAGANTES

La construcción de embarcaciones extravagantes y equivocadas hasta el delirio no ha sido rara en el curso de la historia y, dentro de las crónicas de la España reciente, ha habido algún barco que se ha ido a pique en el mismo momento de ser botado. Varios de ellos, en nuestra armada, flotaron algún tiempo más, pero mostraron siempre una peligrosa propensión a zozobrar. Así ocurrió con el glorioso navío *Santísima Trinidad*, que era a finales del siglo XVIII el más grande del mundo, y dio mucho quehacer porque hubo que recomponerlo varias veces. Aun así, tomó parte en la batalla de Trafalgar, con poco acierto y menos éxito, según detallaremos en seguida.

En el asedio franco-español de Gibraltar, comenzado hacia 1781 bajo el mando del duque de Crillon, se emplearon unas barcazas llamadas «baterías flotantes» con cierta grandilocuencia por su inventor, el ingeniero francés D'Arçon. Eran unos soportes flotantes de piezas de artillería bastante respetables; iban acorazados y se pretendía que, por el agua, podrían atacar Gibraltar desde ángulos inesperados para los ingleses. En la triste realidad, esos trastos no sirvieron para nada, ni siquiera para alegrar la vista, porque eran chatos y seriamente ineptos para andar por la mar.

El día 14 de setiembre de 1782 el insigne almirante español don Luis de Córdoba anotaba en su diario de operaciones: «Todo el día estuvieron ardiendo las baterías flotantes y saltando en el aire las que tenían alguna pólvora, que fueron siete. Éste ha sido el trágico fin de las baterías flotantes que tanto ruido han hecho en Europa. La pérdida de gente ha sido grande, regulándose (*estimándose*) quinientos hombres entre muertos, heridos y prisioneros...»

El almirante Popov, en Rusia, se propuso probablemente mejorar este precedente y diseñó una embarcación acorazada en la que montó dos cañones de 300 milímetros y a la que dio figura redonda, acaso atraído por las perfecciones místicas del círculo, o porque consideró que también son redondos los pulpos y no hay que discutirles las aptitudes hidrodinámicas.

Los grabados de la época nos muestran las dos unidades que hizo construir (llamadas *Admirall Popov* y *Novgorod*), planas como una hoja que flote en un estanque, con la borda muy baja y rematadas con grandes chimeneas, indicio de una vigorosa máquina que no les sirvió nunca para nada, porque aquellos artefactos se negaron en redondo, nunca mejor dicho, a navegar racionalmente. Su forma, según luego todo el mundo comprendió sin vacilar, los hacía totalmente ingobernables. Las pruebas se habían efectuado en el ancho río Dnieper, donde los dos barcos se mostraron incapaces de defenderse de la corriente, la cual, por lo demás, no es impetuosa; aun así, los llevó al mar Negro, donde todavía lo pasaron peor, dando vueltas sobre sí mismos como peonzas. Desde tierra se veía a la infortunada tripulación mareada como una sopa por efecto de aquel infinito tiovivo. Los dos barcos redondos no tardaron en ser retirados y quedar inmovilizados en puerto para ser mostrados a los curiosos.

A finales del siglo XIX, el concepto de navío acorazado se puso tan de moda que todas las naciones rivalizaron en tener los más perfectos y complicados modelos. El historiador inglés Geoffrey Regan ha reseñado (*Naval blunders*, Londres, Guinness, 1993), con alguna soberbia británica, que los franceses cometieron crasos errores en su empeño de estar *à la page* en materia de acorazados: en el año 1880 comenzaron a construir el *Hoche* y otros tres más. Los trabajos se prolongaron durante doce años, en los cuales cambiaron los gobiernos y fueron nombrando nuevos comités técnicos, con miembros de su gusto. A su vez, cada uno de esos vocales se esforzó en añadir enmiendas y aditamentos al diseño original, de modo que un comentarista extranjero observó que el *Hoche* «parecía una ballena en cuyo lomo se hubieran construido casitas de campo».

En él, y en su gemelo, el *Magenta*, se modificó varias veces el artillado, cosa que —por aumentar gravemente el peso— obligó a cambiar las máquinas, y con éstas las dimensiones del casco. Además, cada técnico quiso justificar sus dietas proponiendo nuevos añadidos de mástiles, redes contra torpedos, reflectores, más cañones, y otros.

El menor de los perjuicios que causaron esos inventos estribó en que añadieron pisos y relieves a la obra muerta, muy por encima de la franja acorazada de los navíos, y ésta fue a parar bajo la línea de flotación por el peso. La parte visible resultaba tan indefensa como una caseta de baño. Más grave aún era el que la cargazón en lo alto desequilibraba los barcos de forma tan escandalosa que se estimó que si el *Magenta* apuntara los cañones hacia un lado, volcaría. El comandante del barco puso las cosas en su sitio, con un sentido práctico muy francés, al decir: «Miren ustedes, un navío puede que entre en combate una sola vez en toda su vida, y durante treinta años estará inactivo. Las superestructuras que molestan en guerra mejoran la comodidad en la vida ordinaria.» No puede sorprender que en los ambientes del ramo el acorazado *Hoche* fuera apodado *Le Grand Hôtel*.

Estos mismos problemas de base se dieron en Inglaterra, en los años iniciales de nuestro siglo, cuando se entabló la conocida rivalidad naval entre aquélla y la Alemania del káiser Guillermo. El foco de este enfrentamiento consistió en diseñar y construir más y mejores acorazados, y dentro de los episodios desarrollados con cierta prisa nerviosa, los hubo tan jocosos como el de que en el navío inglés *Dreadnought*, en 1906, la cofa del observador fuera colocada en un mástil anexo a la chimenea del barco, de modo que el desdichado vigía se tostaba de calor y no veía nada, atufado por la humareda. Cuando Churchill fue nombrado primer lord del Almirantazgo comprendió la plancha, pero tropezó con enormes dificultades para corregirla.

En pifias de esta especie destacó el almirante sir John Fisher of Kilverstone, el cual sería en 1914 primer lord del Mar (cargo equivalente a la jefatura efectiva de la armada británica). Dentro de un momento seguiremos exponiendo otras ideas brillantes del personaje: limitémonos ahora a indicar la solución que dio al problema con que se enfrentaba cualquier diseñador de grandes navíos. En éstos se han de combinar armoniosamente la coraza, la velocidad y la potencia artillera. Fisher soñó, en cambio, en un tipo de buque que fuera tan veloz como un crucero y tuviera tanta potencia de fuego como un acorazado; lógicamente había de perder en coraza. El ideal propugnado vino a denominarse «crucero de batalla» (*battlecruiser*), palabra que en inglés resulta mestiza entre el crucero y el acorazado, y se materializó en una unidad como el célebre *Hood*.

El éxito de este concepto quedó tristemente devaluado el 24 de mayo de 1941 cuando el acorazado alemán *Bismarck* hizo volar el *Hood* al quinto disparo, a 18 000 metros de distancia. Perdieron la vida 1 419 tripulantes. El navío había sido durante muchos lustros el más grande del mundo, con sus 42 000 toneladas; era un símbolo rutilante del poderío inglés, y se había paseado por las costas españolas durante nuestra guerra civil.

Hasta que murió, en 1920, lord Fisher —que había sido nombrado barón— no paró de tener ideas geniales: ideó un navío de más de trescientos metros de eslora que montaría seis cañones de 500 mm a costa de llevar también coraza delgada; luego diseñó un submarino que llevaría un cañón de 300 mm, inequívocamente llamado a hacerlo zozobrar si se disparaba alguna vez; y, a la altura de 1918, Fisher se dedicaba a proyectar un submarino acorazado de 30 000 toneladas que llevaría ocho cañones de 440 y 500 mm. El repertorio de insensateces ocurridas con submarinos merece otro capítulo más adelante.

El «Santísima Trinidad» como precursor

El navío español *Santísima Trinidad* se adelantó tristemente a estos delirios y nos convirtió en propietarios del buque de guerra más grande del mundo a la altura de 1769. En tal año fue construido en el arsenal de La Habana por Mateo Mullan, con el resultado, deliberado o no, de rivalizar con el navío inglés *Culloden*, lo cual, de entrada, significa que nuestros marinos y los constructores estaban perfectamente informados de lo que se estilaba en la Europa de su tiempo, inclusive siguiendo los caprichos de ésta. Según ya vamos viendo, la tendencia de la época se orientaría hacia el barco grande, ande o no ande, y de esto último fue prototipo el *Santísima Trinidad.*

El proyecto inicial le atribuía llevar 118 cañones, pero, cuando llegó desde La Habana al Ferrol, en 1770, para artillarlo y probarlo, acusó defectos tan graves, según ha estudiado el capitán de navío don Enrique Manera, que fue preciso reconsiderar su armamento, y en especial el que llevaba en lo alto. Esto último se efectuó dentro de una enmienda de la abultada obra muerta, la cual, de todos modos, siguió siendo pesada y barroca. Tras dicho repaso entró a formar parte de nuestra flota del Mediterráneo y, entre otras acciones, tomó parte en el asedio de Gibraltar, con el almirante Córdoba, como hemos referido arriba. En el combate de San Vicente contra los ingleses su pesadez lo expuso a severos daños y lo situó a punto de ser apresado. Estaba ya claro que una nave tan enorme y pomposa ofrecía pocas condiciones marineras, y, aunque un profesional tan ilustre como el almirante Mazarredo abogó porque fuera relegada a ser batería flotante a la entrada de Cádiz, prevaleció la idea de devolverla a la mar abierta.

Se practicó otra reforma, acabada en 1803, y la unidad no quedó tan aligerada como necesitaba, sino que le añadieron cañones hasta que tuvo 136. La cuarta parte de éstos eran de 36 libras, entre los mayores de la época. Aunque todo el mundo estaba convencido de que el *Santísima Trinidad* era de manejo muy defectuoso, nadie pensó en mantenerlo quieto y, al acercarse la ocasión de la batalla de Trafalgar (1805), se le añadieron cuatro obuses en la cubierta alta, lo cual llevó su peso y desproporción hasta lo demencial. Aun así, los ingleses lo miraban con admiración y codicia: una vez comenzada aquella batalla, el coloso español fue objeto de su atención primordial y acabó por tener cuatro navíos enemigos dedicados a él, los cuales le causaron graves daños y bajas y acabaron apresándolo. Pretendían remolcarlo hasta Gibraltar, pero el buque iba muy escorado y más inmanejable que nunca, de modo que un temporal en el Estrecho que hubo aquel día lo hundió a tres millas de la costa. Lo mandaba el brigadier don Francisco J. Uriarte e iba a bordo el jefe de escuadra don Baltasar Hidalgo de Cisneros. La dotación estaba formada por 1 048 hombres, de los que murieron 312 y quedaron heridos 338. «El Escorial de los mares», lo había llamado Galdós.

El funesto invento del protegido de palacio

Funesto invento del protegido de palacio, y hasta protegidísimo, puede llamarse al de un capitán de la Royal Navy que ha pasado a la historia como el primer y último individuo que se construyó un acorazado en forma privada, tal como otros se construyen un yate. Este personaje original se llamaba Cowper Phipps Coles y gozó del favor denodado del príncipe Alberto, consorte de la reina Victoria. Una vez fallecido éste, la soberana siguió amparándole acaso con más emocionado ahínco y, además de defenderle contra los muchos enemigos que tenía en la armada, le regaló un busto de yeso que representaba al príncipe Alberto. El regio busto y el capitán Coles, junto con otras quinientas personas, se fueron a pique el 7 de setiembre de 1870 en forma dramática, a bordo del singular acorazado en cuestión, el buque de su majestad *Captain*.

El capitán Coles estaba acertado en un punto único y sólo en uno. Corría la época de transición de los navíos de madera a los de casco metálico, y todas las potencias navales, sus respectivos gobiernos y estados mayores estaban divididos y vacilantes entre los pros y contras de una y otra modalidades. Prácticamente, la segunda mitad del siglo XIX transcurrió entera en experimentos, tentativas y rectificaciones, acompañados de las polémicas correspondientes. El acorazado ha sido, igual que su contemporáneo el automóvil, uno de los productos más discutidos y tanteados de la historia cultural. Lo que perdió a Coles, hasta costarle la vida, fue que sobredimensionó la excelente idea que propugnaba y la integró en un conjunto donde él ya no pisaba firme. La decidida protección regia, tan fecunda en otros temas y ocasiones, sólo ayudó en su caso a hacerle descarrilar gravemente.

¿Cuál era la buena idea del capitán Coles? Era sencilla y efectiva. Los acorazados que empezaban a diseñarse continuaban y mantenían, acaso por rutina, la práctica de los buques anteriores de alinear los cañones a lo largo de las bandas. Hubo en varios países diversas voces que protestaron contra este acato a la tradición anterior. Coles fue uno de los heterodoxos: ¿por qué, en vez de tener que girar el barco para apuntar a otros blancos, no ponemos unas torretas giratorias en cubierta que puedan orientarse hacia todos los azimuts? La idea, sin duda, no era exclusiva de él: no es el barco el que ha de rotar, es el cañón, se había dicho hacía tiempo, con harto buen sentido. Este pensamiento podía remitirse a las «baterías flotantes» utilizadas en el citado asedio borbónico de Gibraltar, y a los buques *Monitor* y *Merrimack*, de la guerra civil norteamericana, y a algunos otros ingenios coincidentes en plantar una pieza grande de artillería en un soporte flotante y orientar éste a gusto. El propio capitán Coles, en 1855, había ya comenzado a experimentar con eso de poner un cañón sobre una balsa: lo hizo en el mar de Azov, en el curso de la guerra de Crimea contra los rusos. El relativo éxito le llevó a elaborar el concepto de torre giratoria y lo patentó en 1859.

En los años siguientes, la armada británica adaptó y construyó algunos navíos con torres giratorias y el designio habría prosperado tranquilamente si Coles no se hubiera entusiasmado tanto con él que, al cabo, vino a pretender que el barco se hiciera a la conveniencia de la torre y no la torre a la del barco. En la armada británica vino a encontrar oposición grave, y el Almirantazgo impulsó un diseño ajeno a las ideas de Coles dándole forma en el acorazado *Monarch*, el cual entró en servicio en 1869 y pasa por el primer buque de esta especie dotado de torres giratorias. Coles se encendió de furor y, decidido a dar un chasco al Almirantazgo, pidió apoyo al público y a poderosas amistades, entre ellas a la familia real, según hemos empezado por decir. Sobre este fundamento, los astilleros Laird, de Birkenhead, no vacilaron en construirle de fiado un acorazado, que fue diseñado y calculado por Coles, en medio de gran expectación popular y el aplauso de un sector de la armada.

El *Captain*, que tal fue el nombre de su criatura, era un buque de esbelta y proporcionada estampa, según siguen testimoniando los grabados de la época. Con todo, un examen serio de los mismos da a entender en seguida que había una peligrosa desproporción en sus medidas: tenía algo más de cien metros de eslora, unos dieciocho de manga y un puntal de algo más de ocho, de los cuales sólo dos metros y pico sobresalían del agua. Llevaba en cubierta dos grandes torres giratorias, cada una de ellas armada con dos gruesas piezas, las cuales pesaban escandalosamente demasiado. Muchos aplaudieron el garbo con que navegaba y la capacidad agresora de su artillería, pero otros muchos recelaron de que el *Captain* no resistiría el más leve de los temporales.

Pasó taumatúrgicamente las primeras pruebas, pero, en suma, hacia setiembre de 1870 en su tercera salida a alta mar, el barco no vaciló en meterse en el golfo de Vizcaya. Una noche, cuando estaba navegando junto a otras unidades de su agrupación, se desató una tormenta, y al cabo de dos horas, a la luz de la luna, pudo advertirse con pena que el *Captain* ya no estaba en su sitio ni se lo veía flotar en parte alguna. Con él se habían perdido cerca de quinientos hombres. Alguno de los supervivientes pudo explicar que el buque había escorado gravemente en pocos minutos y que los fogoneros habían sufrido una estremecedora agonía: primero se habían roto las puertas de los hornos y los carbones ardiendo se habían volcado sobre ellos; inmediatamente entró el agua y se puso a hervirlos. En un bote se salvaron dieciocho hombres que llegaron a las costas de Galicia.

En el consejo de guerra que se reunió a continuación quedaron claras —demasiado tarde— las circunstancias que ya conocíamos y los jefes de la armada se regodearon en subrayar que lo habían dejado construir para mostrar su deferencia a la opinión pública, implicando sibilinamente en esta frase a los regios patrocinadores del capitán Coles. De todos modos, éste se rió el último desde el otro mundo porque el Almirantazgo acabó aplicando su diseño de las torres a otros navíos subsiguientes y, dado que estaba patentado, tuvo que pagar derechos a la viuda.

Carambolas de submarinos

Que la historia de la navegación submarina está llena de capítulos extravagantes y sorprendentes no necesita mucha demostración. Los hubo en sus ya remotos y confusos orígenes, también en su época de brillantez, y continúan ocurriendo hoy. Si añadiéramos el antecedente de los buzos y las campanas estancas de la antigüedad el relato sería infinito en gracietas. En España estamos muy motivados —como ahora es moda decir— por la historia del submarino: nos conectan con ella los trabajos de Narcís Monturiol en 1859 y 1864, creador del *Ictíneo*, y de Isaac Peral en 1888. Llegamos incluso a llamarlos inventores del submarino, pero es difícil designar a un solo titular de esta gloria. La primera actuación pública de un ingenio de tal especie ocurrió quizá en setiembre de 1776, durante la guerra de independencia norteamericana. Una embarcación cerrada se acercó bajo la superficie hasta intentar varias veces colocar una mina debajo del navío británico *Eagle* para volarlo. David Bushnell, estudiante de Yale, había ideado aquella mina y submarino, y llamó *Turtle* a éste. La tentativa no tuvo éxito militar, pero el submarino cumplió su trayecto.

Parece que Robert Fulton, inventor del primer barco moderno de vapor, creó luego un pequeño submarino, movido a vela en superficie y por los brazos de sus dos tripulantes cuando navegaba bajo ella. En 1801 lo ofreció a Napoleón y éste contrató el empleo de Fulton y su artefacto a base de pagarles 400 000 francos por cada barco inglés que hundieran. Fulton pasó todo un verano de actividad codiciosa sin que ningún enemigo se dejara hundir. Los franceses perdieron interés por la idea y Fulton tuvo el morro de ir a ofrecérsela a los ingleses, los cuales tampoco la aplaudieron. El primer acto relativamente afortunado de un submarino aconteció el 17 de febrero de 1864 cuando un barco de tal género, el *Hunley* —construido a base de aprovechar como casco una gran caldera—, que luchaba en el bando sureño, hundió una chalupa nordista en la guerra civil norteamericana. La tripulación propia pereció en la acción.

Adam Smith venía a recomendar que cada país y cada persona se dedicasen a producir aquello a lo cual los llama Dios. El Señor no parece haber vocado a Inglaterra para dedicarse a los submarinos. Cuando empezó la primera guerra mundial y también la serie de éxitos de los submarinos alemanes, los dirigentes de Londres dedujeron, a la vista de los resultados, que Inglaterra andaba retrasada en este arte. No llegaron todavía a la conclusión de que no estaba especialmente llamada a manejar submarinos. Como en la fábula de la zorra y las uvas, abundaron los marinos ingleses de prestigio que dijeron que dicha arma no valía para gran cosa. Sea dicho en su honor que más tarde los ingleses no han estado remisos en sacar a la luz los errores cometidos. De ellos habla, por ejemplo, el ya citado libro de Stephen Pile *The return of heroic failures*. En cambio, otros países los ocultan o tergiversan.

En un año tan crítico para la Gran Bretaña como 1916, en lo más apretado de la primera guerra mundial, aquélla quiso ponerse a la altura de la amenaza submarina alemana. El ya célebre sir John Fisher ordenó diseñar unos grandotes buques de tal género que tuvieron escasa fortuna. Se los llamó de la clase «K», se movían por vapor y sus dos chimeneas habían de ser cerradas cuando se sumergían. Su eslora era tres veces la de los anteriores, largos como un campo de fútbol. Llevaban tres cañones, dos periscopios y dos antenas. Necesitaban cinco minutos para sumergirse, cuando lo conveniente es que se tarde medio minuto en ello.

Sin duda por falta de pericia en tales artes, las crónicas recuerdan multitud de accidentes e incidentes relacionados con aquellos submarinos. Los más triviales consisten en que atacaran a los propios buques ingleses: el *K-1* se hundió después de chocar con el *K-4* ante la costa de Dinamarca. Antes de esto el primero había embarrancado y el comandante se excusó diciendo que las ratas se le habían comido las cartas de navegación y no sabía dónde estaba. El *K-2* se incendió durante su primera prueba de inmersión y hubo que apagar el fuego saliendo a la superficie y echando baldes de agua porque no había extintores. El mismo submarino tuvo la ocurrencia de cañonear un faro inglés de la costa. El *K-3* se hundió mucho más aprisa de lo que se espera de un submarino, cuando llevaba a bordo al futuro rey Jorge VI. Quizá por esta razón se dedicó más interés a rescatarlo: no fue difícil porque se hundió de proa, dejando la popa al aire con las hélices rodando. El barco, por lo demás, no duró mucho: poco tiempo más tarde fue abordado por su congénere, el *K-6*, como dice Pile; añade Geoffrey Regan que antes de esto dio otro susto, porque le entró el agua por las chimeneas y le inundó las máquinas. El *K-4* embarrancó en la costa y el *K-5* se hundió en el golfo de Vizcaya. Los espíritus sarcásticos no se privaron de comentar que parecía que los submarinos «K» fueran fracasando por orden de numeración.

En el *K-14* se detectó una vía de agua antes de los primeros ensayos; una vez remediada, se hizo a la mar y chocó con el llamado en realidad *K-13*, el cual, quizá por la potencia siniestra del número, había sido rebautizado como *K-22*, pero en vano. El propio *K-13* se había ya dado la vuelta y había quedado con la quilla al aire en unas pruebas efectuadas en el Loch Gore, en Escocia. Luego se había hundido más de quince metros, hasta posarse en el fondo del lago. Fueron rescatados penosa y torpemente algunos tripulantes, pero veinticinco de ellos perdieron la vida. Más tarde, el *K-14* se hundió, como se ha dicho, y el *K-22* chocó con el crucero *Inflexible*, el cual hizo honor a su nombre cortando el paso del submarino y llevándoselo por delante. Dícese que en esta misma maniobra el *K-17* colisionó con el crucero *Fearless*, después de haber dado ya contra el *K-7*, que lo había dejado a la deriva. Al observar el choque múltiple, el *K-4* paró las máquinas y fue alcanzado por el *K-6*, el cual se hundió, no sin peligro de arrastrar consigo al otro. En comparación, el *K-15* dio menos molestias porque se hundió solo dentro del puerto de Portsmouth sin intervención de nadie.

Este repertorio continúa, según Regan, hasta después de la primera guerra mundial: el *K-5* se hundió en 1921 con toda la tripulación en unas maniobras y en el mismo año lo hizo el ya demasiado mencionado *K-22* porque se sumergió sin acordarse de tapar las chimeneas.

Todos estos sucesos redundaron en que se suspendiese la construcción de los números 18, 19, 20 y 21 de la serie «K». Fueron modificados cuidadosamente y se creó la serie «M» perfeccionada. El *M-1* fue abordado por un buque mercante y en el *M-2* se hizo una vía de agua y se hundió.

El autor británico Pile reseña estos tropiezos con tonalidad de broma, quizá porque en ellos no se produjeron tantas pérdidas de vidas como hubiera cabido temer. Vamos a cambiar de talante para referir otros sucesos de la misma especie que tuvieron, por desgracia, más relieve trágico: en el primero murieron 99 personas. Se trata del fracaso del submarino *Thetis*, de idéntica bandera, ocurrido en aguas de Liverpool el 1 de junio de 1939, en ocasión de la última de las pruebas del navío, el cual estaba recién construido en los astilleros de Birkenhead.

El día era de general júbilo y para pasarlo bien habían embarcado en el submarino, además de los 53 tripulantes, cincuenta personas más, entre técnicos y jefes del Almirantazgo, representantes de las empresas que habían participado en la construcción y dos camareros que servían copas celebratorias.

Es inevitable asociar esta imagen y el desastre que iba a venir con el caso del navío sueco *Vasa*, hundido en Estocolmo en agosto de 1628 en el curso de sus primeros minutos de navegación y festejo, con semejante pérdida de vidas e ilusiones. Lo tratamos en el volumen de esta misma serie *Disparates regios*. El submarino *Thetis* iba escoltado por el buque auxiliar *Grebecock* y, bajo la tutela de éste, se dispuso a sumergirse a 38 millas de Liverpool. Lo primero que se notó, cuando comenzó a hacerlo, es que pesaba poco, a despecho del exceso de carga humana, y le costaba trabajo hundirse, pero, pasada una media hora de esfuerzos, se sumergió con una rapidez sorprendente, e incluso alarmante. Más tarde, por los cuatro únicos supervivientes que hubo se supo que el submarino no se había sumergido normalmente porque en cuatro de los tubos lanzatorpedos había aire indebidamente, y el quinto, en cambio, estaba lleno de agua por efecto de una vía de entrada. Esto lo averiguaron dos oficiales que emprendieron tal búsqueda, pero cuando se dieron cuenta de la entrada de agua abundante escaparon a toda prisa de aquella sección sin cerrar la compuerta de paso, y así se inundaron dos secciones más del *Thetis*, y se fue a pique como una piedra. Quedó a 55 metros de profundidad, posado en el fondo.

Los tripulantes y los invitados no tenían por qué temer por su vida inicialmente porque el aire disponible daba para veinte horas. Sin embargo, sí que se habrían espantado si hubiesen sido testigos del desorden y confusión con que actuaron el Almirantazgo y los barcos y personas implicados en el suceso. No los tranquilizó nada comprobar que una escotilla de emergencia dedicada a la evacuación de los tripulantes no podía abrirse, y todavía les gustó menos percibir que se rompían repetidas veces los cables echados desde los barcos para izar el *Thetis.*

El submarino seguía en comunicación más o menos satisfactoria con la superficie y desde ésta se bombeaba para achicar el agua y el combustible que tenía dentro. El último de los cables tendidos estaba cumpliendo bastante bien y el submarino empezaba a salir a la luz, pero de súbito el peso aumentó enormemente, el cable se rompió y la nave volvió a caer al fondo. Luego se supo que dos de los tripulantes se habían acercado a la vía de agua dejando abierta la compuerta de la sala de máquinas por olvido, de modo que el agua pasó a invadir esta sección también y agravó de modo fatal el peso del barco.

Acaso con cierta resignada flema se abandonaron los trabajos de salvamento y se rezaron unos responsos por los muertos. Era forzoso imaginar que su agonía había sido larga y tremenda. Comenzó unas semanas más tarde la segunda guerra mundial y hasta octubre de 1939 no fue sacado el barco a la superficie. Se lo reparó y se lo rebautizó, para quitar malas impresiones, con el nombre de *Thunderbolt* («Rayo»), quizá más euforizante que el de la ninfa Thetis, madre del héroe griego Aquiles. El submarino fue despachado para el combate y tres años más tarde, en marzo de 1943, fue hundido con toda su dotación por una corbeta italiana en aguas de Sicilia, esta vez de modo definitivo.

Más triste fue todavía que el 9 de setiembre de 1939, a poca distancia del siniestro anterior, ya en plena guerra, el submarino inglés *Triton* torpedease y hundiese a su compatriota el submarino *Oxley*, con pérdida de toda la dotación de éste menos dos hombres. Estaban patrullando con otros tres submarinos en aguas de Noruega y, al parecer, el *Triton* entendió que el citado no estaba en el lugar donde debía y lo tomó por un barco enemigo.

Podría acaso sentenciarse que los torpedos a menudo funcionan cuando no deben, y viceversa. Ejemplo antiguo de ineficacia de los mismos fue, en 1879, el de uno lanzado por el navío chileno *Huáscar*, a menos de doscientos metros de distancia, contra la corbeta peruana *Abtao* en el curso de la guerra que ambos países sostenían. A menos de la mitad del corto camino, el torpedo decidió virar de bordo y encaminarse directamente contra el buque de donde partía. El heroico teniente Díaz Canseco, que se dio cuenta, saltó por la borda, nadó hacia el proyectil, lo agarró y lo dirigió hacia otro rumbo inofensivo. El almirante Grau, que mandaba la maniobra, se disgustó tanto que cogió todos los torpedos que le quedaban y los enterró en un cementerio.

El autotorpedeamiento ha ocurrido más de una vez: recordamos ahora que hacia 1935 lo hubo también en la armada francesa, cuyo torpedero *Ouragan* lanzó un torpedo que describió una graciosa trayectoria de herradura y volvió al barco. Parece que iba lastrado, sin cabeza explosiva.

Peor fue lo que le ocurrió, el 29 de marzo de 1942, al crucero inglés *Trinidad*, el cual fue atacado en el Ártico por tres destructores alemanes que aspiraban a dañar un convoy aliado. El crucero les quiso disparar dos torpedos pero éstos estaban helados dentro de los tubos, formando una masa con éstos. Un tercero tenía el aceite helado y el mecanismo alterado y, aunque sí salió contra el enemigo, dio la vuelta como el anterior, tocó al buque propio y le causó graves daños.

El moverse bajo las aguas ha dado siempre ocasión a peligros y malentendidos. En el año 1983 una compañía islandesa de rescate de barcos naufragados proclamó que había encontrado en el fondo del océano el pecio del *Wapen van Amsterdam*, que se había hundido en 1667 con cuarenta arcones de oro y cuatro toneladas de diamantes en bruto. (Así lo reseña Pile.) El gobierno de Islandia subvencionó los trabajos. Reinaba gran expectación cuando se anunció el día y hora en que iba a ser izado el viejo buque del tesoro. Al salir a la superficie se vio con desengaño que se trataba de los restos de un mercante alemán hundido en 1903 con un cargamento de arenques. Lo más frecuente es que éste sea el epílogo de las historias de localizaciones y rescates de viejas naves hundidas.

ASTILLEROS INCOMUNICADOS

Vámonos al área italiana para contemplar otro suceso náutico más divertido que el anterior. La compañía constructora Intermarine, con un astillero sito en el curso bajo del río Magra, en el puerto de Ameglia, aceptó en 1981 un bonito contrato con el gobierno de Malasia. Por el precio de unos ochocientos millones de pesetas se trataba de construirle los cascos de un minador y cuatro lanchas. La empresa se había dedicado hasta entonces a construir embarcaciones menores, pero un encargo tan halagador y provechoso le pareció muy estimulante y se lanzó en el acto a cumplirlo.

Las unidades no tardaron en estar acabadas y listas para la entrega y el cobro. En tal punto, la empresa del astillero se dio cuenta con horror de que la desembocadura del río Magra estaba atravesada por el pintoresco y atractivo puente de Colombiera, orgullo de la comarca. Hasta aquel momento, los barquitos que había construido en los astilleros, instalados algo más arriba, habían pasado sin novedad por debajo del puente, pero los recién acabados no, en absoluto.

La compañía constructora ofreció derribar en parte el puente y reconstruirlo luego a sus costas, lo cual era ya bastante mal negocio, pero, por lo menos, evitaba el ridículo en que se había sumido. Para desesperación suya, el consejo municipal de Ameglia se negó a que tocaran el puente para nada, y los nuevos buques quedaron encerrados aguas arriba. No sabemos si, al final, fueron transportados por tierra, como ya lo habían hecho los griegos antiguos, por encima del istmo de Corinto, o los españoles de la buena época, cruzando el istmo de Panamá a través de los montes y la selva, con los barcos al hombro, bajo el mando de Núñez de Balboa.

La navegación moderna ha abundado en muestras del desacierto de muchos personajes que aparentaban saber mucho de ella. Así, en 1830, el doctor Dyonisius Larner, del University College de Londres, sentenció públicamente que un barco de vapor no podría nunca cruzar el Atlántico porque la travesía requería más carbón del que podía llevar. Por las mismas fechas dictaminó también que el ferrocarril con máquina de vapor no llegaría a funcionar de veras porque los pasajeros morirían de asfixia, incapaces de respirar a tanta velocidad, temor que otros técnicos expresaron también en diferentes países.

Esta afirmación tan categórica pretendía desautorizar los ensueños de un joven ingeniero británico que daría mucho que hablar con el tiempo: era Isambard Kingdom Brunel (1806-1859). Con indicar que elaboró los proyectos de varios túneles y puentes que cruzaron el Támesis y que una universidad actual de Londres lleva su nombre, quedará clara la categoría del personaje, que, además, era hijo de otro ingeniero y proyectista célebre. Para descrédito de los agoreros, el *Great Western* quedó terminado en 1838, fue felizmente botado y cruzó el Atlántico sin problemas. Sin embargo, nada hay que fracase tanto como el éxito, y ese triunfo excitó a Brunel y sus clientes a más arriesgadas empresas.

El franquear el Atlántico parecía ya cosa baladí, y en Londres empezó a concebirse la idea de construir un barco que pudiera ir a Australia y regresar sin repostar. En 1851 se había fundado la Eastern Steam Navigation Company, y la misma se propuso contar con el colosal barco que había de atender aquel requerimiento. Durante muchos años, el resultado de aquel delirio de grandezas figuró como el buque más grande del mundo. (Casi ninguno de los que sucesivamente han ostentado este título ha acabado bien.) Julio Verne, en su novela *Una ciudad flotante*, se hizo eco de la expectación que despertaba el designio y, con sus características anticipaciones, describió con todo detalle lo que habría de ser estilo característico de viaje en un gigantesco transatlántico, hasta nuestros días. La creación de Brunel se llamó *Great Eastern*, medía 211 metros de eslora (algo menos que la longitud de tres campos de fútbol) y una manga de 36 metros. Desplazaba 32 000 toneladas y era propulsado por dos grandes ruedas de palas y una hélice, ésta de siete metros.

Las rarezas e infortunios que habían de singularizar al buque empezaron ya antes de la botadura: se construyó en unos astilleros de Londres, sobre el Támesis, contando ya con que habría que botarlo de lado, novedad que dificultó y encareció el trabajo. El primer intento de botadura, el 3 de noviembre de 1857, se dio por fallido porque un trabajador perdió la vida en un accidente. Se repitió el día 19 con un poco más de éxito, puesto que se logró que el coloso se deslizase diez metros por la grada. Por fin, la botadura completa se celebró el 31 de enero de 1858 y el *Great Eastern* quedó flotando majestuosamente. Se disponía a navegar hasta Weymouth en viaje de pruebas cuando reventó una tubería de vapor: la explosión mató a seis fogoneros y destruyó una de las chimeneas. Brunel murió del disgusto pocos días más tarde; su salud había quedado muy quebrantada por las tensiones y preocupaciones suscitadas por aquella obra sin precedentes.

Los retrasos en la puesta en servicio del barco ocasionaron la ruina de la empresa armadora, que lo vendió a otra, la Great Ship Company. Ésta creía ver más clara la vocación del *Great Eastern* y pensó dedicarlo a transatlántico de lujo, apto para embarcar hasta cuatro mil pasajeros. Tal capacidad no se cubrió nunca ni se ha alcanzado en ningún buque posterior de la especialidad. Además de este desajuste de explotación, el barco padeció graves accidentes debidos a sus descomunales dimensiones o, más brevemente, a su congénita mala suerte: en cierta ocasión, una tormenta le causó serios daños, y en otra chocó contra un escollo imprevisto en aguas de Nueva York. Los gastos de transformación del barco originario en un palacio lujoso y, luego, estas mismas reparaciones acabaron con las arcas de la compañía propietaria. Ésta lo vendió a la empresa que estaba tendiendo en aquella época los cables telegráficos transoceánicos.

Los cables transoceánicos

Por mediación de las desdichas del *Great Eastern* hemos llegado al curioso tema del tendido de los cables submarinos que unieron entre sí las redes telegráficas de los diversos continentes. No es raro que tal novedad y el coloso de los mares acabasen asociados porque nacieron aproximadamente en la misma época; tampoco es asombroso que en uno y otro asuntos se mostrase ineptitud y desmesura, porque eran de complejidad insólita. En 1857 se efectuó el primer intento de tender un cable por el fondo del Atlántico auspiciado por la Atlantic Telegraph Company. Esta empresa había sido fundada por un optimista comerciante de papel, Cyrus Field, el cual al principio no sabía exactamente cómo colocar el cable: había quien proponía suspenderlo de globos sumergidos entre dos aguas, otros decían que colgase de una especie de casetas flotantes y, en suma, otros propugnaban que se desenrollase dejándolo en el fondo. El cable pesaba una tonelada por milla y el mar no siempre ayudaba a las tareas.

La primera expedición fracasó. En el año siguiente se repitió la prueba con un astuto artificio: de la costa norteamericana zarparía el buque *Niagara*, de bandera estadounidense, con la mitad del cable, y de la inglesa saldría el *Agamemnon*, de tal nacionalidad, con la otra mitad; se encontrarían en medio del Atlántico y los empalmarían.

Por desgracia, este esfuerzo de ingenio estuvo acompañado por la poca calidad de otros aspectos del proyecto. Nadie se había interesado por las características de los cables, fabricados por empresas distintas en cada uno de los dos países, con diferencias de criterio tan llamativas como que los hilos del revestimiento de uno de los cables estaban tejidos hacia la derecha y en el otro hacia la izquierda. De este modo, cuando, en medio del océano, se deseó empalmarlos, el movimiento de apretar el uno torciéndolo en un sentido representaba deshilachar el otro. Sí, claro, ya se les ocurrió empalmarlos mediante un pedazo que se acomodara a los dos extremos, pero este apaño ensuciaba gravemente las señales transmitidas y además duró sólo unas semanas. La pifia costó medio millón de libras esterlinas y un retraso de ocho años en el tendido del cable, hasta el 27 de julio de 1866, en que el barco de Cyrus Field llegó a Terranova llevando arrastrado el cable definitivo. Esta otra vez, sin duda, se habían empleado materiales compatibles y convenidos en las dos mitades que se empalmaron.

La empresa había tenido dos especies de enemigos: en los años de interrupción, otro norteamericano, Perry McDonough Collins, se había regocijado del fracaso inicial y había propugnado que el cable se tendiese a través del estrecho de Bering y luego cruzase Siberia hasta llegar a la Europa atlántica. Tenía las gestiones y proyectos muy adelantados cuando su rival, Field, consiguió tender el cable en el fondo del Atlántico. Los trabajos de McDonough en el Pacífico no fueron estériles para su nación, porque gracias a ellos muchos norteamericanos se enteraron de que existía la colonia rusa de Alaska y así se creó el ambiente que abrigaría la compra de ésta por Estados Unidos en 1867 por el ridículo precio de 7 200 000 dólares. Lo explicamos en el volumen *Disparates regios* de esta colección.

Más inesperado fue otro inconveniente peligroso contra el tendido del cable atlántico: las traviesas ballenas. Cuando los barcos de Cyrus Field estaban trabajando en medio del océano, las ballenas, curiosas y simpáticas, se acercaban peligrosamente a ellos y con sus cabriolas estuvieron a punto de romper los cables.

El «Titanic» como paradigma de la insensatez

El nombre arrogante del *Titanic* lo predisponía a convertirse en paradigma de desmesuras. Lo asombroso hubiera sido que acabara bien una creación tan presuntuosa, manejada, además, de modo prepotente. La intervención de la mala suerte —insinuada mediante diversos incidentes preocupantes que se registraron antes del drama— no hizo sino rubricar una sentencia que llevaba ya escritos todos los considerandos y resultandos. El barco emprendió el 14 de abril de 1912 su primer y último viaje; salió de Southampton y se proponía llegar a Nueva York en un tiempo especialmente breve. Todo en él era singular: era el buque más grande del mundo, con sus 52 000 toneladas; capaz de llevar tres mil pasajeros y casi otros tantos tripulantes; dotado de más de diez kilómetros de cubiertas y de hectáreas de salones; y, por supuesto, insumergible. ¿A quién se le podía ocurrir que aquella montaña de lujo y esplendor pudiera hundirse, y menos en la época de la radio?

Tan excluida estaba semejante idea que en la Gran Bretaña los buques de más de 10 000 toneladas quedaban excusados de llevar más de dieciséis botes salvavidas, porque se entendía que sus dimensiones garantizaban de por sí la seguridad de los embarcados; con esta dotación ya se podía salvar el primer apuro, y luego habría tiempo para todo. Aplicando tal reglamentación al *Titanic* venía a resultar que sólo había 1 178 plazas en botes para las 2 207 personas que iban a bordo. Esta mezquindad se compensaba brillantemente con los espléndidos paseos, pistas de deportes, miradores y salas que los constructores habían situado en el espacio que hubieran ocupado lúgubremente más botes de salvamento, constante recordatorio del peligro y de la muerte. El alegre pasaje del *Titanic* —la flor y nata de la sociedad y la plutocracia de ambas orillas del Atlántico— no estaba para impresiones preocupantes.

Ante la funesta insuficiencia de medios de salvamento pierden relieve las torpezas y temeridades cometidas por el capitán del barco y sus colaboradores. Son muy conocidos los detalles del desastre: su origen consiste en la desatinada velocidad con que el buque se dispuso a surcar unas aguas donde abundaban los témpanos de hielo. Otras unidades que andaban por allí con precaución y comedimiento se espantaron de ver rauda, en plena noche, aquella mole resplandeciente que partía olas sombrías por entre los icebergs, cada vez mayores y más cercanos. Un par de barcos dirigieron por radio advertencias serias al *Titanic* y el radiotelegrafista los mandó callar porque estaba atareado transmitiendo mensajes festivos de los pasajeros. El veterano capitán del barco, Edward Smith, se fue a la cama. El primer oficial, que quedó al mando, vio de súbito que un grandioso témpano estaba en medio del rumbo. Gritó órdenes febriles, pero no había margen para apartar el barco: al cabo de un instante, éste, con sólo rozar una arista del témpano, sufrió un desgarrón de cerca de cien metros de largo que destruyó tres compartimientos estancos. El agua empezó a entrar en la sala de máquinas.

El capitán Smith, espantado, pidió consejo a un directivo de la empresa constructora que iba a bordo. El mismo —o el director de los astilleros, consultado por radio, las versiones difieren— dictaminó que el anegamiento de tres compartimientos condenaba a muerte al *Titanic* en un plazo de tres o cuatro horas. Éste lanzó llamadas de socorro. El *Californian* era el buque más próximo. Precisamente era uno de los que le habían avisado del peligro, recibiendo un chasco a cambio. Con la conciencia tranquila, el capitán y el radio de éste se habían ido a dormir. Un grumete del *Californian* vio a lo lejos los cohetes que lanzaba el *Titanic* para pedir auxilio, pero no se atrevió a despertar al capitán.

En el colosal transatlántico empezó la operación de embarcar niños y mujeres en los botes. Hasta entonces no se hizo patente que no había sitio para todo el mundo. Ha pasado a la historia la noble compostura con que los caballeros vieron salvarse sus familiares y se distrajeron del trance pidiendo unas copas. Menos noble es que la estadística de salvados muestra que el 63 % de los pasajeros de primera clase encontró sitio en los botes, de los de segunda el 42 %, y de los de tercera sólo el 25 %. Con cierto rubor, las autoridades de navegación dispusieron, tras la Conferencia Naval de 1913, que cualquier transatlántico llevara botes bastantes para salvar a todos los embarcados, y que la radio habría de permanecer conectada sin cesar.

El grandioso siniestro ha sido estudiado repetidas veces desde entonces, y las recientes investigaciones han aclarado nuevas responsabilidades: el acero empleado en la construcción no era de la tenacidad y resistencia necesarias. Si hubiera respondido mejor, el barco habría tardado más en hundirse. Al caer en el abismo se rompió en tres fragmentos, que han sido repetidamente estudiados. Otro transatlántico, el *Carpathia,* llegó al lugar una hora y veinte minutos después del choque y logró rescatar a los náufragos que encontró, que hubieran podido ser más si el hundimiento hubiera sido más lento.

En 1985 los restos del *Titanic* fueron localizados por el oceanógrafo Robert D. Ballard aproximadamente a 50° de longitud O —la de Terranova— y a 41° de latitud N, algo más arriba del paralelo de Nueva York, y también de Barcelona. Están a unos tres mil metros de profundidad y se van repitiendo expediciones para estudiarlos y recuperar los objetos que se pueda. La hipótesis más reciente propone que el barco zarpó con un incendio ya declarado en sus carboneras y que los propietarios y el capitán no cancelaron el viaje por razones de prestigio, sino que optaron porque el *Titanic* navegara a una velocidad demencial que le permitiera llegar a Nueva York antes de que el fuego tuviera consecuencias.

El naufragio como constante

Se multiplican los estudios de este género y las técnicas de navegación se perfeccionan enormemente, sí, pero continúan registrándose naufragios catastróficos. En algunas ocasiones actuales las pérdidas humanas han sido copiosas aun en contextos muy tecnificados que parecían ofrecer más protección. El caso más reciente de despreocupación amparada en lo refinado del equipamiento técnico se dio en el verano de 1994 en el mortífero naufragio del ferry *Estonia,* en el Báltico. En los ferrys, manejados a menudo con la soltura creada por la rutina, ha habido espantosos siniestros: el 23 de mayo de 1965 se registró uno, con 150 muertos, en el río Shire, en Malawi, infestado de cocodrilos, y el 6 de marzo de 1987 otra desgracia, con 134 bajas, en el ferry *Herald of Free Enterprise*, en aguas de Zeebrugge. Añadamos que el 10 de abril de 1991 el transbordador italiano *Moby Prince* chocó con un petrolero ante Liorna y hubo 138 muertos, para no seguir con este lúgubre catálogo henchido de torpezas humanas.

Se ha recapitulado que en los primeros setenta años del corriente siglo se han registrado diecisiete grandes naufragios con 17 402 víctimas. En la centuria pasada, la conciencia pública empezó a mostrarse ya muy sensitiva respecto de los naufragios. Alphonse Daudet dedicó un relato estremecedor a la pérdida de la fragata francesa *La Sémillante*, que zarpó de Tolón el 14 de febrero de 1855 y fue lanzada por un huracán mediterráneo contra la costa, con pérdida de ochocientos hombres. En 1819 el pintor Géricault había expuesto su célebre cuadro *La balsa de la «Méduse»*, donde la tragedia de unos náufragos, que acabaron (1816) comiéndose a sus compañeros, era representada como alegoría de la desolación del hombre.

El 13 de marzo de 1895 se hundió el crucero español *Reina Regente* en el estrecho de Gibraltar, abrumado por una tempestad tan irresistible que no le permitió recibir socorro alguno. Se fueron con él a pique 402 tripulantes de todas las graduaciones. Nada se ha podido averiguar acerca de las medidas que tomaron o dejaron de tomar.

El factor humano está todavía más de manifiesto en el hundimiento del transatlántico italiano *Andrea Doria*, sobrevenido el 25 de julio de 1956 cuando fue abordado por la afilada proa del sueco *Stockholm*, no lejos de Nueva York. Los equipos de radar de ambas unidades eran perfectos y estaban en pleno funcionamiento. Por fortuna hubo escasas bajas, 55 en total, en proporción a las imaginables. ¿Fue la niebla la causante? ¿Las comunicaciones estaban perturbadas por las manchas solares, muy activas aquellos días? ¿Cumplió con su deber intachablemente la dotación del barco italiano?

«Habríamos venido antes si hubiéramos sabido que estabais aquí»

Cuatro días enteros perdidos en un mar infestado de tiburones pasaron los náufragos del crucero norteamericano *Indianapolis*, el último buque de guerra perdido en la segunda guerra mundial. Venía del atolón de Tinian de cumplir una misión secreta: entregar elementos de la bomba atómica que sería lanzada sobre Hiroshima ocho días después. En su viaje hacia Leyte, en las Filipinas, fue torpedeado por un submarino japonés el 29 de julio de 1945. Se hundió en un cuarto de hora. Esta brevedad ayuda a excusar en parte el aturdimiento que se apoderó de la dotación: el comandante, Charles McVay, no pudo emitir un SOS o no acertó a ordenarlo; y se lanzaron al agua escasos medios de salvamento de los náufragos. Se perderían cerca de trescientos hombres de los 1 199 que tripulaban el navío, y su muerte ha pasado a la historia en la franja de las más penosas e injustificadas de toda la guerra.

«Habríamos venido antes si hubiéramos sabido que estabais aquí», confesaron con más candidez que rigor profesional los primeros compatriotas que llegaron al lugar donde seguían flotando los náufragos, asaltados por tiburones que en una sola jornada habían devorado a 88 delante de los ojos despavoridos de los demás. El *Indianapolis* había telegrafiado, al zarpar del atolón, indicando a la base la hora en que llegarían, pero el mensaje resultó defectuoso y en Leyte nadie se preocupó por ponerlo más claro; peor aun, no hubo quien se interesara por saber qué estaba haciendo el crucero durante cuatro días en que no hubo noticias de él. Cuando empezaron los vuelos de exploración no se dieron cuenta de que había náufragos. La sed y la exposición al sol iban agotando las fuerzas de éstos. Los que bebieron agua del mar crecieron en su desesperación. Muchos quedaron cegados por el sol. Los chalecos salvavidas de buen número de ellos se empaparon y arrastraron a los hombres al fondo.

El país entero clamó en demanda de responsabilidades, convencido de que si las cosas se hubieran llevado de otra manera, aquella tragedia habría podido atenuarse. Aun cuando estaba claro que buena parte de la culpabilidad correspondía a los mandos de la base de Leyte, por no haberse cuidado de seguir el camino del barco, se optó por individualizarla en el comandante del *Indianapolis*, y se le formó consejo de guerra. Le condenaron, y poco después le indultaron.

Los naufragios son, ciertamente, una de las modalidades más trágicas, espectaculares y costosas de accidente, nadie lo discute. Sin embargo, es curioso meditar que su análisis y enmienda suelen despacharse con bastante flema. Con la misma tranquilidad se desarrollan muchas navegaciones que amenazan con acabar mal. Ya hemos dicho antes que los perfeccionamientos técnicos de hoy día impulsan a numerosos profesionales a conducirse con alarmante desidia. Se comenta que muchos barcos van prácticamente solos por la mar; y es que llevan tripulaciones tan reducidas, a fuerza de multiplicar los tecnicismos, que, a poco que se distraiga o equivoque alguien, todo aquel coloso queda entregado a su propia suerte, la cual no siempre es buena.

Esto se ha dado en los últimos años con triste frecuencia en los petroleros, donde se han aumentado las dimensiones y cargas sin tomar medidas correlativas en lo que toca a la seguridad y gobierno. No es raro que se hayan repetido accidentes grandiosos, cuyas consecuencias abarcan extensas zonas del mar y la costa. Para escoger unos cuantos como ejemplo recordaremos el del *Amoco Cadiz*, un barco liberiano de 334 metros de eslora cargado con 220 000 toneladas de crudo que en la noche del 16 al 17 de marzo de 1978 empezó a tener una fuga del líquido, a la vez que perdía el timón. Estaba delante de Portsall, cerca de Brest, y mientras el capitán discutía por radio con los remolcadores acerca del precio del salvamento, el barco a la deriva embarrancó y se partió, soltando su enorme carga en una zona turística y pesquera de Francia que todavía no se ha rehecho del perjuicio.

El petrolero norteamericano *Exxon Valdez*, semejante en dimensiones al anterior, embarrancó en Alaska el 24 de marzo de 1988 con parecidos resultados. Por lo menos a primera vista, porque sobre este caso se ha publicado un libro de Jeff Wheelwright en 1994 que viene a sugerir que los animales y plantas del estrecho del Príncipe Guillermo, donde se registró el siniestro, estaban mejor antes de los trabajos de limpieza y que éstos fueron perjudiciales para el ambiente natural. Tal interpretación debe de constituir el grado extremo de no intervención respecto de éste.

3. TRANSPORTES TERRESTRES PROBLEMÁTICOS

EL CABALLO, ESE DESCONOCIDO

Todos estamos enterados de que no hubo caballos más que en una parte del planeta hasta los albores de la edad moderna. Es menos sabido que el animal no ha sido estudiado a fondo hasta hace poco tiempo, ni siquiera en las culturas donde se han criado caballos desde siglos antiguos. Parece que durante millares de años los hombres hayan tenido caballos en sus casas y los hayan utilizado sin molestarse en la mejora de su rendimiento y su bienestar. Hasta el siglo IV d. J.C. los jinetes occidentales montaban a pelo, como los indios del Oeste, sin bridas, estribos ni silla. Los caballos iban sin herrar. En algún lugar y tiempo de la historia parece que sus dueños les ponían unas fundas de cuero en los cascos. El tema no está claro, puesto que cuesta creer que se haya tardado tantos siglos en advertir la delicadeza de los cascos equinos y la necesidad de protegerlos para sacar partido del animal. De todos modos, si se reflexiona acerca de los perfeccionamientos que se han introducido en las sillas y la guarnición de los caballos de deporte dentro de nuestro mismo siglo, habrá que confesar que dos milenios de civilización occidental nos dejaron mucho por hacer en tal materia.

En 1931 el comandante francés Lefebvre des Noëttes causó gran expectación y polémica con su análisis histórico de los arreos de los caballos. Los que eran usados para tracción en la antigüedad llevaban un yugo o un collar que iba atado por detrás de las manos del caballo y por delante de su cuello, de modo que si tiraba con demasiada fuerza, se cortaba él mismo el aliento. Hasta el siglo x d. J.C. no se introdujo una collera rígida que se apoyaba en las clavículas del animal sin afectar a su respiración. Con gran asombro, las gentes comprobaron que el caballo podía tirar de cargas tres o cuatro veces mayores que antes. La práctica de herrarlo generó la misma multiplicación de su utilidad. Se descubrieron también los atalajes para unir el esfuerzo de varios caballos y mover cargas hasta entonces prohibitivas. Se ha sugerido el origen asiático de todas estas mejoras.

Parece que los asirios y los persas habían dado a conocer el empleo de los caballos a los egipcios. En las tres culturas fueron usados para tirar de carros de lujo y de guerra, para la caza y para montura ostentosa. El asno fue de uso más extenso que el caballo en el mundo antiguo, y sirvió tanto de montura como para tirar de un arado o de un carro o hacer rodar una noria. El tratadista romano de la agricultura Columela elogiaba entre las cualidades del asno la de que «soporta con valor la negligencia de un cuidador ignorante así como los golpes y el hambre a que le sometan». El otro gran teórico romano de la vida del campo, Varrón, menciona los caballos sin dar a entender que representen una función indispensable en la economía. Los asnos y los bueyes sí la cumplían y, además, de modo exclusivo, pues ya vamos viendo que hasta hace un milenio el caballo no fue en Europa un animal de trabajo regular.

La primera representación artística de un caballo que ayude en las tareas del campo aparece en la célebre tapicería de Bayeux, donde se reseña la conquista de Inglaterra por Guillermo de Normandía en 1066. Esta novedad revolucionaria en los trabajos agrícolas está conectada con los grandes cambios que se registraron en la técnica y la legislación del agro europeo a partir del siglo x.

El estudio de los carruajes antiguos nos llevaría a conclusiones paralelas y no menos sorprendentes, puesto que comprobaríamos que culturas tan refinadas como la asiria y la egipcia se contentaban con unas formas muy rudimentarias de carros y carretas. Los destinados a transportes rústicos solían tener ruedas macizas; las ruedas de radios no aparecen más que en vehículos de lujo o en los carros de guerra. La rueda giraba junto con el eje. Produce cierta perplejidad el atraso relativo de los medios de transporte por tierra respecto de otros sectores que atrajeron más desvelos perfeccionistas en aquellas sociedades.

Tampoco se registró, ciertamente, ningún afán de mejora en la técnica romana de construcción de calzadas, la cual quedó anquilosada en unos procedimientos rígidos, como tantos otros aspectos de la cultura romana que deberían haber sido sometidos a revisión y crítica en su misma época. No acaba de comprenderse que los caminos romanos gocen hoy de tanto renombre y parezcan un ideal digno de nostalgia e imitación. Un primer reparo que oponerles estriba en que el método de construcción era sustancialmente el mismo en todos los territorios adonde llegaba la autoridad romana, con lo cual se instauraba el disparate de plantear igual una calzada que hubiera de resistir los fríos de Germania que otra quemada por el sol de la Bética o de Egipto. Nos hemos deslumbrado con la resistencia de los fundamentos de aquellas rutas, sentados con una solidez que los ha hecho llegar hasta nuestros días, pero la superficie de las mismas se quebraba y agrietaba pronto. Los sillares que habían de enfrentarse con el clima y con el uso estaban ligados con la base sin que se hiciera previsión alguna de contracciones o dilataciones, como observa Lynn White, el prestigioso historiador de la tecnología. Las reparaciones, si se hacían, eran costosas y tardías. Habría de resultar mucho más práctico el sistema medieval de sentar los sillares sobre una capa suelta de tierra o arena amortiguadora.

El ferrocarril empezó mal

Algún espíritu cáustico podría resumir la historia del ferrocarril con la caricatura de que ha tenido un siglo escaso de esplendor, que causó la ruina tanto de quienes corrieron a poner capitales en las primeras líneas como la de quienes tardaron demasiado en retirarlos de las modernas, que sólo enriqueció a los especuladores que se movieron en la fase intermedia, y que causó un sinnúmero de estropicios innecesarios. De estos últimos España conoce un repertorio muy granado: con los proyectos inadecuados y deshonestos del siglo XIX, que muchas veces quedaron por fortuna sin realizar, y los accidentes y demás disfunciones que se han venido padeciendo endémicamente, podría escribirse una historia negrísima.

También hubo fuera de España episodios ferroviarios de todos los colores. Uno de los más tristemente célebres aconteció al poco tiempo de haberse dado a conocer el invento de George Stephenson. Su famosa locomotora, llamada *Rocket* («Cohete»), atropelló y mató a un destacado político británico en presencia del primer ministro, que era el duque de Wellington, tan celebrado entre nosotros por su campaña peninsular contra Napoleón. El hecho ocurrió el 15 de setiembre de 1830 en la ceremonia de apertura de la línea férrea de Liverpool a Manchester. El recorrido de la misma estaba flanqueado por enormes muchedumbres enloquecidas de alegría.

En la estación de Liverpool se alinearon las diversas locomotoras con que se contaba, las cuales fueron examinadas por los próceres reunidos. Con Wellington estaban el secretario del Interior, sir Robert Peel, y veinte o treinta personajes políticos de primera fila, entre los cuales destacaba el anterior ministro de Hacienda, o *chancellor of the Exchequer*, William Huskisson, persona de todas prendas y, además, entendido en Hacienda. Todos los males vinieron de que Wellington, al notar la presencia de Huskisson, le tendió la mano y le llamó tan efusivamente que éste cruzó unas vías para acercarse. Andaba un poco torpe, era ya mayor, y en medio de la escena embocó aquellas mismas vías la locomotora conducida por el propio Stephenson. «¡Cuidado!», gritó la gente. El clamor no hizo más que aturdir a Huskisson, el cual apenas pudo refugiarse contra otra locomotora que estaba parada, creyendo que la *Rocket* no le tocaría; por desgracia, sí lo hizo y se le llevó una pierna. El pobre murió poco después.

Wellington y Peel quedaron tan impresionados que pensaron suspender la fiesta, pero les fue indicado que las masas reunidas serían capaces de amotinarse si se las privaba de la diversión prometida, y los buhoneros y los comerciantes expresaron que habían contado con gozar de una jornada de buenas ventas. En un plano más elevado de ideas, los directivos del ferrocarril expresaron que la suspensión daría mala imagen al importante invento. Continuó, pues, el festejo e incluso, al llegar a Manchester, los invitados consumieron unas copas que les habían preparado.

En nuestra época, cuando se han conmemorado los centenarios de líneas antiguas, se ha bromeado sobre lo espantada que estaba la gente en aquellos tiempos, tanto la que se atrevía a subir al tren como la que lo veía pasar. Esta actitud no era tan risible como hoy parece: los convoyes primitivos carecían de frenos eficaces, de silbatos, de luces; se salían de la vía a cada momento y habían de enfrentarse a menudo con rebaños, coches o personas que se ponían en medio del paso por ignorancia o descuido. Las curvas de la vía no estaban diseñadas según cálculo ni existía otro criterio para tomarlas a tal o a cual velocidad que no fuera la discreción del maquinista. Tan importante o más que el invento de la locomotora fue el del carril en forma de T que efectuó en 1830 Robert Stevens y que sigue en uso en todo el mundo. Más tarde se ideó poner una lámpara de aceite en la cabecera del tren, y en Norteamérica se le añadió una pieza destinada a echar a un lado o recoger alguna res que estuviera en plena vía.

En el año 1833 causó viva conmoción en dicho país una catástrofe ferroviaria registrada en Highstown, New Jersey, en la cual murieron dos personas, las primeras víctimas del invento allí. Sufrieron heridas otras veinticuatro, entre ellas Cornelius Vanderbilt, el cual se fracturó una pierna y juró no volver a subir a un tren. Treinta años más tarde no sólo se retractó sino que fundó una gran empresa ferroviaria. También tuvo resonancia mundana la primera gran catástrofe de este género en Europa: el vuelco de un tren que salía de Versalles el 8 de mayo de 1842 para devolver a París una multitud de aristócratas que habían asistido a una fiesta de la corte. Sus vagones, después de volcar, se incendiaron y hubo cincuenta muertos.

En 1851 empezaron en Estados Unidos las aplicaciones del telégrafo al manejo de los trenes, los cuales hasta entonces se gobernaban solamente con la consulta de los horarios. Como para subrayar lo necesario de esta mejora, el 6 de mayo de 1853 parte de un tren expreso cayó al río Norwalk, y el 29 de diciembre de 1876 otro se precipitó en el río Ashtabula porque un gran puente de cincuenta metros y pico se vino abajo, en el mismo país citado. En 1869, George Westinghouse había inventado el freno de aire.

Saltándonos otros muchos desastres de parecida especie anotaremos por su relevancia dos que tocan a la gente hispana: el primero ocurrió en el camino de Colima a la Guadalajara de México el 18 de enero de 1915, en pleno jolgorio guerrero. El tren estaba abarrotado de familias de combatientes que se habían subido al techo de los vagones. En una cuesta abajo el tren se aceleró fuera de control y se precipitó en un barranco; hubo unos seiscientos muertos. El otro episodio es felizmente cómico y no trágico: el 1 de febrero de 1910, en la localidad castellonense de Onda, un tren que estaba parado en la estación volcó simplemente porque los reclutas que llevaba se asomaron todos a un lado para despedirse de sus familias. Si comentáramos las malas condiciones del material, el trazado y la gestión de los antiguos ferrocarriles españoles parecería que estamos haciendo denuncia de la actualidad.

Lo que sí es interesante —y deprimente— meditar es que los enormes progresos de la técnica no han conducido a la eliminación de los accidentes de ferrocarril; peor aún, nos tememos que la proporción entre pasajeros/kilómetro y accidentes ha permanecido inevitablemente constante, como otra que en seguida veremos. Lo sugiere la continuación de los siniestros hasta hoy y lo elevado del número de víctimas que van teniendo. El 28 de febrero de 1975 hubo un accidente horrible en el controladísimo Metro de Londres cuando un convoy que se acercaba a su término aceleró de súbito y se precipitó contra los topes y la pared, aplastándose literalmente contra ella y causando 41 muertos. El 6 de diciembre de 1979, en una de las más graves desgracias ferroviarias ocurridas en España, y especialmente insensata además, perdieron la vida 18 personas y quedaron heridas un centenar: un «tren fantasma», sin nadie a bordo, se desfrenó y se aceleró desde El Figaró hasta Les Franqueses (Barcelona) para precipitarse, a 105 kilómetros por hora, sobre otro de pasajeros que venía de la ciudad. El 12 de diciembre de 1988, más difícil todavía, chocaron tres trenes en Londres; hubo más de cuarenta muertos.

Flaquezas de los tanques

De la misma manera que el elefante es uno de los animales más nerviosos y asustadizos que existen, el carro de combate es el arma más frágil, delicada, exigente y caprichosa, por mucho que su imagen predique robusta firmeza y arrollador poderío. Si además se comete algún desliz en su diseño y proyecto, los resultados pueden ser muy graves. En la Barcelona de las primeras semanas de nuestra guerra civil cundió el impulso de acorazar camiones, trenes y tractores y mandarlos al frente. La mayoría de las veces semejante tarea se desarrolló con más entusiasmo que pericia, y el autor del presente libro recuerda haber visto de niño, en la rambla de Prat, un camión acorazado que pesaba tanto que no se podía mover del sitio.

Esto pasaba en el final del verano de 1936, en un ambiente barcelonés muy confuso, inepto y revuelto, pero siete u ocho años más tarde cayó en la misma equivocación Adolf Hitler, sin que le advirtieran todos sus consejeros militares e industriales. Cuando Hitler se dio cuenta del fracaso de su embestida contra la URSS, ideó personalmente un nuevo modelo de carro de combate de monstruosa corpulencia. Este invento fue confiado a las manos del célebre doctor Pörsche. El engendro pesaría 180 toneladas y mediría casi seis metros de altura. En su delantera, la coraza que llevaba era de más de treinta centímetros de espesor. Para moverlo era precisa la potencia de un motor Diesel de 1 500 caballos que accionaba un generador eléctrico. Sus cadenas medían un metro de anchura. El modelo —que recibió el jocoso nombre de *Ratón*— era capaz de franquear ríos andando por el fondo con las escotillas cerradas. Todo estaba muy bien, pero lo adverso y penoso era que el vehículo no podía moverse. Y si, en el colmo del apremio, se lograba que caminara, resquebrajaba las carreteras, rompía los cristales de las casas con su vibración y se hundía en cualquier suelo blando o lodoso. El designio quedó archivado.

En el bando aliado ocurrió también algún desatino mayúsculo en materia de tanques durante la guerra mundial. Un húngaro refugiado en Inglaterra, Nicholas Straussler, ideó colocar en torno de los Sherman de 32 toneladas un artificio prodigioso que potenciaría su eficacia en la cercana invasión de Europa. Consistía en ponerles alrededor una especie de gran salvavidas de lona, de unos dos metros de ancho, merced al cual el carro flotaba. Además, se dotó a éste de dos hélices, impulsadas por su mismo motor. El poderoso carro de combate quedó así convertido en una embarcación autopropulsada. Se le dio el nombre de *Duplex Drive*.

Los espíritus escépticos dudaron de que el fláccido salchichón de lona que rodeaba a los tanques bastara para mantenerlos a flote en cualquier circunstancia, pero la idea fascinó a Winston Churchill y luego al general George C. Marshall, jefe del Estado Mayor norteamericano. Sólo faltaba probarla en la realidad y el jefe supremo de las fuerzas aliadas, general Dwight D. Eisenhower, accedió con entusiasmo a asistir a la demostración. Ésta se efectuó en un plácido lago escocés y resultó tan bien que el propio Eisenhower quiso pilotar un carro y se dio una vuelta por el lago con gran contento.

Llegó «el día más largo», el 6 de junio de 1944, y en la playa normanda llamada «Utah Beach», la marina quiso poner los tanques en el agua a más de cuatro kilómetros de la playa. Los tanquistas protestaron y reclamaron seguir embarcados hasta más cerca de ésta, se les atendió y la operación se desenvolvió perfectamente, contando en su favor con una profundidad benévola y un trecho corto por recorrer. No fueron éstas las circunstancias con que toparon los tanques lanzados ante el sector llamado «Omaha Beach»: fueron desembarcados a más de cinco kilómetros de la playa, con mar muy agitada, los flotadores no cumplieron con su cometido y los tanques fueron hundiéndose uno tras otro como piedras. La infantería de la playa careció de su protección y, en resumidas cuentas, padeció innumerables bajas. Peor aún: los tanques hundidos siguen estando allí y los pescadores franceses se quejan de que sus redes se enganchan en ellos y reclaman a Estados Unidos. Dentro de tal país, la marina dice que el problema corresponde al ejército, al cual pertenecen los tanques, y éste dice que le toca a la armada, puesto que los tanques están en el mar. Lo más desolador es que, con estos dimes y diretes, los cadáveres de los soldados que perdieron allí la vida siguen dentro de aquella chatarra. O seguían en 1990, según las publicaciones norteamericanas donde hemos leído esta triste historia.

El profesor Laurence J. Peter no se ha privado de utilizar aspectos de los carros de combate para ilustrar la incompetencia y la frivolidad con que se actúa en algunas industrias. En cierto grado se nos antoja que el autor del «principio de Peter» se cuela, porque afirma con escarnio lo siguiente: existe una probabilidad del 63 % de que el tanque M-1 del ejército de Estados Unidos, fabricado por Chrysler, sufra un fallo de motor dentro de los seis mil primeros kilómetros de uso. Así lo expresa en su libro *Por qué las cosas salen mal* (Esplugues de Llobregat, Plaza & Janés, 1985). A nosotros, modestamente profanos, nos parece recordar que lo peor que tenía el M-1 era que se movía con dos motores, uno por cada cadena, los cuales habían de estar sincronizados para que las cosas salieran bien. El citado defecto se fue arreglando, en todo o en parte, en sucesivas versiones.

Por lo demás, el reparo de que surjan fallos de motor en los primeros seis mil kilómetros no es demoledor, porque es venial que sea entonces cuando aparezcan en cualquier vehículo, pero no en una fase posterior. Añade Peter, con la misma guasa, que el M-1 necesita 1,34 horas/hombre de mantenimiento por cada hora de actuación, lo cual tampoco nos parece que tenga mucho de particular, y concluye que las cadenas de aquel carro «sólo» duran 2 500 kilómetros; cosa que nos parece también bastante aceptable y que tiene precedentes y similitudes con otros. En suma, de aquí desprendemos que algunos juicios del profesor Peter merecen figurar por separado en la recopilación de errores que estamos ahora emborronando.

Más razón le asiste, en cambio, según nos parece, cuando ridiculiza el proyecto, también norteamericano y militar, de un camión todo terreno que había de circular fuera de las carreteras. En la fase de proyecto fue perfilándose el llamado *Gamma Goat* («Cabra»), que era un vehículo anfibio que podía ser lanzado en paracaídas desde un avión. El coste de este modelo se elevó, en el curso de su plasmación, desde 69 hasta 439 millones de dólares, y el camión, que había comenzado siendo menudo y ágil, acabó como un monstruo de 7,5 toneladas, tres veces más pesado de lo previsto. El interventor general de Estados Unidos, Elmer Staats, comentó que el producto era «un ejemplo destacado de lo que es comprar algo antes de que uno sepa lo que quiere realmente».

Fatalidades del automóvil

Por mucho que se lo mire como emblema, clave y germen del estilo actual de vida y se le atribuyan referencias a lo dinámico y lo progresista, parece que el automóvil está sometido a una serie de fatalidades intrínsecas que llaman la atención. Una de ellas atañe a las cifras de accidentes en que toman parte. Se ha observado que las muertes crecen a medida que aumenta el número de coches, pero sólo hasta un punto de saturación de 25 por 100 000 personas/año. Alcanzado este punto en un país dado, la cifra de automóviles que haya en uso deja de influir seriamente en la de muertes por accidente y aquélla puede crecer todo lo que se quiera sin que aumente ésta de modo significativo: es el 25 estable, no el 35 ni el 40.

El ilustre ingeniero Cesare Marchetti, que me pasa estas noticias, añade que ha comprobado que este nivel prodigioso del 25 por 100 000 se dio en el año 1975, por ejemplo, en países de montaje tan distinto como Austria, Estados Unidos, Francia, Alemania, Italia y Canadá; por razones no menos misteriosas, Gran Bretaña, Japón y Suecia, que no tienen nada en común a tales efectos, no llegaron al punto del 25 por 100 000 y oscilaron entre el 20 escaso de la primera y apenas el 10 de Japón. En Estados Unidos, cuyo material estadístico ha permitido la seriación, se ha advertido que este nivel del 25 dura ya desde el año 1930, y apenas ha fluctuado nunca, aunque haya cambiado todo el condicionamiento social del automóvil.

Las anteriores cifras insinúan que hay que mirar con cierto escepticismo el efecto correctivo de la siniestralidad que pueden tener las campañas de educación de los automovilistas, así como las medidas técnicas adoptadas para su protección y para la seguridad vial. El mismo profesor Marchetti amplía tal fatalismo a otras esferas de la vida de los coches. Ni la innovación ni el marketing ni la publicidad determinan hoy por hoy gran cosa en las cuotas de mercado de las marcas y tipos existentes, salvo para mantener éstas fluctuando. Más atención presta dicho autor, como fenómenos de ruptura que crean situaciones nuevas, a las masas de población que compren su primer coche y a los países que están todavía lejos de estar saturados de autos y donde los productores pueden vender todavía millones de ellos.

También ha meditado Marchetti sobre la curiosa fijeza de la cantidad media de tiempo que una persona dedica a trasladarse habitualmente de un lado a otro, para ir y volver de su trabajo, sus compras, la enseñanza o tratar con sus relaciones: es una hora. Era ya una hora en la Roma antigua, fue una hora en la ciudad medieval, es una hora hoy por término medio, modificable, sin duda, por nuestras dedicaciones o por las singularidades de la zona donde vivamos. Si contamos con medios de transporte más veloces, extenderemos el área de nuestra vida; las poblaciones podrán ser más vastas y las personas recorrerán mayores distancias para atender a sus conveniencias. Con todo, si es cierto que la asignación de una hora a traslados es una constante humana, el uso del automóvil estará también limitado, y dará igual que los fabricantes lo doten de velocidades fascinadoras y de diseños y comodidades alucinantes, porque muchos de nosotros no tendremos tiempo de sacarles partido.

4. EDIFICIOS INQUIETANTES

EL «PRINCIPIO DE PETER» Y EL RAMO DE LA CONSTRUCCIÓN

En sus meditaciones acerca de la poca eficacia del trabajo que se estila hoy y el desacierto de quienes lo dirigen, el profesor Laurence J. Peter ha recopilado docenas de ejemplos de toda clase procedentes de las profesiones más variadas. No ha regateado, de todos modos, observaciones balsámicas, como la de: «El modo de evitar errores es ganar experiencia. La manera de ganar experiencia es cometer errores.» Dentro de un nivel y del otro, recoge enseñanzas instructivas.

Cuenta así que la Escuela de Ingeniería de la Universidad de Hawai gastó cerca de nueve millones de dólares en construirse un nuevo edificio y equipamiento, el Holmes Hall. Cuando estuvo terminado resultó que buena parte de las estructuras e instrumental nuevos, que valían 200 000 dólares, no podían aplicarse porque el edificio carecía de tomas adecuadas de corriente. Reseña también el caso de un hotel de Johannesburgo donde el ascensor iba siempre al segundo piso cuando se marcaba el botón del primero. La situación quedó tan aceptada y normalizada que se tapió la puerta del primer piso y las catorce habitaciones que éste tenía quedaron sin usar durante veinte años o más, hasta que llegó un nuevo director que empezó a hacer preguntas y ordenó derribar aquella puerta cerrada.

Un nuevo edificio construido enteramente de cristal, en Arlington, Virginia, tenía los veinticuatro lavabos cerrados con cristales dotados de una cara opaca, continúa refiriendo Peter. La intimidad de los usuarios parecía completamente garantizada, pero cuando comenzaron a ser utilizados los servicios se advirtió que todo el mundo se enteraba de lo que pasaba en su interior. El cristal era transparente en un solo sentido, pero había sido colocado al revés.

Menos grotesco es el caso de la presa de South Fork, en Pennsylvania. En el otoño de 1888 no faltó quien anunciara que aquel embalse se iría al traste si no era reparado, pues venía la época de las lluvias. El acaudalado e influyente club de caza y pesca de la localidad creía que no llovería y se opuso a abrir las compuertas, pues los peces se escaparían. En la época en que había de llover no lo hizo, pero el 31 de mayo siguiente un temporal inesperado llenó el embalse a rebosar y el muro cedió. La riada mató a 2 300 personas.

Hablando de embalses, es inevitable sacar a colación la célebre presa de Assuan, a la cual puede adjudicarse el título de campeona mundial de ineficacia e ineptitud. Éstas ya se dejaron traslucir en las conmociones políticas y económicas que desafió el régimen de Nasser para llevar adelante el gigantesco proyecto que había de cambiar la faz de Egipto. ¡Y tanto! No profundicemos en el trastorno del ritmo milenario de lluvias, inundaciones del Nilo y riegos. Indiquemos sólo que ni se obtuvo de una central hidroeléctrica tan cacareada la energía que se había proyectado ni se pensó adónde iría a posarse el barro fértil acarreado por las inundaciones de antaño. Como deduciría hasta un niño, este limo se está depositando en el fondo del embalse de Assuan y lo llena rápidamente, de modo que dentro de unos años estará colmado e inútil. Por lo demás, éste es el material que fertilizaba desde la época de los faraones el valle del Nilo. Ahora se recibe en él el agua administrada por la presa, pero ésta no lleva las sustancias necesarias para los cultivos, y ha sido preciso sustituirlas con abonos artificiales producidos en nuevas fábricas que necesitan más energía eléctrica.

Hasta los pescadores del Mediterráneo se lamentan de haber perdido capturas porque los peces se alimentaban de microorganismos transportados por el Nilo que ahora están embalsados en Assuan. Además, es de observar que en Egipto existía desde tiempo inmemorial una endemia, la esquistosomiasis, o bilharziosis, que atacaba a una parte de la población. El parásito que la causa vive en un caracol que habita en los canales de riego. Dentro del ritmo antiguo de irrigación había estaciones en que los canales se secaban, los caracoles morían y la enfermedad cesaba. Ahora ésta se ha extendido a casi la mitad de la población porque la presa de Assuan retiene todo el año el agua en los canales conectados con ella, los caracoles están vivos todo el tiempo y lo que se ganaría en productividad se pierde en bajas por enfermedad. Hace algunos años, escribió Laurence J. Peter, que la endemia causa gastos de 550 millones de dólares anuales.

Sobre demoliciones y hundimientos

Paradójicamente, lo peor que se le suele achacar a un mal edificio es que se caiga, cuando en realidad acostumbra ser más dañoso y molesto el que continúe en pie. Con todo, no es fácil enfrentarse con la sabiduría tradicional, la cual predica que el primer deber de una construcción es aguantar tal como está. Y más si ha recibido un premio tan importante como el del American Institute of Architects del año 1979. La prestigiosa entidad celebró la reunión anual en Kansas City para honrar a la ciudad con motivo de conceder a su nuevo coliseo, la Kemper Arena, su premio nacional. El galardón llevaba como epígrafe el estar atribuido a «uno de los edificios más bellos del país».

La nota peculiar de la obra consistía en una techumbre sostenida por largos tirantes de los cuales la revista profesional *The Architectural Record* opinó que «eran musculosos hasta casi dar miedo». Tan interesante estructura fue visitada detenidamente por los centenares de arquitectos norteamericanos congregados en la asamblea en el primer día del programa de ésta. Hicieron bien en darse prisa, porque al día siguiente el edificio se derrumbó y la estructura quedó en el suelo convertida en un revoltijo de metales retorcidos.

A parecido resultado se llegó en Inglaterra unos meses más tarde, en diciembre de 1980, por vía diferente. El consejo municipal de Solihull acordó derruir una fila de establos decrépitos que había al borde de la carretera que lleva al inmediato Birmingham y adjudicó el trabajo a un contratista de la localidad. Poco después, una excavadora partió rauda hacia el lugar, un domingo por la mañana temprano, para no perturbar al vecindario. Cuando llegó a la altura de los establos en cuestión, el conductor los dio por buenos y giró a la izquierda para embocar un camino arbolado que conducía a una mansión que le pareció vieja y caduca.

Se trataba de Monkspath Hall, edificio señorial del siglo XVIII inscrito entre los monumentos de la región, rodeado de florida campiña. Era una gloria del país. La excavadora comenzó a dar vivaces empujones contra las nobles paredes, multiplicando las arremetidas y los retrocesos. Aprovechó el silencio y la soledad del día y la hora, y sin que la molestara nadie, la máquina dio término a su quehacer y a la casa en tres cuartos de hora.

No salgamos del elenco de edificios señoriales ingleses afligidos por el infortunio para contemplar un caso todavía más chusco. Cierto caballero, William Beckford, nacido en 1760, recibió a la edad de diez años, cuando murió su padre, un millón de libras esterlinas en herencia, cantidad que podemos considerar equivalente a muchos, muchos miles de millones de pesetas de 1995. La renta de cien mil libras anuales que le daba le convertía en uno de los hombres más ricos del país, en abierta rivalidad con la familia real y su corte. Con esta renta y sin padre, Beckford estuvo todavía moderado de joven, porque limitó sus extravagancias a viajar llevando siempre consigo su cama, estudiar cosas raras y tomar clases de música de Mozart en persona, nada de lo cual se puede criticar.

Los reproches empezaron cuando, a los treinta años, se retiró a su finca de Fonthill para apartarse del vulgo. La cercó con una pared que medía once kilómetros de longitud y unos cinco metros de altura, llenó el recinto de guardas y perros feroces, y es fama que no vacilaba en soltárselos a los mendigos que acudían a pedirle limosna. Beckford dispersaba a latigazos a las pobres gentes que le importunaban, aunque luego acababa echándoles unas monedas para que se fueran haciendo reverencias.

El señor de Fonthill no se contentaba con vivir espléndidamente y resolvió dotarse de una mansión incomparable. Para empezar, edificó un verdadero pueblo en las cercanías a fin de instalar al ejército de técnicos y obreros que se disponía a movilizar. Les anunció que en aquella obra no iba a haber domingos ni noches ni horas; montó turnos incesantes de trabajo y cuidó de poner antorchas y faroles para la noche y repartir generosamente bebidas alcohólicas. Por esta última razón fue creencia extendida que la edificación se estaba efectuando dentro de una cogorza unánime y perpetua. La casa fue bautizada con el nombre de Fonthill Abbey porque su dueño quiso darle empaque de gran monasterio.

No hay buena abadía sin buen campanario, se dijo el hidalgo Beckford, y, puesto a estudiar torres, se fijó en la de la catedral cercana de Salisbury, de fino estilo gótico, que desde hacía seis siglos se elevaba a una altura rayana en los cien metros. La tomó por modelo y ordenó que le construyeran otra parecida, aunque fuera algo más baja, no mucho. Con los nervios, gritos, prisas y copas habituales en la casa, se edificó el campanario. Apenas había llegado a la altura deseada, y mientras terminaban el enyesado del interior y similares, se vino abajo. El propietario, imperturbable, mandó servir una ronda y que comenzasen en el acto a reconstruirlo. Algo más tarde, cuando se acercaba la festividad, Beckford decidió celebrar la Nochebuena en la nueva cocina que había que construir en la mansión y, aunque faltaban pocos días, prometió primas y festejos, y la obra estuvo hecha a tiempo. Apenas se había sentado a la mesa cuando la cocina se derrumbó sobre su cabeza y Beckford y sus invitados sólo vieron en torno de sí una enorme polvareda.

Daba igual: el hombre continuó dirigiendo las obras y quiso darlas por acabadas en las Navidades de 1800. Invitó a que le acompañaran en ellas lord Nelson, su amante lady Hamilton y el bondadoso marido de ésta, sir William. Esta vez no ocurrió nada de particular en la velada. A quien sí le pasó algo malo fue al propio Beckford unos pocos años después: su patrimonio sufrió graves quebrantos, sin asombro de nadie, y él se vio obligado a vender Fonthill Abbey. A los dos años de haberla comprado, el nuevo propietario vio con horror que el gran campanario se hundía de nuevo. La onda expansiva causada por el cataclismo lanzó al desdichado comprador a muchos metros de distancia y creó en el cielo una nube de polvo que ensombreció toda la comarca, mientras las gentes gritaban que había llegado el fin del mundo.

Lo que sí comenzó fue el fin de la mansión, porque el resto fue derrumbándose como una barraca y muy poco subsiste hoy de ella para dar testimonio de su rara historia.

No hay que salir de aquel país y del siglo XIX para registrar otro de los fracasos más sonados de la técnica constructora, en este caso de la ingenieril: nos referimos al hundimiento del puente sobre el río Tay, en Escocia, que sobrevino el 28 de diciembre de 1879, día de los Inocentes, medio año después de que el tren de la reina Victoria lo recorriese. El puente había entrado en servicio en 1878 y era fruto de una doble euforia: la de los ferrocarriles y la de las construcciones metálicas. Medía tres kilómetros de longitud y salvaba el *firth*, el estuario, de aquel río escocés, acercando considerablemente las poblaciones de Dundee y Burntisland. Proyectó y dirigió la construcción el ingeniero Thomas Bouch: la vía férrea estaba soportada por 85 envigados de hierro en celosía y en medio del río había once torres separadas por 74 metros entre sí, más una torre en cada cabo, todo ello plantado en el fondo del río con fundamentos de cemento.

El funesto día en cuestión rugía una tremenda tempestad por el valle del río abajo y, cuando pasó un tren de pasajeros —por fortuna no muy lleno; eran ochenta personas—, el puente se partió por la mitad y el convoy fue a parar al agua. Más tarde, cuando se investigaron las causas del siniestro, pareció que el constructor no había tomado en consideración la fuerza del viento y también se dijo que el hierro empleado, sin ser el peor posible, tampoco era el mejor que había. El creador de la obra enfermó del disgusto y murió unas semanas después. La reina le había dado el título de sir. El tren fue sacado del fondo del Tay y volvió a prestar servicio, pero no se lo dedicó más a aquel trayecto.

Lo de que se caigan puentes largos ha ido ocurriendo desde entonces de vez en cuando, y no se puede achacar a lo defectuoso de las técnicas antiguas, porque los hay de aquella misma época que aguantan muy bien. En cambio, el del río Yarra, cerca de Melbourne, en Australia, se hundió el 15 de octubre de 1970 mientras lo estaban construyendo. Uno de sus tramos fracasó y arrastró consigo otros fragmentos de la obra. Murieron 35 obreros.

Edificios malaventurados

Que hay edificios con mala suerte apenas habrá nadie que lo discuta, y a veces tal infortunio está emparentado con la propia construcción y mantenimiento. Los dos incendios del Liceo de Barcelona, con el aditamento de las bombas que sufrió hace cien años, son suficientes para que nos percatemos todos de ello sin necesidad de salir de España ni de nuestra época. Puede consolarnos el reflexionar sobre que aquél no es el único teatro operístico desdichado que ha habido en la historia. La famosa Ópera de Viena ha conocido sus horas mejores y más felices desde que fue reedificada en 1950 sobre las ruinas del edificio anterior, tras la pasada guerra mundial. Todo el mundo conoce la perfección y la eficacia de su estructura interna presente y el prestigio de que goza aquella institución.

En su primera forma y época, sin embargo, el coliseo del imperio había conocido sucesos de todos colores, muchos de ellos emparentados con la trágica historia de los Habsburgo. El penúltimo emperador, Francisco José I (1848-1916), aborrecía la música seria con escaso disimulo. Con todo, se prestó a presidir la función de apertura de un teatro de la Ópera que se alzaría en el centro de la capital que se estaba remodelando. Los arquitectos fueron Eduard Van der Nüll y Siccard von Siccardsburg.

Los vieneses, que son muy burlones y cáusticos, censuraron lo chato y desgarbado del edificio —exteriormente es el mismo actual— y le achacaron que se había inspirado demasiado en la Ópera de París, reproduciendo sus defectos. Fue objeto de especial choteo el que pusieran en lo alto dos caballos alados, cuando Pegaso sólo ha habido uno, y aun con reparos. Además, los caballos eran gordotes y pequeños. Hubo que sacarlos al final. En el interior del teatro había graves corrientes de aire, de las cuales se mostraban especialmente resentidos los cantantes. Desde extensas fracciones de la sala no se veía el escenario o no se oía adecuadamente lo que ocurría en él, y los espectadores se ponían nerviosos y rebullían.

La función inaugural se celebró el 25 de mayo de 1869, con representación del mozartiano *Don Juan*. Las entradas se habían vendido a precios fabulosos y el emperador asistía desde su palco. Aquella solemnidad ha dejado perenne memoria: comenzó con el recitado de un poema laudatorio de Viena y el imperio, del cual la censura eliminó a última hora diversos pasajes, de modo que el resto quedó sin pies ni cabeza y la gente no sacó nada en limpio, aquélla que lo oyó. Luego empezaron a bajar por unas escaleras unas artistas ataviadas con los trajes de los países de la corona, pero el director de orquesta creyó oportuno comenzar la obertura de la ópera; se apagaron las luces y las señoritas tuvieron que salir tropezando en confusión. Las imitó el emperador Francisco José, yéndose del teatro a favor de aquel tumulto.

El fiasco de esta inauguración agravó las burlas del público a propósito del coliseo y cuanto tuviera que ver con él. Los arquitectos se deprimieron tanto que Van der Nüll se ahorcó y Von Siccardsburg padeció un infarto y murió algunas semanas más tarde.

No hay que marchar de Viena para contemplar otra chuscada de la historia de la arquitectura, aunque en ésta tuvo buena parte de culpa la burocracia, y, además, fue la francesa y no la austríaca. En Viena cuentan la gracieta de que en París, cuando se deseó construir las embajadas de Francia en Viena y en Constantinopla, los funcionarios de Asuntos Exteriores se equivocaron en el envío de los planos a las capitales correspondientes. Se había deseado en París que la embajada de Viena tuviera cierto talante austríaco y la de la capital turca de entonces estuviera entonada con la atmósfera oriental. Se cruzaron los sobres y vino a resultar que es la de Viena la que ostenta un vago aire otomano, aún hoy, y al revés. Quien manda manda, debieron de decirse los arquitectos y los contratistas, y cumplieron sus raros encargos sin rechistar.

El glacial capricho de una zarina

Pocas veces habrá llegado a tan demencial extremo el absolutismo de un monarca como en una de las varias arbitrariedades que cometió la emperatriz de Rusia Ana Ivánovna (1693-1740), hija menor del zar Iván V y sobrina de Pedro el Grande, la cual fue elegida en 1730 para ocupar el trono a falta de heredero más calificado. En nuestra recopilación *Disparates regios*, publicada en esta misma serie, hemos historiado diversas barbaridades cometidas por aquella familia imperial. En aquella época empezó a ser rutina usual el envío de miles y miles de desterrados a Siberia. La emperatriz Ana merece ser recordada en el presente capítulo porque dio colorido a un capítulo extravagante de la historia de la arquitectura mediante el siguiente invento.

El invierno del año 1740 fue muy crudo y Europa entera estaba cubierta de hielo duradero. Para distraerse de tanto frío y tanta melancolía, la emperatriz rusa arbitró sacar bienes de los males y ordenó que le construyesen un palacio de hielo. La obra fue encomendada con toda seriedad y rigor al arquitecto Pedro Eropkin, el cual contó con centenares de obreros y artesanos. No tardó en adquirir forma. Diseñó un palacete neoclásico de 25 metros de longitud, 10 de altura y 7 de fondo, de una planta. El trabajar con hielo no libraba de ser estricto y finolis en la selección del material, pues se rechazaban los bloques que no fueran transparentes y limpios. Eran luego medidos y cortados con tanta precisión como si fueran mármol valioso y se los cementaba echándoles agua, que se helaba al punto. En ellos se esculpieron adornos finísimos y tanto los árboles y figuras de los jardines como los muebles del interior eran de puro hielo. Incluso eran de hielo la cama de la alcoba principal, su colchón, su colcha, sus dos almohadas, los cortinajes y las alfombras, y del mismo hielo eran, en suma, un elefante que por la noche escupía petróleo encendido, y unos cañones que disparaban de veras.

Todo este desvarío gubernativo-arquitectónico tuvo una aplicación cruel. Cierto cortesano de la zarina Ana, el príncipe Miguel Alexieievich Golitsin había desobedecido e irritado a la corona casándose sin permiso con una italiana católica. La pobre señora no tardó en morir, pero el triste suceso no atenuó la cólera de la soberana. Ésta determinó que Golitsin se casara con la novia que ella misma escogería: fue ésta una criada calmuca de tosca y escandalosa fealdad. La crítica histórica no tiene aclarado si la zarina había construido aquel palacio de hielo pensando ya en que lo habitasen esos singulares novios o decidió luego dedicárselo a ellos para aprovechar la complicada —y dispendiosa— edificación. El caso es que la propia emperatriz organizó la boda de Golitsin y la criada, montó un cortejo grotesco, encabezado por los novios, que iban metidos en una jaula a lomos de un elefante y vigiló que las nupcias culminaran en la habitación matrimonial del palacio de hielo.

La incómoda y zafia broma no duró muchas semanas: el edificio se derritió al llegar la primavera y además la emperatriz se murió. Todavía mejor: los novios se agradaron y entendieron y continuaron felizmente su himeneo.

Un experimento poblador: el fracaso de Carlos III en sierra Morena

Y también fracasó Carlos III en muchos lugares de la monarquía española, podríamos añadir. Limitémonos aquí a traer un ejemplo histórico de manipulación frustrada de la población y la geografía de un país.

Cuando Carlos III, el gran monarca ordenador y reformador, llegó al trono de España en 1759 se propuso modificar España y sus gentes. Adelantemos ya el final de la película: el resultado de sus esfuerzos fue escaso y fragmentario. España demostró una inercia capaz de frustrar los impulsos más vigorosos y resueltos. Uno de los sectores donde se proyectó primero la inquietud perfeccionista del rey fue la agricultura, y es notable que la filosofía que lo animaba era muy avanzada y populista.

La moda del desarrollismo agrario y el permanente apetito gubernamental por obtener triunfos de relumbrón actuaron en favor de una propuesta singular que recibió la corona española. Un coronel bávaro llamado Caspar Thurriegel le ofreció un contingente de seis mil alemanes para poblar algún territorio de América. El Consejo de Castilla estudió la oferta y determinó (con una sensatez que no sería continuada en tiempos sucesivos) que antes de ir a remediar los problemas de allá convenía arreglar los de acá. En consecuencia procedía más bien asentar aquella masa en alguna comarca desmedrada de España. Se pensó en sierra Morena y fue encargado de dirigir la operación don Pablo de Olavide. Era un hidalgo nacido en Lima, liberal, activo y listo, y se tenían buenas noticias de su actuación anterior en un cargo secundario de la administración pública de Sevilla.

Causa hoy una cierta sorpresa que hace dos siglos viniera gente de Europa a buscar fortuna en España, pero así ocurrió en este experimento, y todavía hace menos tiempo de otros episodios que se registraron en el mismo son. El coronel Thurriegel trajo grupos de Flandes, Hungría, Bohemia, varias partes de Alemania, como el Palatinado, Baviera, Alsacia y Lorena, y de Suiza y Saboya. En febrero de 1768, ya situados en el país, se ordenó agruparlos en cuatro «naciones»: suizos, saboyanos, alemanes y flamencos, para crear aldeas homogéneas y darles sacerdotes que hablaran su lengua. A finales del mismo año estaba ya claro que la mayoría de aquellos colonos carecían de oficio y menos de práctica agrícola alguna, de modo que hubo que ponerles maestros que les enseñasen los rudimentos de ésta. La evidencia de que los pobladores eran gente de poco más o menos les pareció muy satisfactoria a los promotores, porque ambas cosas rimaban con el espíritu soñador de la empresa: cuanto menos valieran, más adhesión tendrían los pobladores a su nuevo hogar.

El régimen ilustrado de Carlos III convirtió la empresa de sierra Morena en un compromiso y un símbolo del Estado. Cuando empezó a ser público que no funcionaba bien, el ministro Campomanes expresó desde el gobierno que había que considerar delincuente contra el Estado a quienquiera que perjudicase aquella iniciativa difundiendo falsedades contra ella. Quedaba claro que el prestigio del poder estaba empeñado en la empresa y que ésta, a su vez, era como un emblema de todas las demás reformas que aquél estaba desarrollando.

El invento de las «nuevas poblaciones», según se las llamó, en sierra Morena comenzó con celeridad y brío insólitos: surgieron en un abrir y cerrar de ojos once parroquias y trece poblados sobre el camino de la Bética a La Mancha y Levante. El principal recibió el nombre de «La Carolina» en homenaje al rey; otras se llamaron «La Carlota» y «La Luisiana». El momento más esplendoroso de aquella colonización puede situarse hacia 1775, en que unas diez mil personas habitaban en quince nuevas localidades. Éstas eran una maravilla de ciencia urbanística: trazadas geométricamente (como habíamos hecho en las de América, dicho sea de paso), armoniosas, limpias, ordenadas, representaban un triunfo del reformismo de la Ilustración, una victoria del genio de la época sobre las rutinas y lastres del pasado.

Por desgracia para la empresa, los habitantes de las nuevas localidades valían mucho menos que éstas: haraganes, desarraigados, ineptos, rebeldes, se sublevaron en seguida contra tanto orden y tanta virtud, pretextando —no sin algún vestigio de razón— los agobios del calor y la sequedad y las enfermedades que les causaban. Les creaba, además, cierta claustrofobia el aislamiento de la comarca, acentuado porque las autoridades españolas no tenían ningún deseo de que los colonos fueran de un lado para otro. En cambio, éstos habían venido en busca de venturas y aventuras y opinaban con sensatez que para trabajar en serio se hubieran quedado en su casa. Su ineptitud en las tareas del campo y la imposibilidad de que convivieran en núcleos tan artificiales condenaron pronto la empresa como ruinosa, y los pobladores comenzaron a marcharse en notable proporción.

Subsistieron algunas de aquellas villas que duran hasta hoy, orgullosas de ostentar un origen tan singular. En alguna hemos visto un «Bar Carlos III», nombre un tanto chocante si no se sabe el motivo. En los cementerios se contemplan todavía lápidas donde constan nombres extranjeros, con muchas «k» y «w», que son los de los fundadores, alguna de cuyas familias continúa.

Una vez quedó desnudo el fracaso del experimento colonizador de sierra Morena, hubo que buscar un culpable, porque no cabía achacarlo a la doctrina del gobierno ni a equivocaciones de las altas esferas. Resultó entonces fácil y rápido echarle la culpa a Pablo de Olavide. El cortesano y biógrafo de Carlos III, duque de Fernán Núñez, dice de Olavide que «el demasiado celo y el ardor de su carácter exaltaban su imaginación de modo que, dejándose arrastrar de varias ideas filosóficas de perfección imaginaria y no permitiéndole la franqueza de su carácter disimular ni contemporizar con nada, decía con franqueza cuanto pensaba, igualmente en los asuntos de religión que en los demás». Este último punto se prestaba especialmente a acabar con Olavide y la Inquisición fue movilizada para ello por sus enemigos, quizá con demasiada ligereza.

El temido tribunal actuaba entonces con menos furor que dos siglos antes. Carecía del poder de entonces y se daba perfecta cuenta de que ni la sociedad ni el ambiente lo apoyaban; sus jueces fueron los primeros en sentirse embarazados por procesar a un personaje público tan significado. A la recíproca, el rey y sus ministros no se atrevían a disgustar a la Inquisición arrancando a un procesado de sus garras. La incomodidad de ambas esferas por tener ambas esta «patata caliente» en sus manos llevó al inquisidor general a visitar a Carlos III para consultarle, y es verosímil que éste no se alegrase nada de esta visita ni supiese qué contestar. El resultado de la gestión fue que Olavide fuese condenado, pero no mucho. Se le sentenció a perder la dignidad que tenía en la Orden de Santiago y a ser recluido en un convento donde recibiría instrucción religiosa. La condena le fue leída en el curso de un «autillo» de fe de carácter privado. Olavide no tardó mucho en escapar de su reclusión y se fue a Francia.

Curiosamente, los gobiernos reformistas acostumbran a dedicar desmesurados esfuerzos a modernizar y transformar el sector agrario que en todas partes es el más estático y arcaizante. Lo volveremos a ver en el caso de la agricultura estaliniana, los extremos se tocan.

Perniciosos hospitales británicos

«El principal requisito que debe cumplir un hospital —afirmó Florence Nightingale con su acostumbrada entereza— es no causar daño a los enfermos.» La gloriosa enfermera de la guerra de Crimea, fundadora de la moderna técnica auxiliar sanitaria, era mirada por los ministros y los generales como una especie de deidad, y no sólo por los de su Inglaterra natal. A todas partes habían llegado sus visitas y los ecos de sus juicios sensatos, rápidos y ácidos sobre los disparates que se cometían en enfermería.

El ejército británico estaba terminando en 1856 la construcción de un enorme hospital militar encima de Southampton. La señorita Nightingale fue llamada a visitar el edificio y dar su dictamen. Tal fue la ocasión en que, enfadada, expresó la lapidaria frase con que hemos empezado este capítulo. Se horrorizó al observar que el hospital era, en esencia, un grandioso bloque único surcado por pasillos inacabables que iban de una sección especializada a otra y a otra. La sagaz visitante olfateó, intuyó, que bastaría con el aire para llevar los males de un lado para otro, y esto, años antes de que estuviese elaborado un concepto real y práctico de las infecciones. Tal como Semmelweiss lo haría algo más tarde —según decimos en otras páginas—, la señorita Nightingale adivinaba que había minúsculos seres contaminantes que flotaban por las salas y no se debía darles facilidades abriéndoles unos pasillos propicios a su difusión.

Con esta misma doctrina, Florence se fue a visitar al secretario del War Office —ministro de la Guerra, diríamos—, el cual le contestó que no tenía la menor intención de gastarse 70 000 libras en la demolición de la obra. La mujer se fue al primer ministro, lord Palmerston, que sí se dejó convencer y se plegó a aquellas observaciones. De entonces en adelante, los grandes hospitales se construirían según pabellones y módulos separados.

Aun así, la perfección es difícil de alcanzar. Indica el doctor Richard Gordon en su libro *Great medical disasters* (Nueva York, Dorset, 1986) que el ministerio británico de Sanidad tiene destinados treinta millones de libras al año a reparar defectos de los hospitales. Ha habido casos irremediables como el del St. George's, delante del palacio de Buckingham, que en 1982 el gobierno resolvió dar por imposible. Se lo devolvió al duque de Westminster a cambio de las mismas 23 700 libras que éste había cobrado en 1906 cuando vendió el solar. Otros episodios son tan graves como el registrado en Bangor, en el país de Gales, donde se descubrió que los desagües del departamento de patología pasaban por las cocinas. En el hospital londinense para niños de Great Ormond Street hubo que evacuar a todo correr su unidad cardiológica, que había costado siete millones y medio de libras, porque su estructura amenazaba con desplomarse al año de inaugurada. Otros muchos edificios de la misma nacionalidad y especie sufren también hoy de inestabilidad congénita y hay que andar apuntalándolos a cada momento, con enorme gasto, según relata aquel autor.

Los problemas no consisten sólo en la sustentación de las obras, sino en su lógica interior. Ya en el año 1851 la reina Victoria se dolió de que entrasen los gorriones de la calle en los pabellones de la gran Exposición de Londres, apoteosis de sus glorias, la cual padecía graves defectos de ejecución. «Pongamos gavilanes que cacen a los pájaros, majestad», aconsejó el anciano duque de Wellington, y acertó. Menos atinados estuvieron en el Ministerio de Sanidad, en 1982, cuando se hartaron de que, abusando de lo abierto y ligero de la construcción, los gatos entrasen en el hospital de Edmonton por donde querían, causaran daños en las tuberías y lo llenasen todo de pulgas.

«Que los cacen a tiros», decretaron, y encargaron a un individuo que se apostara allí con un fusil. Al primer disparo acudieron varias empleadas en tropel para defender a los pobres gatos. Un minino escapó herido y fue buscado por todo el hospital por las enfermeras para curarlo. El asunto pasó al nivel de consejo de ministros, de donde acaso no ha salido, porque permanece en confusa vaguedad.

Esas exposiciones internacionales y eventos similares son de mal agüero para la arquitectura. Escribo en Barcelona, la ciudad menos calificada del mundo para reprochar a otra la frivolidad en construcciones de esta especie. Por la ventana veo a lo lejos el palacio Nacional de Montjuïc, el cual podría aspirar a un récord Guinness de edificio caro. Construido para presidir la Exposición de 1929 durante la temporada que se le asignó de vida, ha acabado perpetuándose mucho más allá de lo que permitía su estructura originaria. Fue plantado en una ladera de la montaña a la manera que una joven rociera se pone un clavel en la oreja, y la mitad del edificio se levanta sobre el sospechoso suelo de Montjuïc, muy escurridizo, y la otra mitad se sostiene al aire, sobre unos apaños que en su día eran admisibles, pero que han resistido casi setenta años más de lo previsto. ¿De qué modo? A fuerza de enterrar allí millones un año tras otro: con el costo conjunto de las obras podían haberse alzado veinte palacios como aquél.

Las restauraciones discutibles

El complicado debate sobre si hay que restaurar los edificios antiguos y cómo hacerlo puede también plantearse desde Barcelona, una de las poblaciones del mundo que ha llevado más lejos el arte de la restauración monumental. A quien se pasee por su hermoso barrio gótico le interesará acaso saber que el lugar no se parece en nada al conjunto que formaba en la época llamada gótica. Es paradójico, en cambio, que las reconstrucciones efectuadas en las ciudades europeas dañadas por la segunda guerra mundial hayan sido de enorme escrúpulo restitutivo, cuidando con minuciosidad del retorno de los edificios y los paisajes urbanos a su primitivo estado, aunque muchas veces desaparecieron por completo, y el repetirlos ha costado más que el salir del paso con unas alegorías rápidas.

En realidad, el sistema español —que acostumbra reunir el copioso gasto y la fantasía inventiva— no fue creado por nosotros sino por el famoso constructor francés Eugène Viollet-le-Duc (1814-1879). De todos modos, las doctrinas de éste tuvieron un vigoroso componente español: él no fue arquitecto, porque se desdeñó de cursar la carrera, y prefirió pintar y viajar; trabajó como decorador de la corte de Napoleón III y la emperatriz Eugenia y estuvo protegido por el célebre Prosper Mérimée. El autor de *Carmen*, y tantas otras invenciones hispanistas, era secretario de la Comisión de Monumentos de Francia.

El padre de Viollet era conservador de las residencias reales y estaba muy bien visto en el París elegante. Toda aquella generación enloqueció por lo medieval, entendido como vehículo de la pasión, la grandeza y el exceso. Pensaban igual en este punto el mundo oficial y el revolucionario. Victor Hugo presentaría su *Nuestra Señora de París* en estos años. Con semejante basamento no puede sorprender que Viollet-le-Duc manifestara sin rebozo: «Restaurar un edificio no consiste en conservarlo, repararlo o rehacerlo, sino en restablecerlo en un estado completo que quizá no tuvo nunca en ningún momento dado.»

Curiosamente, cerca de siglo y medio después, esta tesis sigue siendo profesada con más o menos paliativos como única alternativa a que un monumento siga en ruinas si no se actúa de aquel modo. Parece que no haya una tercera solución al dilema de: «O restauración creativa o decrepitud.»

Ya en época de Viollet, cuando tímidamente surgían reparos a las libertades que él se había tomado con Notre-Dame de París, las murallas de Carcasona, las catedrales de Reims y Amiens, la basílica de Saint-Denis, y tantos más conjuntos que él había «reconstruido», la única respuesta que se obtenía era: «Pues sin él, estaría todo en ruinas.» Quizá.

Por lo menos no cabe duda de que lo estaba antes de que él emprendiera una actividad frenética para salvar edificios y monumentos. Mérimée, que le infundió esta vocación, había llegado a estudiar ruinas como la abadía de Vézelay, bajo una peligrosa lluvia de piedras que caían sin cesar de lo alto. Muchas veces fue con Viollet a reconocer otras antigüedades y los dos no vacilaron en hacerse cargo de numerosos proyectos a la vez, desafiando años de viajes de un monumento al otro, gestiones, debates con los ministros, los párrocos, los constructores, y las primeras críticas de los disconformes.

La obra más conocida y ambiciosa de Viollet-le-Duc fue, a partir de 1843, la reconstrucción de Notre-Dame de París, transformada por él en «otra cosa», que a todos ha acabado por parecernos el ejemplo de catedral gótica pese a los añadidos que le echó, los cuales llegan a ser auténtica quincalla en algunas partes del templo. En éste y en otros muchos tuvo la peligrosa apetencia de plantar estatuas y grupos escultóricos encargados a artistas del momento que a él le parecían enteramente equivalentes a los medievales: así salió ello.

El hombre era también demasiado expeditivo en estimar que todo lo medieval era parecido, y así no vacilaba en aplicar estilos y formas de un país a otro, plantando por ejemplo elementos nórdicos en las fortificaciones de Carcasona. A Viollet-le-Duc le perdía lo escénico y aparatoso, y lo transportaba de un lado a otro, desafiando los contextos. A veces tuvimos todos la suerte de que alguno de sus proyectos quedara sin acabar: por ejemplo, Viollet se proponía rematar las torres prismáticas de Notre-Dame con unos cucuruchos como otros que logró encajar en diversos lugares. No pocos de estos añadidos han sido eliminados por los expertos de nuestro tiempo, aunque a veces no han podido deshacerse de pastiches neogóticos que Viollet fabricó desde cero porque le pareció.

Los restauradores actuales oscilan con alarmante facilidad desde el exceso en adornos hasta la supresión de éstos, incluso en casos en que no dejan de formar parte del ambiente de siempre. Pensemos, por ejemplo, en las plazas vacías y duras que ahora abren a menudo para «realzar» unos edificios que habían sido pensados y construidos para ser mirados de cerca y por fragmentos, y no en conjunto, de lejos. No son menos dignos de meditación los trabajos que se efectúan a veces modificando el destino de monumentos que nacieron con intenciones diferentes de las que nos animan. El barcelonés parque Güell es un ejemplo: surgió como finca de recreo privado y Gaudí tardó catorce años en construirlo, de 1900 a 1914. Antes de la última restauración, que está en curso en 1995 y cuesta dos mil millones, se efectuaron otras tres en los decenios de los 1940, 1950 y 1960, todas con criterios discutibles y finalidad no menos controvertida.

Algunas otras fincas españolas que fueron antaño privadas han sido también dispendiosamente restauradas y abiertas al público con tan poca fortuna que a las pocas semanas estaban hechas una calamidad. En buen número de monumentos artísticos españoles la acción de restaurar se ha traducido en que queden cerrados durante años y años por obras que suelen detenerse apenas comenzadas. Si «restaurar» significa devolver algo a su estado originario, ¿será lícito aplicar tal palabra a nuestra actuación habitual respecto de los monumentos antiguos?

5. LA BIOLOGÍA Y SUS PERIPECIAS

LA MADRE ENIGMÁTICA Y SU LIBRO

«El mundo es una carta escrita por Dios a toda la humanidad», afirmó Boyle, recordando una idea de Platón. «La filosofía está escrita en ese gran libro, el universo, abierto sin cesar a nuestros ojos», afirmaba Galileo. «Pero el libro no puede ser entendido hasta que no se comprenda el lenguaje y se lean las letras en que se halla escrito —añadía—. Lo está en el lenguaje de las matemáticas y sus letras son triángulos, círculos y otras figuras geométricas sin las cuales es humanamente imposible entender una sola palabra de él; sin ellas uno está vagando por un laberinto oscuro.»

La sabiduría antigua tenía viva afición a dicha alegoría de la madre naturaleza como libro abierto. Paracelso decía, por ejemplo, que el libro auxiliar de la medicina era el firmamento. «Es posible —detallaba— escribir toda la medicina en un libro con el fin de que cualquiera pueda leerla mirando el libro, y este libro es el firmamento... Las estrellas han de ser consideradas de modo tal que podamos leer una frase en el cielo... Es como una carta que nos haya sido enviada desde cientos de millas de distancia y en la cual la mente del autor esté hablando con nosotros...»

Semejante comparación de la naturaleza con un libro ha durado miles de años —si es que ha fenecido ya— y conduce a un primer error de planteamiento: da por sentado que aquélla ha de tener un orden comprensible por nosotros, igual que lo posee un texto, el cual es obra del entendimiento humano y refleja la estructura del mismo. La naturaleza, en cambio, no ha sido ni producida por nosotros ni tiene por finalidad ser entendida por nuestra parte. Por esta razón inspira cierta sonrisa la pretensión de Aristóteles (384-322 a. J.C.) de interpretarla como una estructura jerarquizada y armoniosa, a nuestro gusto. En ella cada nivel posee las propiedades del inferior, según el filósofo, y le añade otras más refinadas: así, las plantas sólo se distinguen de las cosas inanimadas en que tienen crecimiento y reproducción; los animales son como éstas y además gozan de sensibilidad, y el hombre añade a todo ello su buen juicio y su capacidad de relación social, según el príncipe de los filósofos. También decía que los cuerpos pesados caen con más velocidad que los ligeros, y sostenía otras niñerías, como que el hombre es el único animal que tiene carne en las piernas.

Es demasiado fácil sostener que todos esos desatinos fueron corregidos por la ciencia moderna a fuerza de experimentos. En realidad, dentro de nuestra misma era se multiplicaron los experimentos trucados, defectuosos o sesgados. Se ha atribuido a Francis Bacon (1561-1626) la exigencia de que la experimentación venga a comprobar una hipótesis previa y que se efectúe en condiciones tan impersonales que pueda reproducirse por cualquiera donde sea. Esto es una gran verdad, y de ella nos hemos aprovechado todos. Sin embargo, también es cierto que Bacon afirmaba: «La verdad y la utilidad son la misma cosa.» Pervirtiendo el significado hondo de la frase, muchos experimentos se efectuaron según el gusto y las conveniencias de los autores. El libro de la naturaleza puede ser leído de muy distintos modos...

De Lavoisier (1743-1794), por ejemplo, dice Timothy Lenoir en 1988 que «sus muchos experimentos desarrollados durante diversos años no significaron pasos programados en un discurso teórico. Muchos de los experimentos que Lavoisier publicó se efectuaron en realidad en épocas muy distanciadas, no formaron nunca parte de un proceso único y de hecho lo fueron de investigaciones distintas, a veces contradictorias. Comenzaron a compaginarse en un conjunto coherente que daba apoyo a una teoría particular cuando Lavoisier comenzó a poner por escrito sus ideas, y hasta entonces no se definió nítidamente la idea teórica».

Su coetáneo, no menos ilustre, conde Georges Louis de Buffon (1707-1788) optó por la elocuencia visionaria al describir los comienzos de nuestro planeta como la solidificación de una materia fundida; reduciéndose la masa de agua, al descender de nivel, dejó al descubierto montañas que fueron erosionándose y redondeándose. Así lo afirmó en 1771, en *Les époques de la nature*: un par de generaciones de hombres de ciencia le creyeron bajo palabra. En 1812, Georges Cuvier (1769-1832) corrigió este concepto global de la evolución del planeta y propuso en su lugar un catastrofismo reiterado que explicaría sucesivas desapariciones de especies de la faz de la Tierra.

Los continentes ambulantes

En nuestros años, semejante truculencia llegó a su punto extremo con la doctrina del geofísico alemán Alfred Lothar Wegener (1880-1930), el cual debutó en los escenarios científicos internacionales como explorador de Groenlandia. A ella volvió repetidamente para estudiar su clima y su atmósfera, y allí acabó sus días tristemente, en el curso de su última expedición. Del examen del aire había pasado al del suelo y propuesto una teoría sorprendente que durante muchos años causó escándalo y luego se ha reposado y consolidado, como su propio tema: afirmaba que los continentes formaban originariamente un solo bloque y de él fueron desprendiéndose los actuales y derivando hasta situarse donde los conocemos. El encaje casi perfecto de la costa nororiental de América del Sur con la del golfo de Guinea, en África, constituye uno de los indicios más llamativos del fundamento de aquella suposición. También predican en su favor algunas curiosas semejanzas de la fauna y la flora respectivas y, sobre todo, las coincidencias entre los fósiles de ambas zonas congruentes.

Figuras insignes de la ciencia mundial insultaron a Wegener durante años y años; causó general jolgorio la suposición de que los continentes hubieran deambulado por la superficie del planeta. Sin embargo, hace menos de cincuenta años se midieron las líneas magnéticas en diversos puntos atlánticos de África y Sudamérica y resultó que no correspondían a su posición actual, sino a otra distinta anterior: las masas rocosas estudiadas mostraban haberse movido en el curso de las eras geológicas.

Dicha doctrina tiene afinidad con una interpretación actual de ciertos terremotos que los mira como colisiones entre placas del subsuelo; éstas se embisten horizontalmente como los vehículos de un autochoque de feria y las poblaciones que viven en la línea de encuentro se estremecen con el impacto. En San Francisco están esperando por momentos que se repita el seísmo de 1906, puesto que consideran que ya toca.

Entre quienes habían desmentido la dinámica uniforme del planeta había figurado en su día una de las figuras más respetadas de la ciencia contemporánea, y también una de las que más grandiosamente se equivocó en repetidas ocasiones: hablamos de William Thomson (1824-1907), promovido a la dignidad de barón Kelvin de Largs y a la presidencia de la Royal Society británica. Lord Kelvin empezó a hacerse famoso cuando le dio por calcular la edad de la Tierra, en 1866, y sentenció que ésta era de entre veinte y cien millones de años, para fastidiar a Darwin y contradecir sus teorías. La cifra era excesivamente pequeña para enmarcar todos los procesos geológicos que se iban estudiando en la misma etapa; acabó cayendo en el descrédito cuando se descubrió la radiactividad y su significación dentro de la evolución del planeta.

Lord Kelvin disparató gravemente en otras afirmaciones que escandalizarían hoy al más lerdo: en el año 1902 visitó Estados Unidos y en el curso de un gran banquete que se le dio en Nueva York expresó, acaso entusiasmado por el ágape, que el alumbrado de la gran ciudad era visible desde el planeta Marte y que los habitantes de éste mandaban también señales a la Tierra.

Igualmente se pronunció en favor de la corriente eléctrica continua en un momento —que reseñaremos— en que empezaban a advertirse las ventajas de la alterna, y abogó porque una central que iba a construirse en las cataratas del Niágara fuera de corriente continua. En otra etapa comentó el descubrimiento de los rayos X diciendo que «se verá que esas radiaciones del señor Röntgen son una estafa». Partidario ardoroso de la observación práctica, Kelvin no vacilaba en hablar de que determinado resultado «sería obvio para quienquiera que no tuviera la mente perturbada por fórmulas matemáticas» (1888).

Tan práctico se mostró que su tarea más próspera fue intervenir en el proyecto del cable telegráfico transatlántico (del que tratamos al hablar de navegación) y hacerse socio de la compañía explotadora de él. Este éxito no es incompatible con la gloria que le toca por la segunda ley de la termodinámica, la medición de la temperatura absoluta y multitud de instrumentos de laboratorio y de la vida práctica, entre ellos importantes aparatos de sondaje náutico. Cada cosa en su sitio.

La generación no es espontánea, por ahora

Varios de los desatinos más resonantes en la historia de la ciencia se han proferido en favor de la generación espontánea de seres vivos. Aristóteles no dudaba en admitir el surgimiento por virtud de ella de diversos animalitos caracterizados, en general, por ser de poco tamaño y menos relevancia. Como le era dificultoso aceptar que una ballena o un león nacieran sin progenitores, reservaba esta posibilidad para bichitos de poca monta, procedentes del agua, la arena y el barro, sobre los cuales actuaba el sol o el calor, para infundir vida a moléculas antes inanimadas: «Todo cuerpo seco que se vuelva húmedo o cualquier cuerpo húmedo que se seque produce animales —sostenía él—, mientras los pueda alimentar.»

En sus celebrados tratados *Historia de los animales* y *De la generación de los animales*, Aristóteles predicaba, con elogiable finura poética, que algunos insectos «proceden del rocío que cae sobre las hojas», a la vez que «en la lana se forman animalitos, las polillas, por ejemplo, que se desarrollan sobre todo cuando se encierra allí una araña». Siguiendo su magisterio, Plinio y los naturalistas antiguos insistieron en tal creencia y la transmitieron a la posteridad con énfasis. Ésta la aceptó sin rechistar y la ha mantenido hasta hace poco más de un siglo, como en seguida veremos. La idea sigue hoy hincada en el lenguaje vulgar, el cual es eco de viejas creencias populares. Cuando decimos que «la suciedad engendra piojos» o que en un sótano «se harán ratas» tendemos a admitir, como lo hacía Aristóteles hace veinticuatro siglos, que unos elementos físicos se bastarán para producir los animales en cuestión.

Sorprende que talentos brillantísimos, autores de grandes hallazgos en otros sectores, llegaran a creer sandeces tan sencillas en este ámbito: así, por ejemplo, el célebre Ambroise Paré (¿1517?-1590), cirujano de los reyes de Francia, no se frenaba de referir que, en una finca suya próxima a Meudon, «donde yo mandaba romper grandes y gruesas rocas, fue encontrado en medio de una de ellas un sapo grande vivo, sin apertura al exterior; me maravillé de cómo el animal había podido nacer, crecer y subsistir»... Los canteros le dijeron que no se asombrase tanto, porque tal cosa les había pasado muchas veces, y Paré dedujo que aquellos animales «están engendrados por alguna sustancia húmeda de las piedras, cuya humedad putrefacta produce tales bestias».

Del mismo parecer fue el prestigioso naturalista P. Athanasius Kircher (1601-1680), jesuita, profesor en Roma, autor del *Mundus subterraneus*, entre otros libros muy admirados. En él habla de una especie de insecto encontrado en una planta al cual considera engendrado por la pudrición de algunas ramas de la misma. El flamenco Jan Baptista Van Helmont (¿1577?-1644) llevó más lejos la confianza en fabricar animales a base de cosas, puesto que prescribió con toda formalidad que para producir ratas, por ejemplo, se tomase una camisa de mujer, preferiblemente sucia, y se pusiera en una vasija de granos de trigo. Si se dejaba veintiún días, que es el mismo tiempo de la gestación de la rata, se vería que los granos del cereal se habían convertido en ratoncitos. También dio normas para producir insectos y ranas por parecidos medios.

La posteridad ha opinado que Helmont debió de ser víctima de la broma de alguien, o padeció alguna ofuscación pasajera, porque el resto de sus tesis es bastante apreciable. En su recopilación *Ortus medicinae vel opera et opuscula omnia*, publicada en 1648 por su hijo, concibe la digestión humana como una fermentación y estudia la intervención en ésta de alcalinos para corregir los ácidos, y viceversa. Estudió los gases con bastante agudeza y además fue el inventor de la misma palabra «gas», sacada del griego *khaos*.

¡Cualquiera desafiaba opiniones tan autorizadas en aquella época! Lo hizo con audacia el inglés William Harvey (1578-1657), descubridor de la circulación «mayor» de la sangre (tras haber sido nuestro Miguel Servet el descubridor de la «menor», como decimos aparte). Harvey es el autor de la terminante frase de «*omne vivum ex vivo*», es decir, que todo ser vivo ha de proceder de otro ser vivo. (Dos siglos más tarde, en 1855, Virchow concretó más: «*Omnis cellula a cellula*»; es decir, que toda célula ha de venir de otra.) Harvey publicó en 1651 un tratado sobre la generación de los animales.

Un discípulo de Galileo, Francesco Redi, recogió esta enseñanza y la corroboró con una sencilla demostración: cogió dos pedazos de carne, puso uno debajo de una campana de cristal y dejó el otro al aire libre. Éste se llenó de moscas y luego de larvas salidas de los huevos de las mismas. El pedazo protegido permaneció libre de tales huevos y de los consiguientes gusanos. Quedó claro que éstos no procedían de la carne sino de otros seres vivos. Sin embargo, la demostración no convenció a mucha gente. «Lea usted más a Aristóteles y haga menos experimentos», le dijo acaso alguien, a la manera de nuestra frase actual de «Viaje menos y lea más el periódico». Las ideas establecidas permanecieron vigentes un siglo más sin contradicción.

Otro inglés, John Turberville Needham (1713-1781),

sacerdote católico, colaborador de Buffon, decidió darles fundamento y corregir el experimento de Redi. En su tiempo estaba ya divulgado y adelantado el microscopio, y el hombre examinó con él un caldo de carne, lo calentó para esterilizarlo, lo tapó y al cabo de unos días vio abundancia de seres vivos minúsculos. ¿De dónde habían salido? No cabía dudar de su generación espontánea. (Más tarde se sospechó tanto de la seriedad de la esterilización como del hermetismo de las operaciones.)

El conde Georges Louis de Buffon, que andaba escribiendo los cuarenta y cuatro tomos de su *Histoire naturelle*, creyó en el experimento de Needham, y lo propio hicieron otras eminencias. El eminente naturalista francés opinó incluso que de aquella misma forma la generación espontánea podía explicar el surgimiento de seres vivos de mayor tamaño «producidos por la unión casual de moléculas orgánicas, como animales y plantas».

Correspondió a otro sacerdote católico, éste italiano, el dar el embate definitivo contra la generación espontánea. Era Lazzaro Spallanzani (1729-1799), el cual rehízo los intentos de Needham, con calor más intenso y frascos mejor cerrados, y obtuvo resultados enteramente contrarios a los anteriores, porque no se vio en ellos bicho viviente. Anotemos de paso que Spallanzani efectuó también estudios innovadores y sagaces sobre la orientación de los murciélagos en vuelo y la regeneración de los miembros de las lagartijas.

¿Podrá creerse que los defensores de la generación espontánea volvieron a propugnarla en pleno siglo XIX y, en cierta forma, en el actual? Así fue: en 1836, el inglés Andrew Crosse, que deseaba producir minerales artificiales haciendo pasar corrientes eléctricas por unas soluciones químicas, creyó ver que, en cambio, se generaban unos minúsculos insectos de seis u ocho patas que acababan volando por su laboratorio. Seguiremos viendo que otros científicos de la misma nacionalidad, ya dentro de nuestro siglo, también creyeron —o dijeron— que obtenían seres vivos partiendo de sustancias inertes.

En 1859 publicaba las setecientas páginas de su *Hétérogénie ou Traité de la génération spontanée* el ilustre naturalista francés Félix Archimède Pouchet y, microscopio en mano, aseguraba firmemente que la generación espontánea era un hecho cierto, universal e incesante, y un inglés, Henry Charlton Bastian, poco después, le ganaba en extensión y rotundidad al publicar un libro sobre *The beginning of life* («El comienzo de la vida»), de más de 1 100 páginas, donde proclamaba la generación espontánea a tambor batiente. Como en seguida veremos, correspondería a Pasteur el lauro de demostrar la vanidad de estas tesis.

Las desgracias de Darwin

La vida de Charles Darwin —y hasta su legado científico— constituye uno de los más dolorosos casos de infortunio que registra la historia de la cultura. En nuestro país la desdicha llega hasta el grotesco extremo de que su cara aparezca retratada en el animal que da nombre y marca al anís del Mono. A su lado figura una inscripcion alusiva cuyo sentido cabal sólo se entiende al reparar en que el prestigioso licor fue puesto en circulación en 1870, cinco años antes de que Darwin muriese. Estaba en pleno fragor la polémica levantada por su doctrina y es fácil que el empresario que empezó a fabricar el anís quisiera lucrarse con lo popular y amplio de aquella discusión, la cual, por cierto, dura todavía.

Charles Robert Darwin había nacido en 1809 y a los veinticuatro años de edad llegó a las islas Galápagos en el curso de un extenso viaje científico a bordo del bergantín *Beagle*, que duró desde 1831 hasta 1836. Estuvo cinco semanas escasas en aquellas islas olvidadas, que eran un museo y laboratorio virginal de especies zoológicas únicas, apartadas del curso que había seguido la vida natural en el resto del globo. Darwin se mostró sensitivo respecto de la mayor oferta de datos e impresiones que haya podido disfrutar un hombre de ciencia, y su libro *Viaje de un naturalista alrededor del globo* añade a su significado técnico el de texto emocionado y emocionante. La noticia de «tortugas tan grandes que se necesitaban seis u ocho hombres para levantarlas del suelo» es una más entre sus millares de observaciones no sólo importantes sino también pintorescas y a la vez líricas.

Líricas y dramáticas, cabría decir, porque a partir de la recogida de muestras, dibujos y notas que Darwin efectuó en las Galápagos y en el resto del viaje ya no tuvo un día de paz y felicidad. Para empezar, valoremos que desde su regreso mostró mala salud, fatiga y melancolía. Fue hombre modesto, recogido y devoto de su familia, que era cariñosa y tierna. Su mujer fue un ángel solícito. Cuatro de sus diez hijos fueron luego hombres de ciencia ilustres. Una hija suya muy querida falleció en el mismo momento en que comenzaba la gran polémica que ya no le dejaría en el resto de sus días. Ésta le entristeció y amargó en lo más hondo: incapaz de seguirla con eficacia, Darwin apenas participó en ella y confió a discípulos como T. H. Huxley (1825-1895) el esfuerzo de defenderle.

La fatalidad golpeó a Darwin también donde más podía dolerle: en la firma de los ímprobos trabajos que había emprendido tras sus viajes. Aunque hubo amigos que le avisaron de que no se entretuviera, Darwin pasó largos años —sin duda demasiados para su mal— en reflexionar sobre el origen de las especies animales y vegetales. Su archifamoso libro no se publicaría hasta 1859, como repetiremos.

Entretanto, un joven estudioso inglés, Alfred Russel Wallace (1823-1913), elaboró de buena fe, por su cuenta, una teoría prácticamente análoga a la de Darwin. «No me agrada la idea de publicar sólo pensando en la prioridad, aunque por otra parte me fastidiaría que alguien publicara mis tesis antes que yo», había confesado Darwin. Así ocurrió: en 1858 Wallace empezó a divulgar sus propias ideas, con gran discreción y elegancia, y no dejó de presentárselas también a Darwin en escritos privados. Éste aceptó la desilusión y los amigos comunes tuvieron la finura de organizar una reunión en la que los dos descubridores anunciaron juntos sus teorías ante la Sociedad Linneo. Por fortuna, los dos sabios y el ambiente coincidieron en dar al conflicto un giro mucho más grato que el histerismo que Newton infundió a su simultaneidad con Leibniz en el invento del cálculo infinitesimal.

Más tarde, la posteridad ha contemplado sólo a Darwin como abanderado de la teoría de la evolución, clave de que en la naturaleza se formen seres vivos más complejos a partir de otros anteriores menos complejos. Dentro de tal teoría cabe que los elementos hereditarios se modifiquen, mediante las mutaciones, cambiando también las características de los individuos. Un aspecto preeminente de dicha doctrina consiste en predicar la competencia entre los individuos y también entre las especies, de suerte que acaban sobreviviendo únicamente los más adaptados al ambiente, los capaces. Esta última idea, la más notoria del darwinismo, no es de él, en concreto, sino de Herbert Spencer, el cual la aplicó en seguida al análisis del orden socioeconómico existente en la Inglaterra victoriana.

En este punto hay que hilar delgado, porque Spencer y compañía no tomaron las precauciones debidas sobre el contenido de estas palabras, que se enrollan en un círculo vicioso: ¿quién es el más capaz? El que sobrevive. ¿Por qué sobrevive? Porque es el más capaz. El ilustre físico alemán Hermann Haken ha comentado con brillantez que para entender esta lucha en su plenitud hay que meditar sobre que la misma no sólo se traba en la naturaleza viviente sino también en la materia inorgánica, entre ondas láser y biomoléculas, por ejemplo.

Antes de pasar a otra cosa hay que dejar nota del clamor que levantó Darwin al publicar en 1859 su *Origen de las especies mediante la selección natural.* Imprimió 1 250 ejemplares y los vendió en el acto. El público tomó el rábano por las hojas y de toda la doctrina de Darwin sólo sacó la idea de que el hombre desciende del mono, cosa que el autor no dice en absoluto; lo más parecido a esto que profesa es que el hombre y el simio tienen remotos orígenes comunes. Los centros religiosos ingleses se propusieron dar la batalla a Darwin, y en el empeño destacó el obispo anglicano Samuel Wilberforce, que era hombre aparatoso y solemne. «¿Puede saberse si pretende descender de los monos por parte de su abuela o de su abuelo?», le preguntó a Huxley en un debate. «Prefiero descender del mono —contestó éste— que de personas como usted que se aprovechan de su dignidad episcopal para hablar de lo que no saben.»

Ciertamente, no hay religión alguna que simpatice con los hallazgos paleontológicos que proponen tanta semejanza entre el primer hombre y el último mono que acaba emborronándose el instante en que la divinidad creó el ser humano dotado de alma. Darwin no se enfrentó crudamente con la religión. A decir verdad, su pensamiento es más útil para la ciencia en ámbitos reducidos que tomado a grandes dosis. Hay quien se inclina a admitir mutaciones en marcos limitados y entre especies concretas en vez de grandes evoluciones de conjunto. En la actualidad está en curso un movimiento de refutación del darwinismo duro. Éste predicaba que los peces dan origen a los anfibios y éstos a los reptiles y éstos a los mamíferos, y de entre ellos surge el hombre. Sabido es que siguen faltando «eslabones perdidos» y que no aparecen fósiles que conecten espectacularmente sectores que hemos tomado siempre por distintos.

A principios de nuestro siglo un talentudo biólogo y cosmólogo inglés, D'Arcy Thompson, estudiaba la evolución de las formas de la vida y en 1917 revelaba en un libro sensacional, *On growth and form* («Acerca del crecimiento y de la forma»), las afinidades entre las vivas y las creadas en frío por la mecánica. Puesto a opinar sobre la evolución biológica, Thompson consideraba que la naturaleza experimenta modificaciones, ciertamente, pero sobre temas limitados y específicos, no en oleadas de conjunto. Estas objeciones han ido creciendo en la bibliografía actual, no sólo en este mismo son moderador y restrictivo, sino incluso llegando a una revalidación de los textos bíblicos, ejemplo máximo de lo que sus enemigos llaman «creacionismo».

Los trabajos de Charles Darwin estimularían a otros autores a creer en la existencia de una materia viva originaria, la llamada luego *primeval soup*, sin creador alguno, ni divino ni no divino. La novedad tuvo conexión con el milenario debate de la generación espontánea, resumido más arriba. Ya en 1858 un buque británico, el *Cyclops*, efectuó un estrepitoso descubrimiento mientras estaba sondeando los fondos del Atlántico para estudiar el tendido de un cable. Sacó de las profundidades una especie de gelatina blancuzca, con aspecto de ser el antecedente más simple y primitivo de todas las formas de vida. Fue llamada *Bathybius*, combinando dos palabras griegas para indicar «la vida de lo hondo». En aquella especie de jalea lodosa, el ya citado biólogo Thomas Henry Huxley, entusiasta de Darwin, encontró unos minúsculos cuerpos redondos que parecían células pero no daban muestras de estar vivos. El nombre de Huxley no pasaría a la popularidad por este hallazgo, sino por los trabajos literarios de su nieto, Aldous, el autor de *Un mundo feliz*, la famosa novela utopista que no deja de tener familiaridad con todas estas cuestiones.

Otro prestigioso darwinista, el alemán Ernst Haeckel (1834-1919), metió cucharada en la gelatina submarina, llamada por él «grumos de sustancia carbonada albuminoide», y no le regateó el título de primero de los seres vivos del planeta, antepasado de todas las plantas y animales que ha habido y hay en él. Por supuesto, no era necesario dios alguno para explicarse su existencia ni su eficacia en multiplicarse, según él. Huxley, por su lado, calificaba en 1870 al *Bathybius* de «espuma de materia viva que rodea la Tierra», y Engels estaba encantado de apostillar, en 1875, que así se demostraba el nacimiento de la vida sin intervención divina.

Sin embargo, esos talentos padecieron la desilusión de que en aquellas mismas fechas unos nuevos sondeos en el Atlántico descubrieran multitud de especies desconocidas. Los efectuó un barco cuyo nombre ha acabado sonando mal: se llamaba *Challenger,* y su director científico, sir Charles Wyville Thomson (1830-1882), era especialista en exploraciones submarinas y darwinista entusiasta. No había quien tuviera más gusto y afán que él en encontrarle virtudes al *Bathybius,* pero... El hombre era honrado y serio y lo que halló de veras en el fondo del mar fueron unas masas de sulfato de cal cuya viscosidad ulterior derivaba simplemente de que las habían puesto en frascos de alcohol. Así lo publicó en un famoso libro, de 1877, sobre *El viaje del Challenger,* cuya lectura incitó a Huxley a retractarse solemnemente de su confianza en el invento.

Había fracasado así la esperanza de encontrar en este planeta una sustancia viva carente de padres. ¿Qué hacer? ¡Fabricarla, naturalmente! Se empezó entonces a prestar toda la atención que merece a una novela de la esposa del poeta Shelley, Mary Wollstonecraft (1797-1851). Ésta había creado en 1818 una de las fantasías más conocidas por los públicos actuales de todas las edades, la del monstruo del doctor Frankenstein. Los experimentos ingenuos de Van Helmont sólo habían movido sustancias primarias, pero la novela de Frankenstein indujo a hacer uso intenso de la electricidad, los rayos X, la química avanzada, para «imitar las condiciones físicas de la vida» y provocar que surgiera ésta, a la manera como la magia simpática pretende crear sucesos reales a base de escenificarlos.

La frase de «imitar las condiciones de la vida» es de un profesor de la Facultad de Medicina de Nantes, Stéphane Leduc, el cual publicó en 1910 su *Théorie physico-chimique de la vie et des générations spontanées.* Fabricaba en su laboratorio semillas artificiales que colocaba en un plasma nutritivo, y también lo que creía que eran seres diminutos que nadaban en un líquido. De ambos triunfos estaba él tan convencido como recelosos todos los organismos científicos de París, los cuales no le hicieron nunca el menor caso.

Lo curioso es que algunos aspectos de la creencia en generaciones espontáneas están empezando a tener un distante y distinto apoyo por parte de la ciencia reciente, por lo menos en lo tocante a generar vida sin la ayuda de ningún ser vivo antecedente. La ciencia se esfuerza por producir en laboratorio algunos componentes de la molécula orgánica a partir de elementos químicos simples; algo así como si se quisiera atenuar la frontera entre la materia inerte y la viva, entre las cosas y los organismos. A tal fin miran los experimentos contemporáneos de Carl Sagan y tantos más. En muchos centros científicos de hoy se juguetea, un poco al estilo Frankenstein, con los aminoácidos, que son base de los seres vivos y herramienta de nuestras funciones más decisivas, para que se animen a entrar en la vida plena y usual.

Más atención mereció otro invento parecido, esta vez por parte de los poderes soviéticos: su químico Aleksandr Oparin aspiraba a reconstruir en el laboratorio las condiciones físico-químicas dentro de las cuales había nacido la vida en nuestro planeta. Según él, la atmósfera terrestre de entonces era rica en metano, amoníaco, hidrógeno y otros gases hoy tóxicos, y carecía de oxígeno gaseoso. Bajo el bombardeo de rayos ultravioleta y de la electricidad de horribles tempestades aquellos elementos se combinaron en las alturas y luego cayeron al mar, donde el calor ayudó a que formasen moléculas, próximas a los primeros seres vivos unicelulares. Estas cavilaciones interesaron a Stalin.

Ya volveremos a ponderar la desaprensión con que el dictador soviético utilizó a diversos «científicos» —o se dejó utilizar por ellos— para obtener unos resultados que trastornasen la tradición vigente. Así, Stalin no se privó de dar el premio que llevaba su nombre a una comadrona llamada Olga Lepechínskaya, la cual había logrado producir, según ella, organismos vivos partiendo de una albúmina. Una hija de ésta pretende haber convertido cristales minerales en virus y microbios.

La idea de que el mar haya sido cuna de la vida es poética y tierna como *El nacimiento de Venus* pintado por Botticelli. Un aristócrata escocés, John Burdon Sanderson Haldane (abundan los nobles británicos que destacan por su ateísmo, agnosticismo, materialismo, marxismo, etc.), se sintió también atraído por la imagen tibia y maternal de aquel océano originario y en 1929 lanzó la idea ya citada de *primeval soup* («sopa originaria»), que recoge que de tal líquido proceden los primeros seres vivos y que luego, diferenciados, se alimentan de él. En 1953, en Estados Unidos, un químico de veintidós años, Stanley Miller, se propuso fabricar *primeval soup* en el laboratorio. Tomó un recipiente, lo llenó de agua hasta la mitad, creó una miniatmósfera de amoníaco, metano e hidrógeno en el resto, lo cerró y frió el recipiente con descargas eléctricas y rayos ultravioleta durante una semana. Cuando lo abrió vio que se habían formado cantidades apreciables de glicina y alanina, dos de los veinte aminoácidos fundamentales en el ser vivo.

Más tarde, en otros diversos centros, han ido fabricándose prácticamente todos los demás aminoácidos con técnicas similares. El éxito ha sido vistoso y resonante, ha salido en los medios informativos y sigue constituyendo un tema atractivo. Los hombres de ciencia ponen, sin embargo, la objeción de que para tener seres vivos es preciso contar con nucleótidos, los integrantes de los genes, los cuales no han podido ser producidos hasta ahora. También reconvienen a los fabricantes de vida: ¿qué tiene que ver —les dicen— el producir u observar un barullo de moléculas con el obtener un ser vivo que, por sencillo que sea, tendrá un orden interno muy complejo? Con todo, la cuestión sigue abierta y para seguirla, mejor o peor, hay que acudir a los periódicos del día antes que a los tratados. En un futuro no muy remoto es concebible que el tránsito de lo inerte a lo vivo sea tan fácil como el pasar del estado líquido al gaseoso. Por esto hemos expresado antes que en la generación espontánea sólo han creído los científicos antiguos y acaso creerán los del porvenir, pero nosotros no podemos, por ahora.

El problema está pared por medio de otro todavía más apasionante, en cuyo análisis la ciencia antigua —y no tan antigua— desbarró vergonzosamente: el de explicar la reproducción de los animales. Cuesta entender que un Eratóstenes de Alejandría (h. 276-h. 194 a. J.C.) supiera calcular la circunferencia de la Tierra casi exactamente a la vez que en su misma época y ambiente se aceptaban las vagas falsedades profesadas por Aristóteles, Hipócrates y demás acerca de un fenómeno tan próximo como la procreación de los animales, y en concreto la del hombre.

En *Grandes mentiras de la Historia* hemos aludido a esta intrigante deficiencia de la sabiduría clásica; sus tesis muestran extraña afinidad con las que el folclore más paleto ha sostenido sobre la fecundación, las «simientes» masculina y femenina que «se mezclan» en ocasión de ella, pronósticos sobre el embarazo, el sexo previsible en el feto, las modalidades de parto y demás episodios del ramo.

El pensamiento occidental, tan tardo en alejarse de esta tradición, no se apartó de ella ni siquiera cuando los investigadores comenzaron a disponer de microscopios dignos de este nombre; es decir, desde que los montó y utilizó Anton Van Leeuwenhoek (1632-1723), primer observador cabal de los glóbulos rojos, los capilares, el cristalino, las fibras musculares, además de los protozoos, los órganos de las plantas y tantos más aspectos de la naturaleza. Por desgracia, cayó en la misma equivocación que Aristóteles a propósito de la reproducción animal. El sabio holandés —que de oficio era tejedor— puso en el microscopio, en 1677, semen humano y, más tarde, el equivalente de otros animales, incluso peces, ranas y caracoles. Vio ciertamente espermatozoides agitados y vivaces, pero los tomó por un esquema del animal futuro y les atribuyó una serie de perfecciones, como que poseyeran nervios y arterias, a la vez que insistía, cual los antiguos, en que el semen del macho era el germen del embrión y la hembra se limitaba a acogerlo y alimentarlo.

Este planteamiento fue exagerado por sus discípulos y también por sus adversarios, de modo que cuajó la idea de que el espermatozoide humano contenía un «homúnculo», una especie de enanito con cabeza, piernas, brazos, etc., que se instalaba en la matriz de la hembra para ir creciendo a su costa durante el embarazo. Semejante desatino fue refutado con otro: la exaltación fanática del huevo, del óvulo, en suma, de lo femenino. La abanderó Nicolas Stenon, o Steensen, al que mencionaremos al tratar de los fósiles; profesaba que las hembras tenían testículos de los cuales procedían unos huevos que iban a parar al útero. La chocante idea fue purificándose poco a poco: algo más tarde, el holandés Regnier de Graaf (1641-1673) descubrió los folículos, es decir, los envoltorios de los óvulos, y fue quien propuso el nombre de ovario. El escándalo levantado por la idea de que las mujeres «ponían huevos» amargó los últimos meses de su vida y Graaf ya no levantó cabeza.

Unos lustros más tarde intervino en este asunto el abate Spallanzani, a quien ya conocemos como hombre de recursos, y adoptó una posición que podría calificarse de feminista, puesto que se inclinó también a valorar y realzar la función de la hembra en la reproducción, reduciendo la atribuida antaño al macho. Estuvo acertado en afirmar que no había posibilidad de reproducción sin intervención del semen de éste. Para concretarlo se dedicó durante años a experimentar con ranas. Su ingenio y exigencia llegaron al punto de cortar unas braguitas de cuero para ponérselas a las ranas macho —habría que verlas— y recoger unas gotas de su semen. Con éstas efectuó en 1740 las primeras fecundaciones artificiales de la historia; a la inversa, como hoy sabemos bien, no logró efecto procreativo alguno al aplicar a las hembras las sustancias más variadas, y sí que lo obtuvo con semen, inclusive tras someter éste al calor, al frío, a la sequedad, y a las alteraciones más rigurosas. En cambio, estuvo equivocado en creer que la función del semen consistía sólo en poner en marcha el desarrollo de un embrión que ya existía, «sacándolo del torpor en que se encontraba», como él dijo.

Por aquellos mismos decenios había tenido que abrirse camino a brazo partido el estudio de las células que forman todo organismo vivo. Como esta línea era mucho menos estrepitosa que los sucesos que acabamos de resumir, no mereció gran interés, ni siquiera en los círculos académicos. Cuesta hoy trabajo revalorizar que en el año 1824 Dutrochet sugirió, con el microscopio al lado, que todos los tejidos vivos están formados por células, puesto que en aquel momento nadie le hizo caso. Schleiden afirmó que el mundo vegetal estaba integrado por células (1838) y Schwann añadió que lo mismo ocurría en el reino animal.

Rudolf Virchow (1821-1902), el célebre patólogo berlinés, primer estudioso de la leucemia, convirtió el concepto de célula en piedra angular de toda su doctrina y, como se ha indicado antes, afirmó de modo terminante que no hay célula alguna que no haya salido de otra anterior. Virchow era un progresista político de tomo y lomo, encarnizado enemigo de Bismarck, pero su teoría fue impugnada ferozmente por el positivista francés Auguste Comte (1798-1857). A Comte se le antojó que la teoría celular era populista y llevaba a la anarquía.

Pasteur, bajo sospecha

El renombre de Louis Pasteur (1822-1895) no sólo estuvo en constante discusión durante toda su vida sino que ha continuado inmerso en ella hasta el día de hoy. Hace pocos años, en el número de 1-7 de marzo de 1993, el *Washington Post National Weekly* publicaba un artículo de Cristine Russell cuyo título proclamaba: «A la luz de la historia, Pasteur está manchado.» El mismo periódico que había promovido el descrédito de Nixon, y otros muchos, recogía las tesis de un historiador de Princeton, Gerald Geison, el cual había repasado la documentación privada de Pasteur confrontándola con sus actividades públicas. Citaba, por ejemplo, que en 1881 Pasteur pretendió combatir el ántrax mortal de un rebaño de ovejas con una vacuna que él presentaba como basada en el oxígeno cuando en realidad lo estaba en determinados productos químicos cuya aplicación había plagiado de otros estudiosos. Al final ha venido a resultar que la idea buena era la del oxígeno de Pasteur, pero entre medias él hizo sus juegos de manos para salir triunfante; en otras ocasiones Pasteur procuró sacar adelante su idea con alguna treta o usando trabajos ajenos. El episodio suscita, pues, atención, porque se repitió significativamente en la carrera de Pasteur. Del ántrax y sus aventuras trataremos dentro de poco.

Para empezar, el ilustre varón era químico de estudios y título. Tanto la necesidad como la afición le llevaron a dar clases de variadas materias en centros no menos diversos: promiscuó la química, la física y la geología, y ejerció en media docena de cátedras, desde Dijon hasta la Sorbona pasando por la Escuela de Bellas Artes. Como suele suceder, los que eran facultativos en las especialidades donde él fue entrometiéndose no se cortaron para recordar a Pasteur que era un profano en biología, y no digamos en medicina, y todavía estuvieron más acres en las repetidas ocasiones en que Pasteur embocó caminos equivocados. «Hay que estar un poco loco —le escribía él mismo a su padre— para emprender las cosas que he emprendido.»

Retratándole con imparcialidad, su compatriota Jean-Pierre Lentin le incluye con realce en su repertorio de errores y fraudes científicos. «Por fortuna —dice—, Pasteur cultivó el arte de seguir hasta el final sus caprichos y sus razonamientos especiosos. La imagen popular le convierte en emblema del rigor, de la certidumbre adquirida con paciencia en el laboratorio, de la innovación surgida de un trabajo de hormiga. Pero, al hacer averiguaciones sobre la cara oculta del coloso, se lee otro argumento: Pasteur seguía unas intuiciones que resultarían ser prodigiosamente fecundas, pero que eran frágiles si se las examinaba de cerca; audaces hasta la inconsciencia, incluso rematadamente equivocadas.»

La columna vertebral de su montaje de errores consistió en una prolongada serie de tentativas de base química. Las emprendió desde 1857, cuando tenía veinticinco años, estudiando el ácido tartárico que se encuentra depositado en forma de posos cristalinos en los toneles viejos de vino. Pasteur descubrió que el ácido en cuestión polariza los rayos de la luz hacia la derecha, propiedad que es la única que lo distingue del ácido racémico, que los polariza hacia la izquierda, a pesar de que tiene la misma composición y la misma estructura cristalográfica. Aun cuando Pasteur pasó diez años obsesionado por este curioso comportamiento, efectuó a la vez un sinnúmero de observaciones y experimentos sobre bebidas alcohólicas, sobre la leche y las levaduras, compaginando el estudio de las fermentaciones con las particularidades ópticas de las sustancias orgánicas.

Dentro de la misma oleada científica universal que hemos resumido en páginas anteriores, Pasteur se ilusionó con la idea de generar materia orgánica —o la vida misma— y trató numerosas sustancias con una tramoya cada vez más espectacular, a la manera de los laboratorios frankensteinianos ya mencionados. La electricidad, las luces poderosas, imanes, máquinas complicadas, espejos que imitaban el curso y el efecto de los rayos del sol, y tantas más fantasías vinieron a llenar su laboratorio y su cabeza de quimeras y trastos. Felizmente para todos, al mismo tiempo Pasteur iba examinando alimentos y alcoholes con creciente familiaridad, y se acercaba a su memorable aserto de que las fermentaciones eran causadas por unos organismos diminutos y que éstos no provenían de la generación espontánea.

El debate sobre este viejo y caldeado tema enfrentó con acritud a Pasteur y a Félix-Archimède Pouchet, a quien habíamos visto publicar en 1859 un pomposo tratado sobre el asunto. La Academia de Ciencias pidió a Pasteur que ayudara a despejar la cuestión, y durante el quinquenio siguiente los antagonistas repitieron experimentos y alegatos con creciente pasión. A Pouchet, sin duda, «le salían» animalitos varios en las pruebas que hacía con recipientes cerrados y controlados, y Pasteur no acababa de probar irrefutablemente que aquellos bichos entraban en los frascos con el aire y dependían de él. En 1863 Pouchet llegó a subir a una cima de los Pirineos, a tres mil metros, ocho recipientes sellados que contenían una infusión de heno esterilizado, y se gozó en exhibir que en ésta se habían generado microorganismos por sí mismos, a pesar de todas las precauciones. Más tarde, la gente comprendería que tales seres estaban ya en el heno y habían resistido todas las esterilizaciones.

Los bacilos van a la guerra

El desquite de Pasteur llegó cuando descubrió los bacilos causantes de dos distintas epizootias de los gusanos de seda, que amenazaban con arruinar a la industria francesa de tal especialidad. La evidencia de que esos procesos estaban producidos por microorganismos se extendió a las fermentaciones, y de éstas pasó al remedio del ántrax ovino, ya citado, y de una peste aviar, para culminar, en 1885, con el descubrimiento de la causa bacteriana de la rabia y el hallazgo de su antídoto.

Semejantes quehaceres de Pasteur se volvieron del revés en el año 1941 cuando en Inglaterra cobró cuerpo la idea de lanzar sobre poblaciones alemanas esporas de *Bacillus anthracis*, el bacilo del ántrax de la variedad absolutamente mortal, la pulmonar. Corría la segunda guerra mundial y la ciencia iba a convertirse en un arma y se propondría difundir la muerte en vez de la salud. Otros diversos ramos de trabajo —como los atómicos— se encaminarían en el mismo sentido por parecidas fechas. Cuenta esta historia el doctor Richard Gordon en su libro, ya mencionado aquí, *Great medical disasters*. Inventó el designio de utilizar el bacilo del ántrax el doctor Paul Fildes, del Centro Experimental de Defensa Química, y el War Office le asignó una isla deshabitada, en las Hébridas, la isla de Gruinard, para que hiciera sus estudios con un rebaño de ovejas condenadas a infectarse.

Arrasado Coventry, devastado Londres, depauperada Inglaterra, resultaba más fácil sembrar Alemania de microbios que de explosivos, de los cuales se carecía. Además, estos últimos eran mucho menos mortíferos que los microorganismos; si las bombas clásicas ofrecían un rendimiento de cincuenta muertos por tonelada, el ántrax prometía ser mucho más exterminador. Sus microbios serían dispersados mediante bombitas; por ejemplo, cien de éstas irían envasadas en una bomba normal —digamos de 250 kilos—; con esta dosis podía infestarse un área de cinco hectáreas de ciudad o veinticinco de campo. Para inficionar una ciudad del tamaño de Stuttgart bastaba con cuatro mil bombas de 250 kilos, que llevasen las microbianas en el interior. Churchill se interesó por este plan y sus consejeros comentaron con él que no había que andarse con remilgos, porque, a lo peor, en aquellas mismas horas el enemigo estaba desarrollando un intento parecido.

Los norteamericanos se sumaron a tal iniciativa y comenzaron a preparar bombas de ántrax y a determinar qué zonas de Alemania les correspondería bombardear a ellos mismos: Berlín, Frankfurt, Hamburgo y otras correrían de su cargo, y algunas podían quedar al de los ingleses. La idea iba viento en popa y es concebible que se hubiera materializado al cabo de pocos meses si no se hubiera interpuesto en su camino la bomba atómica, la cual empezaba ya a adquirir realidad. En este difícil dilema, el general O. H. Wansbrough-Jones redactó un memorándum, a comienzos de 1945, donde razonaba que era preferible usar la bomba atómica que la de ántrax. Una gran ciudad tipo Berlín podía ser destruida con una sola bomba atómica, con efecto instantáneo, ruidoso y mensurable —decía—, mientras que el ántrax necesitaba una semana para causar efecto, y además era menos épico y glorioso. La bomba de ántrax resultó postergada, y de ello derivaron dos efectos concretos: primero, que el acceso a la isla de Gruinard quedase prohibido para siempre jamás, como lugar contaminado, y que el doctor Fildes recibiera el título de sir. A los muertos de Dresde o de Hiroshima probablemente les habría dado igual morir de ántrax o quemados, o quizá no.

UNA EXPERIMENTACIÓN QUE ACABA EN SUICIDIO

En suicidio acabó, ciertamente, por desgracia, la carrera originariamente prometedora del biólogo vienés Paul Kammerer. Su cadáver fue encontrado con una bala en la cabeza al amanecer del día 23 de setiembre de 1926, cerca de un camino de montaña, no lejos de la capital austríaca. El suicida llevaba consigo una carta donde solicitaba que su cuerpo no fuera llevado a su casa, para no disgustar a la familia; exhortaba a ésta a no ponerse luto y no encargar oficios religiosos, en cuyo sentido él no creía, y ofrecía su cuerpo a la ciencia, añadiendo la sarcástica y resentida anotación de que «así quizá mis dignos colegas encontrarán en mi cerebro una huella de mi actividad espiritual cuyas manifestaciones pasaron por alto en vida». El célebre Arthur Koestler, cuando era estudiante, había conocido a Kammerer en Viena y lo recuerda en una novela que aquél dio a conocer en 1971: *El caso del sapo partero.* Reseña también este drama Paul Kruntorad en la recopilación alemana de Karl Corino *Gefälscht!*, publicada por Rohwolt en 1990, que reúne diversos fraudes y trampas famosos en la historia.

Los de Kammerer lo fueron en su día y han pasado a la posteridad como sobresalientes en el repertorio de experimentos trucados y manipulados que hemos hilvanado. Exagerando el rigor de aquel precepto clásico sobre que el experimento esté precedido por una teoría, el doctor Kammerer era socialista en política y seguidor de Lamarck en biología, lo cual le llevaba a promover que los caracteres adquiridos por un ser vivo pudieran ser hereditarios, dando un viraje al darwinismo ortodoxo. Este ensueño sería también muy grato a Stalin, según contemplaremos en otro capítulo.

Kammerer era hijo de una familia rica y elegante; hombre sentimental, apasionado, era gran pianista y compositor, amigo de Gustav Mahler y de Bruno Walter, y vivía entusiasmado las noches vienesas, rodeado de las lumbreras de la época del *Jugend.* Alma Mahler, tras enviudar, fue por un tiempo ayudante suyo en un laboratorio que él había montado en un invernadero. La sugestiva y comentada señora escribe en sus evocaciones que Kammerer estaba loco por ella. Tras tener éxitos legendarios en los salones y las alcobas, el docto joven contrajo matrimonio con una cantante, Felicitas von Wiedersperg, hermosa y de familia noble y rica. Tuvieron una hija y Kammerer se permitió llamarla Lacerta, que quiere decir lagarta en latín; todo sea por la ciencia. Más tarde, el matrimonio se separó y Kammerer continuó su carrera de donjuán.

En el apogeo de su brillante renombre, Kammerer vino a ponerse otra pluma en el penacho: especialista reconocido en reptiles y batracios, manejaba en el laboratorio dos especies de salamandras y otras dos de sapos; de cada animal había una especie que depositaba los huevos en el agua y otra que lo hacía en tierra. El sabio invirtió sus costumbres y hábitat y comprobó que al cabo de unas generaciones criadas a contrapelo, por decirlo así, nacían individuos de una especie que ostentaban caracteres de la otra adquiridos en su nueva vida. Estos primeros éxitos le vinieron en 1909, cuando él tenía veintinueve años, y le depararon un prestigioso premio para oficializarlos. Algo más tarde logró que una especie de salamandra ciega adquiriera visión a base de enfocarla con luz roja, mientras que la del sol no le había servido nunca de nada a su especie.

Trastrocando los términos del cuento tradicional, vino a ocurrir que el dar un beso al sapo causó la ruina del príncipe encantador. En realidad nuestro hombre de ciencia se complacía en darles besos con tanta teatralidad que en la sociedad vienesa le apodaban *Krötenküsser,* o besasapos. Kammerer se obsesionó tanto por los sapos que quiso exhibir una llamativa mutación que provocaba en ellos: la especie acuática del *Alytes obstetricans,* o sapo partero, tiene la particularidad de que los machos desarrollan en la época del celo unas rugosidades espinosas en las patas que los ayudan a copular con las hembras. Kammerer pretendió haber conseguido que unos sapos terrestres, criados como acuáticos, ostentasen también las características de éstos. Quedaría demostrada la herencia de los caracteres adquiridos. En realidad, si algo obtuvo, fue la evidencia de otra conocida regla clásica: el resurgimiento, en un ambiente coactivo, de caracteres atávicos que habían permanecido ocultos durante generaciones.

Un genético inglés, William Bateson, que era adversario cerrado de la herencia de las notas adquiridas, se dispuso a combatir a Kammerer y acudió a Viena en 1910 a examinar sus trabajos. Puso acidez en este repaso porque él mismo, de joven, había flirteado con la misma creencia y la había abandonado luego. Bateson no logró ver en Viena aquellos sapos singulares y Kammerer se escabulló de mostrárselos con excusas variadas. El inglés, en 1919, impacientado, publicó en la revista *Nature* una denuncia severa contra la seriedad de tales experimentos.

En el ínterin, Kammerer no sólo se había divorciado de su esposa sino que había visto arruinarse a su propia familia por efecto de la guerra, y la misma Austria estaba en bancarrota colectiva. Necesitado de ingresos se dedicó a dar conferencias y publicar artículos y libros donde la divulgación de sus teorías se sazonaba con notas sensacionales y populacheras. Dejó su instituto de Viena y muchos de sus animales murieron. Kammerer se había llevado alguno de muestra para ilustrar sus conferencias, pero no convencían tanto como los del tiempo de Alma Mahler.

El golpe de gracia se lo dio en agosto de 1926 un artículo de Gladwyn K. Noble, en la misma revista *Nature*: éste denunció que se había presentado en el instituto de Viena y, al requerir que le mostraran el sapo anómalo, había visto que se notaban en éste unas inyecciones de tinta china con las cuales se intentaba sugerir los apéndices nupciales. No ha podido aclararse quién cometió semejante chapuza. Kammerer estaba ausente y distanciado, y se ha sospechado de algún ayudante voluntarioso que cometió la pueril pifia, de una conspiración nazi contra el docto socialista o de un investigador enemigo de Kammerer que le quiso hacer sospechoso de la trampa; luego este rival murió demente.

Después del escándalo, Kammerer, desilusionado del mundo capitalista, se dispuso a trasladarse a Moscú. Dos días antes de su suicidio estuvo en la embajada soviética de Viena comentando el embalaje y transporte de sus pertenencias. En el ambiente científico ruso se le esperaba con interés y cordialidad porque, como ya vamos diciendo, la línea de sus trabajos rimaba con las tesis de la filosofía moscovita. Ésta no pudo contar con tan valioso apoyo. La compañera sentimental de Kammerer en aquella temporada, la bailarina Grete Wiesenthal, se negó en el último momento a acompañarle a Moscú. Horas después Kammerer se quitó la vida.

II. Defectos de la ciencia antigua

6. DELIRIOS ASTRONÓMICOS

¿CÓMO EMPEZÓ EL MUNDO?

La cuestión de cuál sea el origen del universo ha tenido y sigue teniendo tan variadas —y raras— soluciones en manos de los hombres de ciencia como entre los sacerdotes de las diversas religiones de la historia. Dejaremos a un lado por ahora las explicaciones de estilo sobrenatural y repasaremos las científicas.

Éstas empezaron a cuajar en cuanto se dispuso de unas descripciones del universo más o menos elaboradas. Es curioso reparar en que las teorías sobre su origen se pueden agrupar, en el curso de los siglos, en dos grandes familias: las que afirman que el cosmos ha surgido de un objeto central, añadiendo algunas que hubo una explosión que esparció su materia por el éter, y las que, al revés, sostienen que los cuerpos celestes se han formado por aglomeración de partículas que había en el espacio; algo así como la explicación de dentro afuera, o la de fuera adentro.

Descartes abre el cortejo de los pensadores modernos que han opinado sobre esta cuestión y su teoría se alinea con las del segundo grupo; es decir, las que defienden que los astros han surgido de un proceso de agregación. El tema no se cuenta, de todos modos, entre los favoritos de Descartes, el cual se abstuvo de publicar nada sobre él: su opinión figura en el *Traité du monde* de 1630, el cual permaneció guardado e inédito hasta después de la muerte de su autor. Éste no quiso implicarse en los conflictos que por entonces habían despertado las ideas de Galileo. Con todo, antes había disertado sobre las partículas que llenan el universo y dan lugar a unos cuerpos u otros según su acumulación, y añadía que las mismas están agitadas por torbellinos, que son los que mueven a los astros. El origen de los mismos, según remató en la obra póstuma, consiste en que los remolinos de marras provocaron la aglomeración de partículas hasta formar aquéllos.

El gran naturalista conde Georges Louis de Buffon (1707-1788) se enfrentó con su compatriota Descartes y en 1749 defendió la teoría contraria, inaugurando así la tribuna de los partidarios de un origen central del universo. Buffon no llegó ni podía llegar al concepto actual del *big bang*, pero sí propuso que los planetas nacieron de las salpicaduras de materia que brotaron del Sol cuando un cometa chocó con éste. Los pedazos lanzados al espacio estaban en fusión y fueron enfriándose y solidificándose.

La siguiente teoría célebre acerca del asunto refuta la anterior y vuelve a la actitud agregacionista de Descartes. La desarrolló el insigne filósofo Immanuel Kant (1724-1804) a título de suposición libre, sin fundamento matemático y menos experimental. En 1755 publicó su *Historia general de la naturaleza y teoría de los cielos* (ya se va viendo que los títulos de estos tratados no pecaban de modestos), y en ella propugnó la existencia de un caos de partículas que irían estructurándose, por efecto de la gravitación descrita por Newton, en torno de unos núcleos hasta formar los astros. Aprovechando el mismo viaje, Kant no vaciló en expresar que todos los planetas de nuestro mundo están poblados por seres inteligentes y por animales y plantas, con la particularidad de que el refinamiento de todos ellos crece a medida que están más alejados del Sol, de modo que Mercurio y Venus están habitados por seres de poca monta, y Saturno por sabios magníficos.

La fama de Kant no se ha fundado en el acierto de sus observaciones de la naturaleza, y sus ideas sobre los planetas remotos son de poco fiar si se recuerdan los crasos errores que cometió sobre temas mucho más sencillos y cercanos. Citemos por ejemplo que Kant tenía ordenado que los postigos de la ventana de su dormitorio estuvieran siempre cerrados. En cierta ocasión se ausentó para un breve viaje y los postigos quedaron abiertos. Al regresar, Kant encontró chinches en su alcoba y dedujo que la luz del sol las había atraído, por lo cual mandó cerrar de nuevo el acceso a la misma y restaurar la oscuridad. Cuando las chinches desaparecieron, el hombre se robusteció en su opinión de que era la luz la que las criaba. Por lo demás, sin saberlo él, sus servidores abrían los postigos y la ventana cada día para hacer limpieza, como debe ser.

La posteridad ha recordado el nombre de Kant dentro de la temática astronómica, acaso con un exceso de largueza, asociándolo al de un ilustre matemático y astrónomo: el marqués Pierre Simon de Laplace (1749-1827). El nombre de éste aparece hoy por varios conceptos importantes en cualquier curso de matemáticas, y en 1796 se hizo más famoso aún por otro libro de título tan arrogante como los que hemos registrado en otros autores: la *Exposition du système du monde.* En él diseñó que el origen del mismo está en una nebulosa de gases que giraba sobre sí, con el Sol en medio, más fogoso que hoy. Semejante masa fue enfriándose y reduciéndose, su rotación se apresuró y del centro fueron desprendiéndose fragmentos que iban girando y se condensaron como planetas. Los anillos actuales de Saturno atestiguan que en los planetas se registró esta etapa anterior. Tal es la llamada «hipótesis de Kant-Laplace», la cual en todo o en parte sigue mereciendo el interés de algunos estudiosos actuales. Menos respeto merece la faceta política de Laplace: Napoleón le nombró en 1799 ministro del Interior y tuvo que destituirle pronto por incompetente. Nadie es perfecto.

Tampoco lo fue en materia cosmogónica el intento de Auguste Comte (1798-1857) de establecer una ciencia universal, dentro de cuyo afán se volvió loco, y como tal murió. Dejó dicho que las estrellas están tan lejos que resulta vano cualquier intento de averiguar nada de ellas. Después de esta bobada dijo otra: que ninguna máquina tendrá fuerza para levantarse de la Tierra y llegar a otro cuerpo celeste. Unos lustros más tarde otro francés, Marcellin Berthelot, afirmaba seriamente: «El mundo ha dejado de tener misterios para la ciencia.» «Es la frase más tonta de todos los tiempos», comenta Jean-Pierre Lentin en su divertido repertorio de desatinos contenidos en la historia de la ciencia.

La «ecuación personal»: usos y abusos

La fina expresión de «ecuación personal» fue acuñada a comienzos del siglo XIX para ennoblecer una realidad mucho menos digna: que las mediciones del mismo objeto hechas por distintos astrónomos eran vergonzosamente diferentes. Del ámbito de lo celeste, este feo proceder descendió a los laboratorios, donde quedó al desnudo que investigadores diferentes hacían también mediciones diversas del mismo hecho. La ciencia, que empezaba por entonces a ponerse pedante y exacta, no podía tolerar semejante carcoma en sus mismas bases. ¿Qué hacer? No tardó en surgir una solución salvadora: incluir el hecho en el repertorio científico y ponerle un nombre: «ecuación personal». En vez de ser un fenómeno azaroso y arbitrario, el error de unas personas se convertiría en un hecho genérico y catalogado. Por entonces, la psicología, una nueva ciencia, estaba adquiriendo su forma contemporánea y se le encomendó encasillar dichos acontecimientos en su rúbrica de «la dinámica experimental de la motivación». Al mismo tiempo estaban perfeccionándose los aparatos de medida del tiempo y de registro de los datos.

Precisamente, porque cada vez se reducía el margen de error atribuible a los mecanismos, fue creciendo la suspicacia a propósito de las personas. El ilustre astrónomo alemán Friedrich Bessel (1784-1846), director del observatorio de Königsberg, no sólo se hizo famoso por el cálculo de la órbita del cometa de Halley y la primera determinación precisa de la distancia de una estrella —la 61 de la constelación del Cisne—, sino también por su empeño en purificar las observaciones, tanto en el área de lo personal como en la instrumental. El decenio de 1823 a 1834 se lo pasó comparando las notorias diferencias que existían entre sus datos y los de sus colegas alemanes y rusos, y reconociendo, con consternación, que el factor personal intervenía poderosamente en producirlas. Esta evidencia generó diversas mejoras en los aparatos y la instauración de métodos y técnicas cada vez más impersonales.

En todas las ciencias se registraba por entonces vivo entusiasmo por la cuantificación, e inclusive por la mecanización, y en la astronomía esta tendencia se subrayó hasta extremos cómicos. En los observatorios más prestigiosos se exigió al personal no sólo que desarrollara unos programas exactos de trabajo sino que observara una conducta estricta y una moralidad intachable. Greenwich pasó, en el curso del siglo XIX, de tener un solo ayudante del director a contar con 53 empleados; los más antiguos iban recordando con nostalgia las épocas en que se trabajaba con cierto romántico primitivismo, y se dolían de la congestión de aparatos agobiantes que iba creciendo, a la vez que los empleados eran tratados con rigor y sequedad.

Sir George Biddell Airy (1801-1892), ensoberbecido con el cargo de *astronomer royal*, personificó el tránsito de Greenwich desde la fase de la simple observación hasta la del cálculo instrumentado. Charles Babbage, precursor de la informática actual, trabajó allí en la mecanización de las operaciones matemáticas. En París y en Bruselas, los célebres astrónomos Arago y Quetelet profesaban los mismos ideales de exactitud, despersonalización y mecanización. Lo propio hacían Gauss en Gottinga y Struve en Pulkovo.

No era para menos cuando la navegación, los ferrocarriles y las fábricas demandaban que se les proporcionara la hora exacta y semejante ideal de precisión se convertía en uno de los lemas del capitalismo industrial. No andaba nada descaminado el novelista Joseph Conrad cuando inventaba en 1907 la idea de un asalto de los anarquistas al observatorio de Greenwich. La conversión de su meridiano en el O y de su hora en el estándar de todas las demás constituyó para el Imperio británico un éxito más valioso que la conquista de un nuevo país. Al mismo tiempo, Alemania ganaba un triunfo semejante suministrando cronómetros y telescopios a los observatorios de todo el mundo.

Estos centros se desinteresaron en general de los aspectos más vistosos de la investigación sideral. En 1900, el director de Greenwich, E. Walter Maunder, escribía que la búsqueda de cometas y asteroides, la reseña de la superficie de los planetas y la espectroscopia eran «sumamente interesantes para el gran público y estaban seguidos con viva devoción por muchos astrónomos aficionados. Por esta razón —añadía, con una curiosa causalidad— los mismos no forman parte del programa de nuestro observatorio estatal». No puede sorprender, en cierto sentido, que semejantes temas quedasen en manos de profesionales frívolos o de aficionados visionarios, lo cual no dejó de ser lamentable.

Así se generaron, como ejemplo entre otros, los delirios que inspiraría el infundio de que Marte estaba habitado. Además de Kant, un sinnúmero de talentos, ilustres por otras razones, comulgó en la creencia de que Marte tenía población; más aún, que ésta era más sabia y capaz que nosotros. Hasta 1976, con el viaje de las sondas *Viking* (precedidas en 1965 y 1971 por el *Mariner 4* y el *Mariner 9*), no se extinguió esta convicción: los millares de fotos hechas por las sondas espaciales mostraron con desilusión la superficie helada y cadavérica de Marte. El publicista Camilo Flammarion, que tuvo gran autoridad en los círculos progresistas de fines del siglo pasado, creía firmemente que los marcianos habían desarrollado una civilización más refinada que la terrestre.

Esta fantasía había ido hinchándose como un globo desde decenios antes por obra de los factores personales de la observación: primero se habían descubierto en Marte «mares» y «tierras»; luego el director del observatorio de Milán, Giovanni Schiaparelli, había observado allí en 1877 una serie de «canales», aprovechando el paso de Marte por una posición más próxima a la Tierra; los canales eran rectos —por consiguiente, de factura humana— y variaban en caudal según las estaciones, como si los hielos de los polos de Marte se fundieran o aumentaran.

En 1894, un potentado de Boston, Percival Lowell, puso su hacienda y renombre al servicio de esta tesis y pagó un gran observatorio en Flagstaff, Arizona, donde el cielo está limpio. Durante los años siguientes, Lowell estuvo viendo cada vez más canales en Marte y publicando libros sobre el planeta rojo. De este ensueño pasó a otro: filosofar sobre el origen del sistema solar, renovando la milenaria creencia en sus proporcionalidades y armonías. Menos mal que estas cavilaciones le llevaron a un acierto grandioso: adivinar que más allá del último planeta tenía que haber otro; éste sería descubierto en 1930 y se lo llamaría Plutón.

El libro de H. G. Wells *La guerra de los mundos*, que aprovechó aquella histeria, ha quedado tan inválido y desacreditado como la *Historia universal* que fabricó él en otro momento de fantasía. Significativamente, el mismo tema daría pie en 1938, mediante una creación radiofónica, a la fama de talento que exornó a Orson Welles. Más tarde, las narraciones galácticas de Isaac Asimov vendrían a fortalecer una curiosa paradoja: que la temática astronómica, aun constando como la más antigua y solemne de las sapiencias, es la que ha dado origen a más desatinadas fantasías.

Vamos a repasar velozmente algunas de esas ensoñaciones, que nos fueron enseñadas en el bachillerato con severidad aterradora. Y, a decir verdad, no merecen ser tomadas tan en serio. Por lo demás, en seguida veremos que dentro de la antigüedad ya suscitaron alguna broma.

El filósofo en el pozo

Se cayó en un pozo, de tanto mirar al cielo y andar abstraído en cavilaciones acerca de los misterios siderales, el filósofo griego Tales de Mileto (640-546 a. J.C.). Lo explica nada menos que Platón, dos siglos más tarde, con evidente falta de respeto. Tales era admirado como fundador de una nueva concepción del cosmos y del saber. Se le atribuía haber cancelado la época de la creencia en mitos y leyendas y haberse enfrentado cara a cara con la naturaleza para analizarla e interpretarla con sentido común. Cabe sospechar que el hecho de que Platón le retrate maliciosamente en el fondo de un pozo señala otro cambio de etapa.

No hay que utilizar letras demasiado grandes en los titulares con que anunciemos semejantes tránsitos. Se ha exagerado desde Roma hasta hoy la significación de las creaciones de los antiguos griegos. La posteridad ha ido repitiendo, con la tenacidad de los tópicos, las glorias de Atenas, Corinto, Elea, Éfeso, Agrigento, Siracusa, Olimpia... Cada uno de estos nombres parece sugerir el súmmum de las excelencias. La realidad fue mucho más prosaica y reprochable: Atenas y las ciudades similares no fueron cuna ni modelo de la democracia, puesto que la inmensa mayoría de la población carecía de opinión y voto, y buena parte de ella ni siquiera tenía derecho a la vida. En aquellas ciudades tampoco regía de modo general el alfabeto, ni la moneda, ni la gramática, ni la aritmética, ni la justicia, ni la salubridad, ni el decoro; y, en suma —¡suprema desilusión en el día de hoy!—, el deporte era ya en gran parte codicioso y corrupto, incluso en los juegos olímpicos.

No conocemos más que unas fracciones de la filosofía y la ciencia cultivadas allí, y parece claro que lo fueron en el seno de escuelas elitistas y tertulias limitadas. La gente común miraba a los intelectuales con tanto desdén como en el día de hoy. Los iniciados fueron transmitiendo a los seguidores la fama que se atribuían ellos mismos: cada generación de estudiosos heredó de la anterior el pasmo ante los talentos de antaño.

Tales de Mileto, acaso desde el fondo del pozo, fue el primer occidental que concibió un sistema del cosmos tal que la Tierra, plana según él, estaba en una burbuja de aire la cual, a su vez, flotaba en una masa inmensa de agua. Las estrellas estaban hincadas en la bóveda de aquella burbuja.

Su paisano y discípulo Anaximandro (¿611?-547 a. J.C.) le enmendó la plana para afirmar que la Tierra está en el centro del universo, flotando en el vacío infinito, idea valiosa e interesante en cierto modo. Es chocante, en cambio, su tesis de que en torno de nuestro planeta ruedan unos anillos de fuego con agujeros (primera vez que alguien habló de «agujeros» en el firmamento; la palabra ha resucitado ahora con otro significado diferente). Por tales orificios nos llega la luz del Sol, la Luna y las estrellas, y cuando dichos huecos se mueven generan las fases de la Luna y los eclipses.

Los libros de texto —tanto los antiguos como los modernos— se montan las cosas a su gusto y las simplifican con intenciones educativas que a menudo las desfiguran. De este modo hemos aprendido desde la mocedad que los filósofos griegos iban apareciendo como si se fueran relevando en un teatro de polichinelas para corregirse sucesivamente. La realidad no debió de ser tan simple y categórica.

Dentro de tales precauciones, contemplemos ahora que surgió para fastidio de los estudiantes venideros la singular figura de Heráclito (ss. VI-V a. J.C.), residente en la rica ciudad de Éfeso, donde se alzó luego el templo de Diana, que era un centro de peregrinaciones calificado como una de las maravillas del mundo. Los naturales de Éfeso debían de ser un poco duros de mollera, porque de su nombre deriva la palabra castellana «adefesio», sacada de la epístola que les dirigió san Pablo. Dicen algunos que en ésta el apóstol muestra más frialdad de estilo que en las otras.

No nos vayamos por las ramas y retornemos a Heráclito que, por de pronto, ha dejado fama de triste y pesimista: todo le hacía llorar, según la leyenda, en contraste con Demócrito de Abdera (ss. V-IV a. J.C.), a quien todo le daba risa, acaso porque intuía con diversión que siglos más tarde le reconoceríamos como precursor del atomismo.

Heráclito, el pobre, no ha tenido tanta fortuna póstuma y se le considera sólo como defensor de que todas las cosas se hallan en cambio y tránsito constantes. «Nadie puede bañarse dos veces en el mismo río», dicen que decía, con encomiable agudeza. Menos realista era su concepto del cosmos, porque consistía en que las estrellas eran como recipientes que recogían en el cielo las exhalaciones de fuego emanadas de nuestro planeta. Las fases de la Luna y los eclipses se debían a oscilaciones de esas grandes vasijas siderales.

La idea de que es nuestra Tierra la que emite calor hacia el cosmos no es exclusiva de él, y la propugnó, incluso con más énfasis y belleza, otro talento de la misma época: Jenófanes de Colofón (ss. VI-V a. J.C.), al cual se estima como fundador de la escuela de pensadores que tomó por sede la ciudad de Elea, que estaba en lo que hoy llamaríamos costa napolitana y a la sazón era colonia griega. De él se han conservado escasos fragmentos dispersos que permiten establecer dos conclusiones: primera, que era un pillo que expresaba tesis ambiguas y amplias, de aquellas que siempre contienen algo de cierto, y segundo, que tenía más de poeta escéptico y relativista que de investigador de la naturaleza. Dejó renombre de muy longevo y viajado, acaso exiliado. «De la tierra son todas las cosas —afirmaba—, y a ella regresan todas... De la tierra y del agua procedemos todos...», continuaba, a la vez que diseñaba su concepto de un dios grandioso, inaprehensible, ubicuo.

Concretaba Jenófanes algo más: los astros proceden de nubes ardientes que se alzan de la Tierra; se apagan de día y se encienden de noche, tal como los faroles de nuestras calles; menos el Sol, que trabaja al revés, pero de modo más complicado, porque cada día nace y muere uno nuevo y distinto, de la misma forma que en cada país hay un Sol propio y diferente. La propaganda turística de hoy viene a insinuar lo mismo, con lo del sol de España, el sol de California, y así.

Anaxágoras de Clazomene (¿500?-428 a. J.C.) también se aproximó al sentir actual por más de un motivo: en primer término fue expulsado por razones ideológicas de Atenas, donde había enseñado durante treinta años, lo cual le convierte en uno de los intelectuales desterrados más antiguos, si es que no es el fundador del gremio. ¿Qué predicaba él para merecer tal castigo? Sostenía que los objetos están integrados por infinidad de partículas, a las que dio el nombre —harto ominoso— de átomos. Los mismos se combinan de una u otra forma para dar entidad a las cosas que vemos.

Dentro de este pensar ideó que los astros eran peñascos desprendidos de la Tierra, y así el Sol «era una piedra grande como el Peloponeso», territorio que tiene la extensión de Aragón, más o menos. Ahora bien: al decir semejante cosa despojaba al Sol, a Helios, de su divinidad, y de aquí le vino el castigo cívico, por impío.

Todavía exageró la impiedad Filolao (s. V a. J.C.): la Tierra no gira en torno del Sol, afirmaba, y éste, en definitiva, no pinta gran cosa en el cosmos. El Sol, la Luna y nosotros rodamos en torno de un gran fuego central que no es visible porque las zonas habitadas de nuestro planeta están siempre en el lado contrario. El que llamamos astro rey no hace sino reflejar semejante hoguera. En el lado opuesto a nuestro planeta se halla una «anti-Tierra», que es igualmente invisible para el hombre. Merece algún interés la precoz desvalorización del Sol como centro del universo y la insinuación de que exista una especie de cuerpo antagonista de nuestro planeta, idea afín a diversas posibilidades que supone la física de hoy respecto de universos extraños.

A esas innovaciones sugestivas añadió Filolao nada menos que el invento de la música celestial, o música de las esferas, concepto que dura desde hace veinticinco siglos, aun cuando hoy lo usemos con irrisión. El compositor Johann Strauss se encontraba todavía en una zona intermedia entre nuestra burla y el respeto de los antiguos cuando tituló *Música de las esferas* uno de sus valses más célebres. ¿En qué consistía tal concepto? En que cada uno de los diez grandes cuerpos celestes que hay emite un sonido distinto sin cesar, y las distancias proporcionales que existen entre ellos dan ocasión a que tales notas se armonicen en una música sublime.

Aristóteles nos lleva por el mal camino

El legado de Aristóteles (384-322 a. J.C.) presidió y encauzó durante más de quince siglos el pensamiento occidental. Sus enseñanzas habían sido recibidas por centenares de discípulos que luego las difundieron en sus lecciones y en sus textos. Conocemos sólo una parte de ellas, y es fácil que la posteridad aprendiera, como sucede tantas veces, las deficiencias antes que las excelencias de su maestro. Aristóteles había efectuado buen número de observaciones sagaces del mundo que nos rodea y dejó de efectuar otras muchas, o las realizó equivocadamente. Quizá son estas últimas las más famosas, porque a los discípulos les gusta más recordar las cosas chuscas que dicen sus maestros que las serias.

De este modo, la posteridad se divierte recordando que Aristóteles profesaba que nuestro cerebro no recibe sangre y es la parte más fría del cuerpo, destinada a refrigerar el resto; que la gente de cabeza grande y venas estrechas duerme bien; que en el género humano, las ovejas, cabras y cerdos los machos tienen más dientes que las hembras; que la sangre de la mujer es más oscura y espesa que la del varón; la mitad izquierda del cuerpo es más fría que la derecha y que las moscas tienen cuatro patas, entre otras muchas rarezas, que acaso él no llegó a afirmar nunca. Además, la repetición dócil de sus opiniones inhibió a los escolares durante siglos de continuar observando la naturaleza, que es lo primero que él les habría encargado practicar.

Semejante rutina se revistió luego de los ropajes de la tradición y la religión; de este modo cada vez fue más difícil revisar afirmaciones de Aristóteles como la de que la Tierra está plantada en el centro del universo y el Sol y los astros giran en torno de ella, y que además describen círculos al hacerlo, porque ésta es la forma geométrica adecuada a tan sublime movimiento. La reconsideración de este montaje tardó en esbozarse más de quince siglos, y aún fue insinuándose con los tapujos y los riesgos con que la propusieron Copérnico, Kepler y Galileo, según ya iremos viendo. Aristóteles se burló sañudamente de algún pensador anterior a él que había ya sugerido el movimiento de nuestro planeta. ¡Qué ocurrencia! —decía—. ¿Qué pasaría con los pájaros que vuelan si la Tierra se moviera? Una objeción tan ingenua como ésta fue repetida sin revisión por Europa entera siglos y siglos.

Otra idea de Aristóteles que tuvo vida todavía más

larga fue la de que el vacío no existe, con lo cual quedó abortada toda meditación sobre las causas del movimiento de los cuerpos siderales en él; éstos no obedecen a fuerza alguna ni actúan el uno sobre el otro, sino que sólo aspiran a ocupar el camino y lugar que le toca a cada uno en el cosmos. Todas las cosas tienen un sitio idóneo en él y si una piedra cae es porque se dirige a ocupar su lugar nato, que es el suelo. El príncipe de los filósofos aseguraba que para provocar un movimiento en algo hay que estar moviéndolo directamente todo el tiempo, y si una flecha vuela en el aire es porque las partículas de éste la hacen correr por encima de ellas. Descartes no se apartaría mucho de esta creencia al sostener que son los torbellinos del éter los que mueven a los astros. En este éter había ya creído Aristóteles, además de admitir también la primacía de los cuatro elementos básicos de agua, aire, fuego y tierra.

De lo complicado a lo sencillo

Es curioso que la noción del cosmos que se forjaron los antiguos fue más complicada y cerrada que la nuestra, dicho sea dentro de la proporción entre ambas masas de conocimientos. Ptolomeo de Alejandría, en el siglo II de nuestra era, cuidó de recopilar y pulir los del mundo clásico y dio a conocer un gran tratado de astronomía. La ciencia árabe lo asimiló luego y lo tradujo con el nombre de *Almagesto*, derivado del griego *mégistos*, que significa máximo, para diferenciarlo de otros tratados de menor consideración. En la Córdoba califal fue estudiado y enriquecido por los más insignes hombres de ciencia de la época. El sistema de Ptolomeo, que regiría hasta hace poco más de cuatro siglos, da solemnidad y rigor a las tesis anteriores y establece que la Tierra está inmóvil en el centro del universo y que giran en su derredor el Sol, la Luna, las estrellas y los cinco planetas visibles entonces —Júpiter, Saturno, Venus, Marte y Mercurio—, todos los cuales describen círculos perfectos en su camino. El autor aumentó los catálogos anteriores inventariando hasta 1 022 estrellas.

Ptolomeo denominó planeta —en griego, *vagabundo*— a esos cuerpos inquietantes, que no siguen una trayectoria derecha, errabundean por el espacio y cambian de velocidad y aun de camino. Nuestro hombre vivía en Alejandría, una ciudad cultísima, y se sintió obligado a hacer las cosas bien hechas. Para explicarse la multitud de fenómenos que veía ocurrir en el firmamento y que no se ajustaban a su esquema, comenzó a introducir una serie de matizaciones, excepciones y casos particulares, que es por donde decíamos que su doctrina se hizo frondosa y confusa. Los planetas, por ejemplo, no se mueven derechos por su camino como un carro, sino que van caracoleando, y en el cielo siguen grandes círculos, pequeños círculos y otros círculos situados fuera del centro de estos últimos. Todo este tinglado le es necesario a Ptolomeo para construir un calendario, prever hechos astronómicos, dar tablas a los astrólogos y ayudar a los navegantes, empeños que logra en forma admirable.

Ha tenido que llegar nuestra época sabionda e implacable para que Ptolomeo saliera a la vergüenza pública: R. R. Newton publicó en 1977, en la Universidad de Johns Hopkins, un libro donde lo menos estrepitoso es el título, *The crime of Claude Ptolemy.* Sostiene que los datos de Ptolomeo son inventados y que él no los controló nunca con observaciones.

Sus trabajos y los de sus seguidores arábigo-españoles fueron perpetuados y aprovechados gracias a la diligencia con que nuestro rey Alfonso X el Sabio (1252-1284) mandó preparar unas tablas astronómicas, entre los años 1260 y 1266. Humboldt afirma que los árabes fueron los auténticos fundadores de la ciencia experimental. Las «tablas alfonsinas» pasaron durante muchos años por buenas y no hubo otras, pero el desarrollo de la navegación oceánica fue mostrando que abundaban en errores y necesitaban revisión para evitar demoras y fatigas a los pilotos. Cuidaría de esta purificación Johannes Müller (1436-1476), más conocido por el nombre de Regiomontano, que es la latinización del Königsberg de Franconia donde había nacido. Müller fue el primer observador del cometa de Halley, en

1472; montó un observatorio y una imprenta en Nuremberg y fue llamado a Roma por el papa Sixto IV para trabajar en la reforma del calendario. En 1473 publicó sus *Ephemerides* siderales, válidas hasta 1506, las cuales fueron utilizadas luego por Colón y los demás marinos de su tiempo.

COPÉRNICO, SUAVE Y TÍMIDO

Nicolás Copérnico (1473-1543) estudió este importante libro y sintió inquietud por revisar el legado de Ptolomeo de arriba abajo, enjuiciando, por tanto, la doctrina en que se basaban aquellas recetas prácticas cada vez más discutidas. «Nuestros antecesores —dice éste— imaginaron gran número de esferas celestes para explicar el movimiento regular de los planetas pues creían absurdo que un cuerpo no se moviera a velocidad uniforme en un círculo perfecto.» A Copérnico, los artificios de Ptolomeo le parecen, con razón, opresivos, y cree conveniente sustituirlos por otros que él idea laboriosamente, cayendo en la misma abundancia de inexactitudes y complicaciones para que le salgan las cuentas a su modo. Lo que le redime es el acierto, casi eventual, de proponer que el Sol está en el centro de nuestro sistema, o, para ser exactos, en un punto próximo a éste, según le vino bien para sus cálculos. Los planetas están en sus respectivos círculos concéntricos. Copérnico concibió, al principio, su construcción como un artificio explicativo, pero poco a poco se fue haciendo fuerte en la creencia de que las cosas eran así de veras.

El gran hombre era de carácter tímido, retraído y apagado y no tuvo nunca intención de provocar un «giro copernicano» ni ninguna «revolución copernicana». Hoy se aprovecha su nombre para aplicarlo a cosas de cada día que no tienen el refinamiento ni la abstracción con que Copérnico insinuó sus ideas. Él vivió siempre atribulado bajo el temor de que los sabios le correrían a gorrazos por atreverse a tesis tan audaces, y mantuvo sus escritos guardados. No sentía temor a la represión eclesiástica porque no recelaba que sus teorías tuvieran nada que ver con la religión. Era canónigo y estaba dócilmente integrado en la Iglesia. El papa Juan Pablo II, que fue alumno de la Universidad de Cracovia como lo había sido aquél, se complace en recuperar el legado de Copérnico.

Sin los apremios y desvelos de su discípulo Georg Joachim Rheticus no se hubiera impreso nunca su magna obra, *De revolutionibus orbium caelestium* (1543) («Traslaciones de los orbes celestes»). Copérnico se la dedicó al papa Paulo III, escribiendo: «El temor al desprecio que me atraería esta opinión mía nueva y absurda, en apariencia, estuvo a punto de hacerme abandonar mi proyecto.»

No es improbable que le costasen la vida la emoción de ver su libro impreso y el miedo a las inquietudes que acaso traería, y Copérnico murió de una hemorragia cerebral poco después de haber recibido los primeros pliegos de la edición.

La timidez frustró, ciertamente, buena parte de la creatividad de Copérnico. Un seguidor y continuador insigne que tendría, Johannes Kepler (1571-1630), aprendió de sus desdichas y decidió hacerse fuerte y atrevido para llevar adelante aquel legado. El hombre dejó fama de arrebatado. Hijo de una procesada por bruja, Kepler había nacido en tierra alemana y pasó largos años en la universidad austríaca de Graz, donde entró a los veintitrés como profesor de matemáticas y de retórica, con el añadido de dar un curso sobre Virgilio. También se le pidió que hiciera y enseñara a hacer almanaques y horóscopos, y obtuvo buenos dineros de ello. Para atender esta demanda, Kepler tuvo que estudiar astrología, cosa que no le causó ninguna molestia. Durante toda su vida estuvo considerando los astros con dos criterios que eran compatibles para él y para muchos de sus contemporáneos: es decir, primero como cuerpos cuyo movimiento influye en los aconteceres humanos y luego como elementos de una arquitectura exacta y sublime.

Conectados ambos enfoques con la idea de que Dios es infinitamente sabio, Kepler, que era muy devoto, dedujo que el sistema solar tenía que obedecer a algún plan grandioso, y estuvo cavilando para puntualizarlo. Finalmente, en el año 1595, se le manifestó como una revelación deslumbrante el que entre las esferas de los seis planetas podían encajarse los cinco «sólidos perfectos» de la geometría clásica: el tetraedro, el cubo, el octaedro, el dodecaedro y el icosaedro. Estos poliedros explicarían las diferentes distancias a que están los planetas respecto del Sol. Kepler se tomó un trabajo agotador para montar el colosal rompecabezas y, al cabo, estableció que entre Saturno y Júpiter puede trazarse un cubo; entre éste y Marte, un tetraedro; luego, un dodecaedro entre el último y la Tierra; un icosaedro entre nuestro planeta y Venus, y un octaedro entre éste y Mercurio, ajustes que, por lo demás, tuvo que violentar y falsear porque no corresponden a ninguna realidad efectiva. Estimó, sin embargo, que aquella traza mostraba el orden supremo del universo, aunque lo cierto es que no conduce a nada, salvo sugerir la unidad del sistema y encender la curiosidad de los estudiosos. Uno de los frutos de ésta consistiría precisamente en que fueran descubiertos más tarde otros tres planetas.

Encantado de su hallazgo —que es una de las necedades más graves de la historia—, Kepler lo publicó en su famoso libro *Mysterium cosmographicum* (1596), gracias al cual ganó el trato amistoso con Galileo y Tycho Brahe. Dentro de la misma onda de euforia y éxito se casó con una rica propietaria, Barbara von Mühleck. Los conflictos religiosos de la época indujeron a Kepler, que simpatizaba con el protestantismo, a marchar de Graz y aceptar refugio en la corte del emperador Rodolfo II al comenzar 1600. Éste no salía del asombroso castillo del Hradschany, que domina Praga. Melancólico y agitado —era biznieto de Juana la Loca por parte de madre y por parte de padre—, el soberano desahogaba los nervios con el estudio y la magia, además de unas sórdidas juergas con rameras que se hacía subir de la ciudad.

Era matemático de palacio el famoso Tycho Brahe, que acogió benignamente a Kepler y le dio faena ímproba en la observación y el cálculo astronómicos, especialmente sobre el planeta Marte. Encima, el emperador y su corte empezaron a encargar horóscopos al recién llegado. Más aún: al año de estar en Praga murió Tycho Brahe. Kepler le sucedió en el cargo y las cargas y heredó sus papeles e iniciativas. Enmarcado en una corte soñadora, reaccionó ante ella emprendiendo una severa tarea de análisis óptico y numérico del firmamento, sin perjuicio de seguir haciendo horóscopos y editar textos en favor del posible fundamento de la astrología.

El estudio del planeta Marte fue el que obligó a Kepler a un estilo preciso de observación y medida, prólogo de las técnicas modernas. Tras años de esfuerzos, Kepler vio claro —esta vez de verdad— el hecho decisivo de que los planetas describen elipses, que el Sol está en uno de los dos focos de la elipse y que en su traslación el vector del planeta barre áreas iguales dentro de la elipse en tiempos iguales. Establecer esto sí que valía la pena. Lo publicó en 1609 en su *Astronomia nova*, donde confiesa, con su habitual vivacidad: «La verdad de la naturaleza, a la cual yo había rechazado y expulsado, regresó por la puerta de atrás, disfrazándose para que yo la admitiese... ¡Ah, qué ligero de cascos había sido!»

William Donahue, en 1990, en el *Journal of the History of Astronomy*, ha afirmado que los cálculos de Kepler son inexactos y están amañados para intentar justificar su teoría, que él creó por vía intuitiva. Sea lo que fuere, ésta quedó por buena, y le reconcilió con la ciencia eficaz. Por lo demás, Kepler siguió coqueteando con la astrología y le dedicó talento y esfuerzos, nada desinteresados, por cierto. Bien es verdad que cultivaba también la retórica, la poética, la filosofía, la medicina y la arquitectura, cosa nada rara en su tiempo.

Dentro de este flirteo con las diversas musas, acabó de puntualizar la tercera de sus grandes leyes sobre el movimiento planetario, sin darle demasiada importancia. En cambio, Newton se la dio, y mucha, y las leyes de Kepler se convirtieron en fundamento de la astronomía moderna. Al propio tiempo sus análisis serían tomados en cuenta como preludio del cálculo infinitesimal. Las observaciones de Kepler y su trabajo matemático tendrían mayor repercusión en el devenir de la astronomía que la «revolución» de Copérnico y señalarían más hondamente que ésta el comienzo de una nueva etapa.

Una razón de que Kepler no se envaneciera demasiado de este capítulo de su obra es que por entonces estaba ocupado defendiendo a su madre, Katharina, de la ya mencionada acusación de bruja. La pobre tenía sesenta y ocho años de edad y fue víctima de una oleada persecutoria aterradora. En la aldea wurttemberguesa de Weil, donde Kepler había nacido, vivían a la sazón doscientas familias y en catorce años fueron quemadas por brujas 38 mujeres, y en la vecina localidad de Leonberg, adonde se había retirado la señora, fueron quemadas en la hoguera sólo en el año 1615 seis supuestas hechiceras. A pesar de que Kepler movilizó a sus poderosos amigos y viajó hasta el pueblo donde vivía su madre, no pudo evitar encontrársela en la cárcel, cargada de cadenas, ni que esta reclusión le durase seis años. La infortunada vivió sólo seis meses más cuando fue liberada. Anotemos, de paso, que en tierra alemana continuó habiendo quemas de brujos, a centenares y aun a millares, hasta finales del siglo XVIII. En Poznan, que era prusiano, la última ejecución por brujería en la hoguera se efectuó en 1793.

7. RAREZAS DE LA FÍSICA ANTIGUA

Cuatro errores prolíficos

Los antiguos griegos idearon, ciertamente, buena parte de las nociones básicas del pensamiento actual, pero engendraron a la vez muchos de los errores que siguen vivos en el substrato del alma colectiva. Algunos han permanecido en el seno de la ciencia europea hasta la época moderna. Otros continúan dando fundamento a creencias, instituciones y rutinas. ¿No diferencian acaso hasta las potencias más adelantadas sus ejércitos de tierra, mar y aire y los ministerios correspondientes? He aquí una prueba, entre mil, de la cola que ha traído que en Grecia, hace dos milenios y medio, se les ocurriera establecer que en la naturaleza existen cuatro elementos fundamentales: el agua, el aire, el fuego y la tierra. Este dogma rige aún en el refranero, en la gastronomía, en la medicina popular y no tan popular, incluso en el derecho vigente más serio e imperioso, para acabar aquí el repaso.

Hasta Lavoisier —que acabó en la guillotina, víctima de la revolución— no empezó a tambalearse aquella creencia. Cualquier adolescente aprende hoy en el bachillerato que el agua, el aire y la tierra están compuestas de átomos de sustancias diversas. Una de ellas es el oxígeno, el cual forma parte de aquellos tres «elementos» y también participa en el cuarto, el fuego, que es una reacción físico-química y no una entidad autónoma.

Lo peor de una equivocación es que genera otras:

una vez diferenciados esos cuatro supuestos elementos por los griegos, vino la polémica sobre cuál era el primordial entre ellos, y cada sabio dijo sucesivamente lo que le pareció, guardándose mucho de opinar igual que otro. Así, es fama que Tales de Mileto, del cual tratamos aparte, entendió que el principal elemento es el agua, origen de todas las cosas, y que la tierra resulta de que el agua se espese, a la vez que el aire proviene de que el agua se vaporice, y es este aire el que da origen al fuego cuando se enciende. Anaxímenes de Lampsaco (s. IV a. J.C.) entendió que era el aire el elemento preeminente: si se calentaba daba vida al fuego; si se condensaba, producía agua y luego tierra, a fuerza de densificarse y depositarse más. Heráclito, de quien hablamos en otro capítulo, creía que era el fuego el germen de todas las cosas, pues de él derivaba el aire, y de éste, el agua y la tierra. Jenófanes, en suma, consideraba, acaso con más prosaísmo y simplicidad, que todas las cosas proceden de la tierra y regresan a ella.

Teniendo en escena a cuatro factores tan poderosos y sugerentes, sólo faltaba un autor al que parecían estar solicitando, a la manera de los personajes de la obra de Pirandello, y lo encontraron en el famoso Empédocles (490-430 a. J.C.) de Agrigento, en Sicilia, hombre de tan variados y prodigiosos talentos que no es raro que acabara exiliado. Antes le habían propuesto que fuera rey de su ciudad, y no falta quien suponga que él aspiraba a ser tenido por dios. Con el fin de ayudar a esta ascensión andaba con ropajes espectaculares por la calle y resolvió, al final, arrojarse al cráter del Etna para no morir como los ciudadanos vulgares. En el día de hoy, su nombre vale como señuelo para turistas en aquella comarca y se aplica a los parajes y establecimientos menos intelectuales.

Ya se va viendo que el personaje tenía más de poeta que de filósofo, físico, político o médico, pues todas estas profesiones cultivó y en alguna de ellas se le tiene por precursor. Con impulso puramente poético, Empédocles compuso varias largas obras, de las cuales quedan fragmentos dispersos que no lucen muy claros. Sostiene que los cuatro elementos primarios dan entidad a todas las cosas y éstas varían según la proporción en que aquéllos se combinan. ¿Quién las mezcla? Dos grandes poderes: el Amor y el Conflicto, los cuales describe él como si anduvieran desatados por ahí como leones sueltos. El estado del mundo se debe, según él, a que el Conflicto ha ido quitando terreno al Amor e introduciendo divisiones —especies, sexos, climas— en lo que antes era único y ha alterado con padecimientos y catástrofes lo que estaba sosegado. Cuando se complete el ciclo y triunfe el Conflicto, cada uno de los cuatro elementos se irá por su lado y volverá a empezar el proceso.

Empédocles creía también en la transmigración de las almas, en cuyo transcurso éstas se purificaban de las culpas de vidas anteriores. Puesto a fantasear, opinaba también que en la cumbre de la sociedad humana habían de estar los profetas, los poetas y los médicos. No tendrían por qué causar más daños que los que mandan ahora.

Lo cierto y lo falso de Galileo

¿Quién fue el que calificó a Galileo de demente y atribuyó a su ansia de renombre el «subvertir toda la ciencia astronómica», añadiendo que era muy cierto que Josué le había ordenado al Sol que se estuviera parado y no a la Tierra? Fue Martín Lutero quien dijo tales cosas y no la clerecía de Roma. Richard Shenkman, en su reciente recopilación de falsedades sobre la historia (Nueva York, Harper & Collins, 1993), dice de Galileo que es «el famoso hombre de ciencia de quien se cuentan tantas anécdotas, algunas de las cuales son verdad a pesar de todo». Una de las cosas ciertas que se saben de él es que nació en Pisa, en 1564, y fue profesor de matemáticas de aquella universidad, sumando temas de física, astronomía y filosofía a la enseñanza de las mismas, según se estilaba entonces.

Incluso en una fase ya avanzada y prestigiosa de su carrera, Galileo se dedicaba a hacer horóscopos cobrando sesenta libras vénetas por cada uno. En 1609 hizo el de Cristina de Lorena, duquesa de Toscana, a petición de ella, pronosticándole las mayores venturas. Al poco tiempo falleció su esposo. Los historiadores tienen la candidez de señalar que aquí se equivocó Galileo y que sus mayores aciertos los obtenía en los trabajos serios antes que en éstos. No sabemos si aplaudir este juicio porque, a lo peor, la duquesa se alegró mucho de quedar viuda. «Por dinero hubiera hecho de todo —señala el erudito Enrico Dellone—: Galileo estaba cargado de deudas y tenía una familia y unas hermanas que mantener. El salario que le pagaba la universidad no era suficiente, y por ello Galileo no retrocedió ante la posibilidad de procurarse algún suplemento económico haciendo horóscopos.»

Estas flaquezas las ha acabado de puntualizar en los últimos años el franciscano P. Giuseppe Antonio Poppi, investigador de la obra de Galileo. Ha optado por quitar importancia a tales pequeñeces, disgustado por ver a su personaje caer en ellas. Para justificarle, no ha vacilado en señalar que también Kepler hacía horóscopos y que Tycho Brahe estimaba que la astronomía era una derivación secundaria de la astrología, según acabamos de decir.

Shenkman afirma que no es cierta la historia de que Galileo efectuó diversos experimentos desde lo alto de la torre de Pisa, por ejemplo el echar objetos desde ella y medir su velocidad de caída, y que tampoco es verdad que se fijara en la oscilación de una lámpara de la catedral y dedujera de ella la uniformidad del movimiento pendular. Con todo, son sus trabajos sobre física los más valiosos de Galileo. Stillman Drake, uno de los especialistas más serios sobre aquella figura, dice de él: «El cometido de la experimentación dentro de la física de Galileo estaba limitado a la comprobación de ideas matemáticas preconcebidas y no se extendió a la investigación sistemática de las mismas. Galileo acudió a los experimentos especialmente para refutar teorías rivales.»

En una zona intermedia entre la física y la astronomía se halla el importante perfeccionamiento del telescopio por Galileo. Este instrumento había sido creado en Holanda en 1608 por Hans Lippershey, aunque hay quien lo atribuye a otros dos compatriotas suyos. Galileo se enteró de tal novedad y mejoró sus resultados combinando una lente cóncava y otra convexa en 1609. Presentó tal logro al dux Leonardo Donato de Venecia y éste le asignó un sueldo de mil florines y le dio una cátedra en Padua. El duque de Toscana le nombró filósofo y matemático oficial de su corte y le seguiría prestando honores y auxilios, como veremos. Galileo fue perfeccionando el telescopio con incesantes retoques. «Me puse a observar los cuerpos celestes y se apoderó de mí un entusiasmo increíble», escribió.

De este modo descubrió en 1610 los satélites de Júpiter y luego las manchas del Sol, las fases de Venus y los relieves de la Luna. También demostró la revolución de los satélites de Júpiter y la rotación del Sol sobre su eje. Dichos estudios fueron refinándose en paz y con provecho y acaso no hubieran salido nunca de su cauce sosegado sin la envidia, la mezquindad y la estrechez de miras de diversos profesorcitos que empezaron a ponerle a Galileo bastones en las ruedas.

De hecho, fueron las objeciones y regateos de sus colegas los que obligaron a Galileo a definirse respecto de las ideas cosmológicas de la Biblia y del sistema de Copérnico en concreto, a la vez que aquéllos excitaban a la Iglesia a pronunciarse. Ni ésta ni Galileo tenían ningún deseo de complicarse la vida. Es falsa la versión progresista del enfrentamiento de ambos, la cual comenzó a circular en 1761, inventada por el abate francés Augustin Simon Jrailh, y llegó a la apoteosis con el mendaz drama de Bertolt Brecht, si es que lo escribió éste de veras, pues últimamente ha venido a desvelarse que había diversas personas que le redactaban sus obras de tapadillo. Estas plumas, o Brecht mismo, presentan a Galileo como abanderado del pensamiento moderno, sometido a una atroz presión de los curas, cosas ambas enteramente falsas pero que se siguen repitiendo. La célebre frasecita de *«Eppur si muove!»* («Sin embargo, se mueve») atribuida a Galileo, refiriéndose a nuestro planeta, en el momento de verse obligado a abjurar de sus herejías resulta tan inventada como su escenificación.

En realidad, el cardenal Maffeo Barberini, que sería luego el papa Urbano VIII, se esforzó en evitar toda colisión entre la ortodoxia y los progresos de la astronomía, y el cardenal Belarmino, general de los jesuitas, entendió que no había nada malo en aceptar el sistema de Copérnico en un plano teórico: el libro de éste fue autorizado en 1620 con la única supresión de nueve frases demasiado rotundas que podían desorientar a los fieles no preparados. En 1623 subió al trono pontificio Urbano VIII, el antiguo amigo de Galileo, y colmó de atenciones a éste hasta el punto de recibirle seis veces en seis semanas. Es probable que tantos honores embriagaran de vanidad a Galileo y los interpretara como un estímulo para acabar de derrotar a sus enemigos y soltar todas las ocurrencias que había estado concibiendo, fueran o no fundamentadas. Por ejemplo, ideó que las mareas estaban causadas por el movimiento de la Tierra, en vez de continuar la noción de Kepler de que se debían a la atracción de la Luna.

Fue en esta temporada cuando publicó su libro *Diálogos sobre los dos grandes sistemas del mundo, el ptolemaico y el copernicano* (1632), donde no vaciló en establecer que los católicos dicen, sólo por razones religiosas y no científicas, que la Tierra no se mueve y los hombres de ciencia tienden a creer que sí se mueve, pero no lo pueden demostrar de modo aplastante. El libro tenía sus ribetes de insolencia para con el papa, el cual podía sentirse ofendido personalmente pues algunas de sus ideas, expresadas en sus anteriores conversaciones con Galileo, aparecían ridiculizadas. Aun así, Urbano VIII procedió con calma y benignidad, hizo que una comisión examinase cuidadosamente el libro y, en suma, dejó transcurrir varios meses antes de remitir el tema a la Inquisición.

Contra lo que se repite usualmente, el temido tribunal trató a Galileo con extremada cortesía y blandura: le citó en octubre de 1632 y éste se excusó por enfermedad y se alojó como un magnate en la embajada de Toscana. No compareció hasta febrero de 1633, y entonces la Inquisición le instaló en su sede, proporcionándole todas las comodidades y dándole todo el tiempo que quisiera para contestar. En las sesiones siguientes, que duraron espaciadamente hasta el 21 de junio, Galileo afirmó que en realidad él se proponía refutar las tesis de Copérnico, que no pensaba en modo alguno que la Tierra se moviera, y reconoció que muchos años antes, con el cardenal Belarmino, habían quedado de acuerdo en cómo divulgar este asunto en un plan de reflexión teórica. En el día citado se leyó la sentencia, donde se incriminaba a Galileo no ya por decir que la Tierra se mueve sino más bien por defender que alguna tesis puede contradecir a la Biblia. Tres de los diez cardenales del tribunal, comprendido el español Gaspar Borja, disintieron de la sentencia. La misma no comprendió otra pena que un arresto muy llevadero y nominal de Galileo. Éste murió en 1642.

El 10 de noviembre de 1979 el papa Juan Pablo II se sintió llamado a tomar actitud ante el tema envenenado de la condena de Galileo. Pronunció un discurso en la Academia pontificia de Ciencias con ocasión del centenario del nacimiento de Einstein, y de paso vino a presentar algo así como las disculpas de la Iglesia a Galileo, con lo cual, al propio tiempo, ensalzó la figura de Copérnico. El papa señaló que en tal cuestión «las concordancias entre religión y ciencia son más numerosas y más importantes que las incomprensiones». Esta actitud de Juan Pablo II se reiteró el 31 de octubre de 1992 con una solemne rehabilitación religiosa de la persona de Galileo.

«Me equivoco, luego existo»

A Renato Descartes (1596-1650) se debe una de las aplicaciones matemáticas más populares hoy, tanto que es raro el periódico que no traiga cada día alguna modalidad de ella, ni tampoco el centro de trabajo o convivencia que no la utilice puesta en la pared: nos referimos a las coordenadas llamadas cartesianas por su nombre, y la aplicación de ellas para dibujar unas curvas que reflejan la evolución de las cosas más variadas, a menudo siguiendo las conveniencias de quien las manda trazar. El adjetivo de cartesiano se ha asignado también al propósito de someterlo todo a cuenta y razón, con duda metódica, objetividad y lógica, y se ha pretendido que ésta sea una actitud eminentemente francesa, lo cual no es verdad.

Lo primero que hay que refutar aquí es que tanta sensatez fuera básica y continua en la vida de Descartes, puesto que la primera mitad de ésta no sólo fue aventurera sino bastante desatinada, como lo fue también algún aspecto de sus últimos años. Habría de vivir cincuenta y cuatro, y en los primeros veintitrés estudió en un colegio de jesuitas, llevó vida de hacendado y se alistó en el ejército de Mauricio de Nassau, en Holanda, para ver mundo. Una parte de esta errabundez la consumió buscando a los Caballeros Rosa-Cruces, por Alemania, en 1619, con ánimo de integrarse en su imaginada cofradía. Corrían por toda Europa unos impresos pomposos que proclamaban el saber esotérico de la secta, y Descartes picó en el anzuelo: el montaje no era más que una broma de estudiantes. En el mismo año, en la noche de San Martín, y dentro de esta misma exaltación de espíritu, Descartes tuvo un sueño prodigioso con una lluvia de centellas en su alcoba, un viajero que le regalaba un melón, el hallazgo de dos libros en su mesa y otras alegorías que él, extasiado, entendió que eran como un descenso del espíritu de la verdad sobre su persona, para que entendiera que la naturaleza podía reducirse a física y la física a matemáticas.

Descartes había estudiado éstas con afición, siendo joven, y tal inclinación se le avivó con el trato de diversos hombres de ciencia, gracias a los cuales fue apartándose de los placeres de los naipes, las copas y las faldas. Isaac Beeckman, médico y filósofo holandés, fue uno de los más influyentes sobre él, y Descartes le participó en seguida la revelación que había vivido.

Para poder dedicarse por entero a la ciencia, Descartes tomó la decisión de vender sus propiedades —cosa que no aconsejaríamos a nadie— y marcharse a vivir a Holanda. Para bien y para mal, Descartes estuvo siempre a merced de las compañías: si algunas de éstas lo habían llevado por el mal camino durante largas temporadas, otras le orientaron hacia el estudio. Su reacción vivaz ante los ataques de los enemigos que le fueron saliendo —algunos de la talla de Fermat, Gassendi y Huygens— y el excesivo terror que le causaron los enredos en que se había metido Galileo ayudan a evaluarle como hombre sensitivo. Descartes, tímido, inseguro, fue evolucionando hacia vivir retirado en su alcoba y meditar en soledad.

Los últimos años de su vida no fueron, pues, un prodigio de buen sentido, y menos el postrero: la célebre reina Cristina de Suecia le solicitó que fuera a Estocolmo a darle clases en 1649. De entrada, él se negó, pero la soberana insistió y movió todos sus resortes para salirse con la suya. La voluntariosa reina había dispuesto que Descartes le diera las lecciones a las cinco de la mañana, en pleno invierno. El sabio, en vez de rebelarse, se allanó dócilmente a semejante régimen, y a poco más de cuatro meses de seguirlo estaba muerto y enterrado, tan grave fue el enfriamiento que cogió. No deja de ser sarcástico que el más famoso de sus libros lleve un largo título que comienza *Discurso del método para conducir bien la razón y buscar la verdad en las ciencias...* (1637) y que él se dejase tratar de aquel modo.

Claro es que si aceptamos como brújula del acierto su famoso «*Pienso, luego existo*», mal vamos. Spinoza, pocos años más tarde, ya se lo enmendaba diciendo: «*En tanto que pienso, existo*»; es decir, que cuando pienso sólo puedo estar seguro de que existo yo como pensante, y nada más. Descartes, al querer poner en hora el reloj de su pensamiento, adoptando el aire de que nadie hubiera discurrido nunca, desafía unos problemas de enorme vastedad, en los cuales a menudo va errado. «*Me equivoco, luego existo*», podría decir si aplicase este humor negro a su persona. Se interesa por todas las ciencias y las revisa con poca modestia. Lee a Galileo y le discute que los cuerpos pesen en el vacío «porque en el vacío nada pesa», dice; más aún, el vacío no existe.

Lentin subraya que de siete reglas que establece Descartes para definir el choque de los cuerpos, seis son falsas, como no tardaron en proclamar los estudiosos de su misma época. Éstos, dicho sea de paso, se molestaban en hacer experimentos repetidos y cuidadosos, rodeados de un equipo de discípulos y ayudantes, y Descartes, en cambio, trabajaba con un papel y una pluma, solo y por libre, con escasísima relación con el mundo, sobre todo en los últimos años.

Así se explica que incurriese en afirmaciones risibles. El peso, según él, resultaba de la presión que ejerce sobre las cosas «la materia sutil», la cual llena el universo y origina todos los movimientos que se registran en él: está compuesta por partículas esféricas que giran sin cesar; agitándose en torbellinos, empuja a los astros de un lado para otro. Las estrellas están formadas por la clase más pequeña y fina de esas partículas y las más grandes y groseras constituyen la masa terrestre. Los fenómenos físicos, como la luz y el magnetismo, se explican por flujos de estas partículas.

No son pocas, ciertamente, las afirmaciones donde estuvo en lo justo: se alineó con los defensores de la traslación de la Tierra en torno del Sol, pero sin aceptar atracción gravitatoria alguna. Acertó en suponer que nuestro planeta había estado originariamente en fusión y se fue enfriando en la corteza. Dijo que, envolviendo el centro de la Tierra, hay un océano subterráneo que se equilibra con las aguas superficiales por vasos comunicantes. El Diluvio estuvo producido no por la lluvia, sino por la crecida de las aguas del subsuelo.

Descartes se acercó más a la realidad al estudiar los organismos animales con criterio mecánico, cosa que le llevó a ver en ellos un conjunto de tubos, palancas, bombas, filtros y demás, enfoque muy útil para los investigadores sucesivos. La obsesión mecanicista le llevó, empero, a fabricarse un concepto fantasioso del total, con inventos tan sorprendentes como la función de ser sede del alma que atribuyó a la minúscula glándula pineal encajada en el cerebro, según hemos dicho en otro capítulo.

Descartes también tergiversó la función y composición de la sangre, y su empeño en saber de todo más que nadie le indujo a refutar a su coetáneo Harvey sus ideas sobre la circulación. Para Descartes el corazón no era una bomba impelente de la sangre, sino una especie de globo que se movía según el empuje con que llegaba a él tal líquido, calentado y agitado por otras causas.

Lo más valioso que nos legaría Descartes consiste acaso en su poda de las frondosas ramas muertas del árbol de la ciencia. Su empeño en que nos constituyamos en duda metódica antes de hacer afirmaciones refrescó oportunamente el fatigado ambiente científico, atufado por tantos siglos de repetición rutinaria de los predecesores. No fue menos decisivo su combate por unificar saberes y métodos, reuniéndolos todos en un arte común en el cual la matemática sirviera de lengua franca.

El progreso a través de un mar de confusiones

Habrá que tomar por signo de vitalidad y optimismo de las ciencias nacientes el guirigay que se observó en Europa en este tiempo. No conviene interpretar los albores de la ciencia moderna como una especie de aurora luminosa, sino acaso como una borrasca oscura, llena de ruido y furia. Las figuras que hoy, miradas de lejos, nos parecen majestuosas y serenas vivían atribuladas y enfurecidas por polémicas, persecuciones mutuas, apuros materiales e incidencias políticas y cortesanas. Una de esas personalidades, Robert Boyle (1627-1691), físico y químico nacido en Irlanda, en el seno de una familia noble, ha pasado a la historia como inventor de una famosa ley que establece que el volumen que ocupa un gas es inversamente proporcional a la presión que se ejerce sobre él. Muy interesado por los gases, Boyle se sumó a las ideas de Descartes acerca de la estructura corpuscular del universo y mantuvo en todo doctrinas muy empíricas y realistas, fundadas en la observación y el experimento.

Menos modernas parecen hoy otras tesis de Boyle, sostenidas con tanto o más apasionamiento que aquéllas. Preconizaba, por ejemplo, que no hay que hacer uso de las matemáticas en la experimentación por varias razones: primera, porque reducen el número de estudiosos aptos; segunda, porque hacen creer que los experimentos han de ser ciertos y precisos; tercera, inducen a ideas impías a propósito del Señor y la naturaleza, y cuarta, las abstracciones matemáticas no tienen nada que ver con el mundo del experimentador. Este último ha de moverse más bien en un terreno moral y piadoso.

Los críticos modernos estiman que si Boyle no hizo uso amplio de las matemáticas fue porque no sabía, y parece que él mismo lo confesaba así. Está ahora mismo ventilándose si esto último no era una muestra de modestia: Boyle, inventor de la bomba de aire comprimido, se excusó de no desarrollar matemáticamente su estudio. Más agresivas son las conclusiones de un estudio reciente de Steven Shapin que afirma que Boyle no fue el autor de la «ley de Boyle», por lo menos en la forma en que la conocemos. Esta última parece deberse más bien a Denis Papin, que era ayudante suyo, como también lo era otro físico célebre, Robert Hooke. Además, Boyle no habló de que la ley valiese para cualquier gas, sino que trató sólo del aire atmosférico.

En la misma época en que esta interesante figura derramaba sensatez y realismo en torno de sí, la física y la química europeas entraban en un túnel tenebroso, arrastradas por los vestigios de la tradición y la rutina. Continuaba viva la doctrina de los cuatro elementos y la afición de los estudiosos a buscar principios de las cosas y agruparlos a su gusto. De este modo, el físico alemán Johann Joachim Becher adaptó teorías de Paracelso para crear su tesis de que había tierras de carácter vítreo, graso y fluido, lo cual explicaba las propiedades físicas de unos u otros objetos.

Su discípulo, Georg Ernst Stahl (1660-1734), dio un paso más e ideó la teoría del llamado «flogisto»: era una especie de gas que impregnaba la materia y se consumía cuando era quemada. Ya los griegos se habían fijado en que, al arder una madera, las cenizas pesaban menos que aquélla y que algo se había escapado y perdido en el curso de la combustión. Stahl tuvo el acierto de emparentar este fenómeno con la oxidación de los metales; en ésta, decía, el aire se llevaba el flogisto que contenían y dejaba el metal con orín. La realidad viene a ser lo contrario, pero la idea de Stahl abrió el camino de observar las funciones auténticas que desarrolla el carbón en las fraguas, no sólo calentando los minerales sino produciendo lo que hoy llamamos oxidación y reducción, y la industria siderúrgica experimentó grandes progresos merced a sus indicaciones. Con todo, Stahl no dejó de pensar en el flogisto como una especie de fantasma inmaterial y sus discípulos perdieron muchas horas pesando las sustancias en el laboratorio antes y después del presunto desvanecimiento de ellas.

Certezas y ficciones sobre Newton

No faltará algún lector que se sienta defraudado si no tomamos partido ante la leyenda de la manzana de su huerto que le cayó en la cabeza a Isaac Newton (1642-1727) y le inspiró así la idea de la gravitación universal. Esta historieta surgió bastante tiempo después de las primeras biografías de Newton y ha sido justamente criticada y hasta ridiculizada desde hace muchos años, de modo que ha regido durante un intervalo relativamente breve. En 1936, de todos modos, parece que fue encontrada y editada la correspondencia de un íntimo amigo de Newton, William Stukeley, anticuario y curioso de temas esotéricos, el cual menciona la anécdota de la manzana. Otra fuente que la indica, y es de la misma especie sospechosa, es Robert Greene, otro espíritu raro, dedicado a estudiar la cuadratura del círculo y temas similares. Para dar relevancia a estos trabajos, Greene quería presumir de intimidad con Newton.

Greene menciona en su relato a una sobrina de Newton, esposa de John Conduitt. El matrimonio, deseoso y orgulloso de ser mirado como heredero del gran hombre, llevaba tiempo recogiendo materiales acerca de su vida y en cierto momento los entregó al estudioso francés Bernard Le Bovier de Fontenelle, que era secretario de la Academia de Ciencias de París. Voltaire, en sus escritos, recuerda también al matrimonio Conduitt y cree concebible que le explicaran a Fontenelle la historia del manzano. Con todo, lo cierto es que éste no la recoge en la vida de Newton que publicó en 1728, el año siguiente al de su muerte; y es raro, porque era aficionado a episodios insólitos y curiosos. El público, que siente la misma avidez, la asumió y divulgó pronto.

Puede haber ocurrido, y así lo expresó otro amigo de Newton, Henry Pemberton, que el sabio comentara un día en su jardín que los astros se atraían entre sí mediante la misma fuerza con que la Tierra atraía a una manzana que acababa de caer. No tenía ninguna necesidad de verla caer para formar aquella noción, porque ésta había sido ya meditada seriamente por Newton, y además estaba esbozada por Kepler hacía algún tiempo y era análoga a los trabajos de Galileo sobre la caída y el lanzamiento de los cuerpos. El público se empeñó, sin embargo, en encontrar el manzano de Newton y, con más o menos convicción, fue preciso prestarse a sus deseos y señalarle uno, en la casa donde sir Isaac había vivido, en Woolsthorpe. Esta magia sólo subsistió un siglo, de todos modos, porque el manzano no vivió más allá de 1820.

Este mínimo suceso inclina a mirar con cierto reparo la biografía oficial del personaje. Abriendo una brecha en ella, le dedica un vivaz capítulo el doctor Harold L. Klawans en su libro *Newton's madness* («La locura de Newton», Nueva York, Harper & Row, 1990). De él y sus accesos de demencia tratamos en el capítulo dedicado a las matemáticas, pero es obligado referirse aquí también al gran hombre. La física le debe el planteamiento de la gravitación universal y de la composición de la luz blanca, que ha regido en los mismos términos en que él las dejó hasta el siglo XX. Experimentando con diligencia, Newton fue el primero en descubrir que la luz blanca está compuesta de rayos de los diferentes colores que entran en el arco iris. Al presentarse el dilema de si la luz está constituida por corpúsculos o por ondas, Newton optó por lo primero, aunque sin dejar de cubrirse la retirada admitiendo cierta faceta ondulatoria de la propagación de la luz.

Esto último le ha salvado de una refutación total en nuestro siglo. En 1802 las tesis de Newton sobre la naturaleza de la luz les parecieron fruto de un desvarío o de un fraude al inglés William Wollaston y al francés René-Just Haüy cuando las revisaron; añadamos que Einstein, al diseñar el concepto de fotón en 1904, dejó el tema en un nivel en que las versiones corpuscular y ondulatoria quedaban asumidas.

Al reseñar los diversos accesos de demencia de Newton, Klawans los conecta con los incansables experimentos de química y alquimia que efectuaba desde la juventud y duraron hasta 1696, año en que dejó Cambridge y se fue a Londres. Dicho autor enlaza los diversos episodios psicopáticos de Newton con tales trabajos de laboratorio, en muchos de los cuales manejaba mercurio, por el cual tenía vivo interés. También trabajaba con azufre, cloruro amónico, los ácidos sulfúrico y nítrico, antimonio, arsénico, plomo y otros. Buena parte de las tareas de Newton consistía en calentarlos, con la obvia emisión de gases, la mayoría tóxicos, y consta que el sabio hacía vida en el laboratorio y dormía en él durante largas temporadas. Se puede dar por probado que inhaló vapores de mercurio en cantidad nociva y mostró síntomas propios de tal intoxicación y, concretamente, insomnio, inapetencia, dificultades de memoria y expresión y excitación nerviosa. Yehuda Elkana afirmó en 1988 que, «sin duda, Newton experimentó con sistema y de modo cuantitativo, pero no está claro si se daba cuenta metódicamente de los límites de sus tareas».

En este apartado hemos tratado de algún aspecto de Newton como físico, y en otro ulterior le contemplaremos como matemático y seguiremos chismorreando sobre su perfil personal.

8. OFUSCACIONES DE LA MEDICINA ANTIGUA

Los humores de Hipócrates

Hipócrates es la figura de la ciencia que ha recibido más continuada y larga veneración, hasta el extremo de que en nuestro tiempo nadie le discute el título de padre de la medicina. Se le atribuye la preceptiva profesional contenida en el «juramento hipocrático», que todavía se presta, y algún criterio clínico actual se remite directamente a su talento. Nos separan casi 2 500 años de su vida, puesto que se admite que nació hacia 460 a. J.C. en la isla griega de Cos, próxima a la costa de Asia Menor.

Con todo, la tesis más conocida que se atribuye a Hipócrates es errónea. Y, además, sembradora de errores. Consiste en que en el cuerpo humano hay cuatro humores fundamentales, que son la sangre, la flema, la bilis amarilla y la bilis negra, o atrabilis. Son correlativos a los cuatro elementos de la naturaleza definidos por Empédocles, no menos equivocadamente, como agua, tierra, aire y fuego, según relatamos en otro pasaje. Tal como las combinaciones de éstos dan origen a todas las cosas buenas y malas del mundo, nuestra salud depende del equilibrio en que se mantengan los humores. Hasta hace cuatro días semejante dogma era la piedra angular de toda la medicina occidental, según seguiremos diciendo. Incluso en el momento presente sigue utilizándose la tipificación de los caracteres personales a base de que uno sea sanguíneo, otro flemático, o bilioso o atrabiliario, y no sólo como recurso en la conversación sino como fundamento de encasillados con pretensiones científicas.

Hay que señalar que de los cuatro humores de Hipócrates sólo existen dos de veras, y aun forzando el significado de la palabra, y de los otros dos uno es imaginario y el otro equívoco. Efectivamente, de los dos humores admisibles, uno, la sangre, no admite regateos; el otro, la bilis amarilla que decía Hipócrates y nosotros llamamos simplemente bilis, es la sustancia segregada por el hígado, almacenada en la vesícula biliar y enviada desde ésta hasta el intestino, donde toma parte en la digestión.

Éstos son los dos «humores» seguros, pero la bilis negra no existe ni poco ni mucho, ni tampoco se da en el cuerpo humano ningún fluido negro. A esta «atrabilis» irreal se asignaban las melancolías —palabra de origen griego que designa lo mismo que la anterior— y las neurastenias. Seguimos hoy sin saber demasiado bien de dónde proceden esos males, pero sí nos consta que lo único negro que se relaciona con ellos es el talante. Por lo que atañe a la flema, Hipócrates comprende en este único nombre líquidos que se dan en el organismo con finalidades y orígenes tan variados como las lágrimas, el semen, la linfa y la saliva, entre otros.

Según acostumbra a suceder, la gente ha retenido mejor semejante patraña que los numerosos aciertos de Hipócrates. Es curioso que éste abundase en observaciones atinadas a propósito de heridas y epidemias, acerca de la epilepsia, y temas diversos de la dinámica básica del organismo. Las mismas figuran en la llamada «Colección hipocrática», que se elaboró hacia 300 a. J.C. en la escuela médica de Alejandría, como obra de muchas manos y variadas fuentes. Ya entonces se miraba con veneración la memoria de Hipócrates. Todo el mundo sabía que Platón le había mencionado con respeto por dos veces, y Aristóteles había copiado extensamente a Hipócrates, citándole una sola vez. Hay quien no es Aristóteles y también copia, pero no cita para nada.

En su repertorio se aconsejan una serie de prácti-

En 1908, Glen H. Curtis diseñó un nuevo aeroplano, el *June Bug*, que fue el primer avión norteamericano que voló un kilómetro seguido.

El 26 de mayo de 1919 se efectuó el primer y último vuelo del *Tarrant Tabor*, un monstruo que levantaba tanto como una casa de tres pisos y pesaba ocho toneladas vacío.

En 1921, el conde italiano Caproni construyó una embarcación de lujo de veinticinco metros de eslora que navegaba por el lago Mayor, a la que añadió alas y motores para hacerla volar hasta Nueva York. Pero, tras unos segundos de vuelo, el monstruo se quebró y cayó despedazado en las aguas del lago.

Incluso los aviones kamikazes (arriba, uno de ellos en una de sus actuaciones) **sufrieron —según testimonio de un piloto que regresó sano y salvo de ¡once! misiones suicidas— los fallos técnicos derivados del sorprendente «estilo militar» de hacer las cosas. Ese mismo «estilo» llevó a nuestro mastodóntico y poco marinero *Santísima Trinidad* a ser capturado por los ingleses en Gibraltar** (a la izquierda), **confirmando los augurios del almirante Mazarredo. Inglés, y ex ministro, era por cierto William Huskisson: su propio atolondramiento le hizo, en 1830, morir atropellado por la *Rocket* de Stephenson** (abajo).

Para ineptitud e ineficacia la de los ingenieros que planificaron la presa de Asuán (Nasser, arriba, en su inauguración; a la derecha, N. Jruschov)**: el limo que cada año inundaba y fertilizaba el valle del Nilo ¡pasó a depositarse en su «cubeta» y amenazaba con colmarla!**

Y como arquetipo del «disparate arquitectónico», el palacete de hielo erigido por Eropkin siguiendo órdenes de la caprichosa zarina Ana Ivanovna (en el grabado), **y que se fundió con los primeros rayos del sol primaveral.**

Otro sonado fiasco fue la inauguración, en 1869, de la actual Ópera de Viena (en una foto de principios de siglo)**: ante la indignación de los espectadores por su pésima acústica y visibilidad, uno de los arquitectos se suicidó y el otro pereció víctima de un ataque cardíaco.**

A Francis Bacon se le atribuye la racional exigencia de que la experimentación viniera a comprobar cualquier hipótesis previa.

Georges Louis de Buffon, por contra, optó por la elocuencia visionaria al describir los inicios de nuestro planeta como la solidificación de una materia fundida.

Frente a ese concepto global de la evolución planetaria, Georges Cuvier propuso un catastrofismo reiterado que explicaría las sucesivas desapariciones de especies de la faz de la Tierra.

Mientras Tales de Mileto (a la izquierda) **concebía un sistema de cosmos en el que la Tierra flotaba, dentro de una burbuja de aire, en una inmensa masa acuosa, su discípulo Anaximandro** (a la derecha) **le enmendó la plana asegurando que la Tierra, centro del universo, «danzaba» en el vacío infinito.**

Heráclito, por su parte, insistía en que todas las cosas se hallan en cambio y tránsito constante.

Ptolomeo, cuyo sistema regiría hasta hace poco más de cuatro siglos, estableció que la Tierra estaba inmóvil en el centro del universo, girando en su derredor el Sol, la Luna, las estrellas y los planetas; tildando esas teorías de «opresivas», Copérnico (a la izquierda) **puso al Sol en el lugar de la Tierra como «eje central». Previo estudio de Marte, Kepler** (a la derecha) **prefirió ubicar el Sol en uno de los focos de las elipses planetarias por él trazadas; añadiéndole a las teorías keplerianas las suyas propias —la gravitación universal incluida—, Newton** (abajo) **puso los cimientos de la astronomía moderna.**

Nadie le discute a Hipócrates (abajo, a la izquierda) **el título de «padre de la medicina», con todo y sus erradas tesis sobre los cuatro humores fundamentales de nuestro cuerpo. Incluso en su tiempo se le identificó con la secta, o escuela, de los seguidores del divinizado Esculapio, al que sus discípulos le dedicaron un templo en su natal isla de Cos** (arriba). **Pese a amplificar los errores de ambos maestros, Galeno** (abajo, a la derecha) **llegaría a ver su nombre convertido en sinónimo de su profesión.**

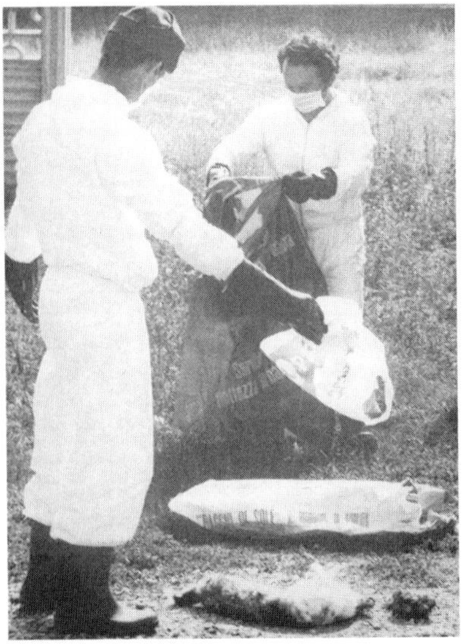

Si la medicina antigua pecó de fantasiosa, ¿qué decir de nuestra bobalicona fe en la ciencia y en la tecnología? El estallido de una fábrica en la ciudad italiana de Seveso —la dioxina diezmando cruelmente la población— (arriba, a la izquierda) **y el desastre ecológico desencadenado, también en la década de los setenta, por el superpetrolero *Amoco Cádiz*** (arriba, a la derecha) **en las aguas y costas bretonas son, entre mil avisos/catástrofes más, el claro enunciado de un terrible axioma: la destrucción que causemos en la naturaleza acabará destruyendo la vida humana** (abajo).

cas que seguimos utilizando, tales como la dieta, la purga, las cataplasmas, los masajes, las sudadas, los baños, el uso de plantas curativas. Las enfermedades derivan, dice él, de que los cuatro humores estén descompensados por la razón que sea, en cuyo supuesto se hacen la guerra y de paso dañan a los órganos. El tratamiento médico ha de proponerse restaurar el orden en el cuerpo, y es bien cierto que la mayor parte de los consejos prácticos de Hipócrates son sensatos. Parece ser, con todo, que la profesión médica dejaba de lado los remedios excesivamente sencillos y optaba por los aspectos más oscuros del legado del maestro. Desde entonces la ciencia ha ido complicándose cada vez.

Hipócrates no dejó de prepararle este rumbo hacia el misterio, porque él mismo no era ajeno a las facetas esotéricas de la medicina. Se le identifica con la secta o escuela denominada de discípulos de Esculapio, divinidad clásica de segunda fila a la que dedicaron un templo en Cos, la isla natal del maestro. Para completar la figura de Hipócrates conviene no olvidar que ya en la antigüedad tuvo algún que otro detractor. Tal cosa no oscurece, antes al contrario, la brillantez del renombre que Hipócrates ha dejado.

De cómo se fue enredando la madeja de la medicina

Aún luce más la excelencia de Hipócrates si se repara en que los sabios antiguos que quisieron enmendarle la plana dijeron desatinos ridículos. Por ejemplo, aquél había esbozado que en la reproducción de los mamíferos se combinaba una simiente masculina con otra femenina para la fecundación. Aristóteles quiso refutarlo: lo básico, dijo, era el esperma masculino y la hembra sólo suministraba una especie de alimento para el desarrollo del mismo. Si el semen era vigoroso daba origen a hijos machos, y si no lo era, a hembras. La idea de que las hembras sean algo así como machos fracasados subsistiría siglos y siglos en diversas culturas. Acaso sea ésta una de las pocas nociones que se dan igual en Occidente que en las sociedades asiáticas, africanas y demás.

Mayor responsabilidad tiene Aristóteles en otra rectificación equivocada que le hace a Hipócrates: éste había apuntado que el cerebro era la sede del pensamiento y las emociones, y Platón le había respetado en tal punto. Vino Aristóteles y los corrigió a los dos propugnando que la razón se asienta en el corazón. El cerebro, que es la parte más fría del cuerpo, dice, no sirve más que para refrigerar a éste de los calores venidos de la tripa.

De todos modos, lo peor que tuvo Hipócrates fueron los seguidores y los glosadores. Y tal como decía Benavente que los imitadores remedan los defectos de sus modelos, ocurrió también que los continuadores del legado hipocrático empezaron a desbarrar a más y mejor, acentuando sus desaciertos. De Pérgamo, en Anatolia, vino Galeno a Roma en el año 164 de nuestra era y se convirtió en médico de los personajes más significativos que había: los gladiadores —como si dijéramos hoy los futbolistas— y la familia imperial. Escribió más de quinientos tratados médicos, de los cuales se conserva un centenar gracias a las traducciones árabes medievales. El médico de Carlos V, Andrés Vesalio, de quien hablaremos en seguida, encontró doscientos errores en Galeno, y desafió otros tantos conflictos por tener la temeridad de publicarlos.

Porque lo notable de Galeno es que ha promovido veneración hasta hoy: junto con César, es el más antiguo cultivador de una profesión que haya visto convertido su nombre en sinónimo de la misma. Nadie llama vitrubio a un arquitecto pero sí galeno a un médico, o césar a un monarca arrogante. La obra de nuestro personaje, con todo, padeció dos deficiencias graves: por un lado, quiso mejorar la de Hipócrates y no logró sino acentuar sus errores. Se inventó así tres «neumas», vapores sutiles situados en el cerebro, el corazón y el hígado, los cuales vinieron a enredar las cosas además de los cuatro humores de Hipócrates; y por otro, se mantuvo alejado de toda disección de un cuerpo humano, aunque trabajó con el de algún animal. De aquí resulta que creyese firmemente en varias quimeras anatómicas: por ejemplo, que en la base del cuello hay una red intrincada de nervios y vasos destinada a que se intercambien aquellos «neumas», cual en los complejos bucles que hoy vemos en las autopistas.

Los seguidores de Galeno durante la Edad Media arroparon en su autoridad multitud de falsedades, como que el esternón tenga siete segmentos y el hígado cinco lóbulos. Los médicos cristianos se sintieron llamados a creer, además, que la mujer tenía dos costillas más que el varón porque Dios le había sacado una a Adán. Nadie efectuó ninguna disección en un cadáver de mujer y en algunas escuelas no se hacía más que una cada año, y era en un varón. En muchos sitios no se podía hacer ninguna en absoluto: Leonardo de Vinci realizó algunas de tapadillo y no dedujo resultados que se apartasen de la tradición, y si los advirtió, se los calló. En algunos lugares y ocasiones aislados las autoridades dieron permiso para utilizar los cuerpos de los ajusticiados para prácticas anatómicas.

El escándalo de las antiguas epidemias

Escándalo, ciertamente, provoca hoy la permanencia de extensas epidemias que se van repitiendo en diversas partes del mundo ante la apatía, la impotencia o la incompetencia de los gobiernos afectados. No parece hoy menos escandaloso que en los siglos antiguos se atribuyesen orígenes extravagantes a las que se daban de modo reiterado y notorio en ciudades famosas por su cultura. Por ejemplo, una de las pestes más famosas de la historia es la de Atenas, desatada en el año 430 a. J.C., en el curso de la guerra contra Esparta. Le ha añadido relevancia el que la narrase Tucídides en unas páginas que se han convertido en paradigma de tal asunto. Lo propio cabría decir de la de 1348 en Florencia, paralela al *Decamerón* de Boccaccio, y a la de Milán que cuenta Manzoni en *Los novios*. Sin duda ha habido otras muchas pestes más graves que no han merecido recuerdo porque han ocurrido en lugares oscuros y no han tenido cronista brillante.

Esta falta de equidad en el análisis de las epidemias ha tenido por acompañamiento una asombrosa ceguera respecto de sus causas, la cual ha durado hasta finales del siglo XIX, en el mejor caso. El genial Empédocles tuvo, al parecer, unas vislumbres de la dinámica del contagio hacia el año 400 a. J.C., pero luego se fueron repitiendo explicaciones que resultaban grotescamente incoherentes con el cuadro físico que en una ciudad infectada podía percibir el más lerdo. Se iba hablando así de influencias astrales —y de esto vino el nombre de «influenza» dado a la gripe—, de repercusiones de los terremotos y las erupciones volcánicas, de corrupción de los aires («malaria»), de envenenamientos de las aguas, de la presencia en el aire de polvo morboso, de la putrefacción de los cadáveres, de castigos infligidos por la divinidad, y tantos más factores, menos de los microorganismos causantes.

De estos últimos tuvo alguna premonición el jesuita Athanasius Kircher en 1658, pero faltaban unos lustros para el desarrollo de las observaciones microscópicas y siglos enteros para que las mismas se orientaran hacia el estudio de las enfermedades infecciosas. Apenas se le ocurrió a nadie hasta muy entrado el siglo pasado que la mera limpieza fuera de enorme provecho en la lucha contra ellas, y aún hubo que librar las batallas que reseñamos más adelante para imponer una idea tan simple. Lo más parecido a tal precaución fue el empleo de aromas y esencias por parte de algunos médicos antiguos para protegerse del contagio.

También se tardó siglos en sospechar que su propagación pudiera ser obra del transporte de mercancías y animales y, en suma, derivación del comercio y los viajes. La famosa peste negra empezada en Europa en 1346 tuvo por eficaces mensajeras las ratas portadoras de pulgas infectadas de bacilos que iban escondidas en fardos de mercancías venidas del Mediterráneo oriental. El origen primero de la contaminación no había sido otro que la entrada en contacto del Extremo Oriente con nuestro mundo por efecto de las migraciones de los mongoles: en el Índico y en China abundaban las pestes y aquéllos las trajeron a nuestro ámbito, donde antes habían sido mucho más raras.

Apenas hace falta recordar otros grandes movimientos de enfermedades que comenzaron en el siglo XV con los descubrimientos ibéricos: llevamos la viruela y otras enfermedades a las Indias y nos trajimos la sífilis, además de padecer allí la fiebre amarilla, que no conocíamos. Aun cuando Europa estaba por fin enterada de semejantes repercusiones de las migraciones, Inglaterra no se preocupó, en pleno siglo XIX, de dejar diezmadas las poblaciones de Nueva Zelanda y las islas polinesias llevando allí la novedad de la tuberculosis, las pulmonías, las enfermedades venéreas y diversas afecciones gástricas. Esta indiferencia no le venía de nuevo, porque desde hacía muchos decenios su deportación de penados a las colonias (mediante la elegantemente llamada «Transportation Act» de 1718) y su tráfico de esclavos eran eficaces vehículos de los contagios intercontinentales más espantosos, aparte de la grave mortalidad causada por las condiciones del viaje. Los médicos de la época no prestaban mucha atención a estas cosas, y los gobernantes, menos.

La aurora de la modernidad

La figura de Paracelso (1493-1541) brilla como el lucero del alba en el amanecer de la ciencia moderna. Curiosamente, lo que su repertorio tuvo en su día de más arcaico y fantasioso puede sonar hoy a avanzado y hasta a futurista. Efectivamente, a Paracelso la medicina le parecía inseparable de la filosofía, la cosmología, la alquimia y la vida virtuosa. Este sabio enciclopédico (nacido en Einsiedeln, Suiza, y llamado en realidad Theophrastus Bombastus von Hohenheim; «Paracelso» significa «similar a Celso», célebre médico romano) estudió de cerca las minas centroeuropeas y conoció las enfermedades de sus obreros, de donde vino a abrirse al estudio de las agresiones o los beneficios que el organismo recibe del exterior, sea de las estrellas, del agua, del aire o de las sustancias vegetales y minerales.

Estudió Paracelso muchas de éstas y su respectiva eficacia para curar cada mal físico, y así abrió las puertas de la farmacopea moderna. Del mismo modo, el concepto actual de una medicina que contempla la unidad de cuerpo y alma viene preparado por la atención que él dispensó a la conducta ordenada del hombre respecto de los elementos visibles e invisibles del cosmos.

Otro paso memorable en el camino hacia una ciencia médica realista vino con la tarea de Andrés Vesalio, médico de Bruselas (1514-1564). Fue el fundador de la anatomía moderna y a menudo hubo de robar cadáveres de los patíbulos para hacer sus necropsias. Publicó en 1543 los siete tomazos, en gran folio y un epítome, de una bella obra: *De humani corporis fabrica,* acerca de la estructura del cuerpo humano, ayudándose en muchos puntos delicados con dibujos de órganos de animales.

Abundan las leyendas sobre el ingenio y desenfado de Vesalio. En cierta ocasión tenía que tratar una enfermedad del emperador Carlos y los demás médicos le objetaron que la Luna no era favorable a las disposiciones que él se aprestaba a tomar. Vesalio se fue a los ventanales por donde se veía el satélite y echó las cortinas. «Ahora ya no se entera la Luna», dijo.

Aun siendo revisionista atrevido, Vesalio no rompió con Galeno y su legado y lo respetó en la mayoría de los puntos. Felipe II lo conservó como médico de palacio cuando murió Carlos V. Corren muchas leyendas acerca de Vesalio y su accidentada carrera. Cierto día quiso trabajar sobre un cadáver reciente y el ayudante de Vesalio vio que el cuerpo hacía una contracción al recibir un corte. Corrió a denunciar al maestro por haber herido así a una persona viva y se armó un gran bullicio legal. La versión progre colorea lo mismo diciendo que fue procesado por la Inquisición por haber hecho una necropsia y que Vesalio se evadió de la persecución yendo a Tierra Santa y murió en el viaje, en 1564. Esto último es cierto, pero él falleció en el viaje de vuelta a España, lo cual testimonia que no tenía nada que temer de la justicia en ésta. Más problemas le habían causado los centros académicos de Europa discutiéndole sus hallazgos con los textos tradicionales por delante. En esta y otras cosas, Felipe II era de mentalidad más abierta, curiosa e innovadora que las aulas de más allá de los Pirineos.

No fue en España donde fue quemado Miguel Servet (1511-1553), sino en Ginebra, por orden de Calvino. Cierto es que no lo fue por haber descubierto la circulación de la sangre, según a veces se sigue escribiendo entre nosotros, sino por haberse metido en líos teológicos y haber estilado una agresividad insufrible en defensa de sus tesis. Él había cursado primero leyes y luego medicina en París. Profundizó en estudios médicos y naturalistas en Montpellier y practicó prestigiosamente en Francia, donde vivió siempre. Lanzado a una reconstrucción audaz de la religión y del cosmos, descubrió de paso la circulación pulmonar de la sangre, sin darle mucha importancia.

Tampoco se la dio mayormente William Harvey (1578-1657) a sus propios hallazgos en tal materia, publicados en 1628. Harvey, educado en Cambridge, médico del rey Jacobo I de Inglaterra, no se dio por satisfecho con la concepción tradicional de que la sangre estaba quieta dentro del cuerpo como dentro de un frasco y se disipaba por las extremidades. El hígado iba produciendo sangre nueva sin parar, según él. Empezó a prender algunas ciervas de los parques del rey y abrirles las venas, y dedujo que la sangre se movía impelida por el corazón. Sin embargo, no quiso o no pudo aclarar la función de éste en el sistema, y la cuestión quedó pendiente porque Harvey también acató la tradición de Hipócrates y Galeno y no pasó más allá en su concepto de la dinámica global del cuerpo.

Por lo demás, Harvey tenía, igual que Servet, la cabeza en otras cosas que le parecían de más relieve: se dedicaba, por ejemplo, a estudiar la fecundación de los mamíferos y estableció que el embrión se formaba como un huevo en el útero de las hembras, sin tener nada que ver con sus ovarios, y que el semen actuaba sobre aquel huevo a distancia, sin entrar para nada en él, en todo lo cual Harvey se lució. Lo publicó así en 1651, muy orondo. «¡Falso, de la A a la Z!», exclama Lentin al comentarlo en su antología de errores científicos de todos los tiempos.

LOS DESACIERTOS TOTALES

Concebidas las enfermedades como desequilibrios de los humores y los vapores, con poquísima atención a las agresiones que el organismo podía recibir del exterior, el arte médico estribaba esencialmente en «evacuar lo excesivo —con purgas, vomitivos o sangrías— y añadir lo necesario». Esto último se hizo a veces con recursos truculentos: así, el tratamiento que se dio, todavía en 1714, a las jaquecas de la reina María Luisa de Saboya, primera esposa de Felipe V. ¿En qué consistió? En afeitar la cabeza de la enferma y plantarle en ella unos pichones recién partidos y sangrantes, cosa que se sigue practicando en algunos rincones del campo español. Al propio tiempo, alimentaban a la reina con leche de mujer que ella tomaba con repugnancia. No puede sorprendernos que la desdichada falleciera en aquel año. En realidad estaba enferma de tuberculosis pulmonar.

La medicina antigua apenas se ocupaba de disfunciones concretas de los órganos y solía atribuir las dolencias a desórdenes globales, acreedores a tratamientos también totales, que podían ser totalmente funestos.

Un ejemplo de esta terapia tradicional fue la aplicada al rey Carlos II de Inglaterra durante los cinco días que sobrevivió a un ataque padecido el día 1 de febrero de 1685, en medio de su corte. El soberano venía encontrándose perfectamente y una de las muestras de su buen porte era que entretenía a trece amantes. Corrieron siete médicos a la cabecera de su lecho y empezaron por ponerle ventosas, sangrarle, darle un vomitivo a base de antimonio, una purga y una lavativa. Luego, con la tregua de administrarle diversas hierbas, le afeitaron la cabeza y le pusieron emplastos en ella. Más tarde le dieron estornutatorios, cataplasmas de cantáridas, más purgantes y nuevas sangrías, y el cuarto día de tratamiento le sirvieron un caldo en que entraban polvos de calavera de un hombre muerto violentamente, a título de reforzante. Como quiera que el rey tuvo fiebre —¡y quién no en su caso!— se la combatieron con quinina, luego le aplicaron diversas piedras prodigiosas, como la bezoar, le sangraron de nuevo, le dieron más infusiones de hierbas y, en suma, Carlos II falleció de muerte que resultó muy natural a la vista de estos empujones. El ambiente cortesano cultivó unos días la hablilla de si había sido envenenado; es decir, emponzoñado con otros tósigos que los mencionados, los cuales eran académicos y aprobados.

La autopsia autorizó la suposición de que padecía gota, insuficiencia renal e hipertensión. Una vez más, el enfermo había sido tratado —o maltratado— según criterios de conjunto, cual si fuera toda su persona la que hubiera que recomponer. Las enfermedades de los reyes de España han sido estudiadas en libros recientes y no aludimos a ellas para no repetir noticias sabidas, no porque el tema no sea estremecedor y pintoresco.

Casi la única terapia puntual que se aplicaba en el arte médico tradicional era curar heridas con remedios tales como aceite caliente, amputar velozmente los miembros dañados, abrir algún tumor notorio y extraer ciertos cálculos, aparte de las actuaciones de los sacamuelas. Estas últimas y las «operaciones» en general no eran cometido de los médicos sino de los barberos y los cirujanos, estimados como gremio practicón de rango inferior.

A semejante estamento correspondió el remedio de un hidrocele —o acumulación de líquido— que se le había formado en el escroto al insigne historiador británico Edward Gibbon, autor de la *Decadencia y caída del Imperio romano.* Fue de cirujano en cirujano y todos se espantaban de la magnitud del bulto que acarreaba Gibbon en la ingle desde hacía decenios. Escribe él mismo que el hidrocele era «del tamaño de un niño pequeño», y que apenas le había causado molestia todo aquel tiempo. A finales de 1793 se hizo operar y le sacaron cuatro cuartas (¿digamos litros?) de líquido; a los quince días el bulto volvía a tener las mismas dimensiones, y le extrajeron otra cantidad igual, y a los cuatro días seis cuartas. Pocas jornadas más tarde Gibbon falleció, a los cincuenta y seis años de edad.

La búsqueda de sitios exactos

Ha merecido cierta chacota de la posteridad el empeño de Descartes —de cuyos aciertos y desaciertos tratamos en otro capítulo— por describir estructuralmente nuestro cuerpo en su tratado póstumo *De l'homme* (1662). Desbarra con especial estridencia al describir el cerebro como una máquina: dentro de las cábalas que se monta para ello, se ha hecho popular su creencia en que la sede del alma fuera «la glándula pineal», como veíamos antes.

La afición a localizar funciones, resaltar órganos y dar nombres campanudos a las cosas ha sido una constante del quehacer científico en todos los tiempos, y no son pocas las sátiras que ha suscitado. Desde Molière hasta el coro de médicos de *El rey que rabió* abundan las muestras de ellas.

En alguna ocasión, la ciencia médica ha querido también lucir su humor, y ha dado nombres graciosos a las cosas. Lo que falta ver es si ha acertado del todo. Consideremos un ejemplo: en psiquiatría se aludía al «síndrome de Münchhausen» para designar la singularidad de algunos enfermos que pretendían falsamente haber padecido enfermedades numerosas y complicadas, con tratamientos muy refinados y costosos, a la vez que se inventaban haber viajado mucho y vivido multitud de aventuras novelescas. En realidad, el barón Friedrich Hyeronimus de Münchhausen (1720-1797) era un militar alemán que tomó parte en las guerras contra los turcos y otras de su época y dejó alguna fama de bromista y buen conversador; incluso pudo ser autor de algunos cuentecillos que le fueron atribuidos.

Ahora bien, el auténtico renombre de este caballero deriva de un libro que se publicó en Londres en 1785 pretendiendo narrar sus «maravillosos viajes y campañas en Rusia». La obra carecía de autor y no era más solvente que los folletos de quiosco que se imprimían en España hace más de medio siglo titulados *Chistes de Quevedo* o cosa parecida. Tuvo gran éxito y fue traducida al alemán y divulgada en extremo. Se averiguó entonces que su verdadero autor era un geólogo y geógrafo llamado Rudolph Erich Raspe, profesor numerario de la Universidad de Cassel, entre otros títulos. Su prestigio le había hecho acreedor a ser nombrado guardajoyas del landgrave de Hesse. Cuando Raspe comenzó a manejar diamantes y rubíes perdió la cabeza y acabó cometiendo alguna tropelía con sus colecciones y sus cuentas. Huyó escapado a Londres, y allí se acordó del barón de Münchhausen, al cual había conocido de joven y cuyos relatos había escuchado. Adobándolos con su propia fantasía y añadiéndoles mil payasadas, el prófugo fabricó aquel «bestseller», con el cual se ayudó. Se ayudó, decimos, porque su principal modo de vida consistía en diversas estafas que practicaba prostituyendo sus conocimientos de geología: por ejemplo, sacaba dinero a la gente convenciéndola de que había minas donde no las había, y así sucesivamente. Su natural inclinación a lo embustero y fantasioso le llevó a apoyar y favorecer el timo que había perpetrado en 1760 otro falsificador, James Macpherson. Éste había pretendido ser el descubridor de los poemas de un antiguo bardo céltico llamado Ossian, que sólo existía en su magín. El embaucador Raspe se vio al final obligado a huir de Londres y refugiarse en Irlanda, donde murió.

Llamar «síndrome de Münchhausen» a la propensión morbosa a fabular constituye una frase más brillante que fundamentada: en todo caso, el fantaseador fue Raspe, y el pobre barón había sido su primera víctima. La inexactitud del nombre se agrava en otro derivado de aquél: ha habido psiquiatra que ha hablado del «síndrome de Polle» para designar la fabricación fraudulenta de enfermedades en un niño por parte de su padre simulador. Polle se llamaba, en la realidad histórica, el hijo único de Münchhausen, el cual murió en edad infantil por causas desconocidas, las cuales nunca han sido conectadas seriamente con ningún tapujo del barón. El buen nombre de Münchhausen sufre otro golpe, aún más maligno que el anterior.

Ya vamos viendo que el abuso en la exactitud y la prolijidad de datos pueden constituir una grave deficiencia en el talante científico. En nuestros años la misma es repetidamente reprochada a los grandes talentos de tiempo atrás, como hemos visto que le ocurre a Descartes, con cierto ensañamiento. Y no porque se haya entibiado actualmente el prurito por situar en el cerebro tales o cuales procesos. Este afán continúa hoy alimentando suposiciones y polémicas. En 1994, en Nueva York, el neurólogo Antonio R. Damasio ha publicado *Descartes'error,* volviendo a ridiculizar aquella pretensión del filósofo y la de quienes, como él, siguen exagerando al relacionar las zonas del cerebro con los sentidos y los razonamientos.

Más acierto en aprovechar la localización de las incidencias corporales tuvo cierto aristócrata inglés, de quien habla el famoso dietario de Samuel Pepys a la altura del 6 de abril de 1668. Se trata de lord Kerneagy, el cual descubrió al duque de York en erótico trato con lady Kerneagy, su esposa. El marido ofendido hizo confesar a ésta todos los detalles de su idilio adulterino y le ordenó terminantemente que lo continuara con fogosidad y constancia. Mientras tanto, él buscó por Londres a la prostituta más sórdida y enferma que hubiera, con el fin de contagiarse de sífilis sin falta y en el acto. Volvió a su casa y se la pasó sin avisarla a la infiel esposa, y ésta se la transmitió al duque de York, y él a la duquesa, y la misma a todos sus hijos, que salieron raquíticos y tarados. «Ésta es la venganza más perniciosa y malvada que he conocido, y él la exhibe con orgullo —escribe Pepys— y mira al duque de York y a todo el mundo con gran contento.»

La historia pierde sabor y gracia si se toma nota de que en aquella misma época era ya atribuida a diversas personas y ha seguido siéndolo hasta el día de hoy, repitiéndose como cosa de cada época. En su recopilación de curiosidades médicas, ya citada aquí, el doctor Arthur Gordon dice que en 1960 oyó explicar un episodio semejante atribuido a un ministro británico del momento.

9. DESLICES DE LA PREHISTORIA

FÓSILES MISTERIOSOS Y DISCUTIDOS

Cualquier cosa extraída de la tierra posee cierta aureola enigmática y venerable, y más si se trata de vestigios de seres que antaño tuvieron vida. No puede sorprender, por tanto, que hayan atraído la curiosidad de los sabios desde época muy antigua. Aristóteles no fue el primero en interesarse por los fósiles de seres animados y plantas que aparecían en lugares incongruentes con ellos, pero sí fundó la más antigua de las opiniones raras en tal materia. Hasta entonces se había creído que el hallazgo de fósiles de peces o de conchas en unas rocas montañosas del interior indicaba que las aguas del mar habían llegado hasta allí en cierta época.

Aristóteles no se avino a una interpretación tan prosaicamente sensata. Según él, los fósiles estaban originados por unas emanaciones o exhalaciones que salían del seno de la tierra; al recibir la acción del sol, se desprendían de la misma unos efluvios que daban origen a metales, si eran húmedos, o fósiles, si eran secos. De este modo, el análisis de los objetos antiguos arrancados de la tierra se enfocó, desde la antigua Grecia, según dos actitudes contrapuestas: la de quienes pretendían que los hallazgos se encontraban antes vivos en la superficie y se hundieron luego, y esta otra del príncipe de los filósofos que pregona todo lo contrario, es decir, que tales objetos salen afuera desde dentro de la tierra.

Estas dos tesis tienen simetría con otras dos situaciones: primera, los abundantes casos en que los arqueólogos y prehistoriadores han metido cosas en el suelo para encontrarlas luego, y segunda, los otros episodios —más usuales, sin duda— en que las han sacado de la tierra para mostrarlas al público. De las dos cosas tengo recuerdos personales: conocí hace muchos años excavadores de prestigio que, cada vez que una autoridad o un grupo interesante visitaba sus recintos, fingían que encontraban, como de súbito, alguna pieza llamativa, la cual parecía haber estado esperando aquella visita, desde hacía miles de años, para salir a la luz del sol. La versión más piadosa puede consistir en que la pieza hubiera sido encontrada allí, de veras, unos días antes y se le hubiera echado encima una leve capa de tierra para reservar a la visita venidera el deleite de un descubrimiento excepcional. Según interpretaciones más malignas, cabe también sospechar que el eminente estudioso había colocado allí ocultamente lo que había querido; si no fue que sus obreros o la gente del país le vendieron gato por liebre, proporcionándole más «hallazgos» de los que podía amadrinar la ciencia.

Estas suplantaciones irían, sin duda, como hemos dicho, en dirección contraria a la imaginada por Aristóteles. No hace falta subrayar que éste dejó huella milenaria en tal asunto, como en tantas cosas verdaderas o falsas, según vamos viendo. San Alberto Magno y santo Tomás de Aquino no tuvieron inconveniente en suscribir su teoría de que los fósiles eran organismos petrificados luego por una fuerza mineralizadora derivada del sol y las estrellas. Hoy se dice a menudo que en el Renacimiento se registra un retorno al examen objetivo de la naturaleza según medida y cantidad, a la manera clásica. Será verdad en otros ramos, pero en lo tocante a fósiles —y también en muchos más temas— se multiplicaron en el umbral de la Edad Moderna las opiniones fantasiosas, o simplemente conformistas con las rutinas anteriores. Así, Georgius Agricola (1494-1555), en su *De natura fossilium*, echa a perder su prestigio de minerálogo y erudito al escribir que fue un misterioso «jugo petrificador» el que fosilizó a los animales y plantas antiguos. El padre Atanasio Kircher se afanaba en estudiar y dibujar piedras curiosas que había recogido y veía en ellas letras del alfabeto.

Jean-Pierre Lentin menciona las lucubraciones de un inglés del siglo XVII, Edward Lwhyd, que publicó en Londres un catálogo de mil ochocientos fósiles animales que entendió derivados de unas semillas que penetraron en las entrañas de la Tierra, cuyo calor las hizo desarrollarse. Otros consideraban que los fósiles resultan de borradores o ensayos de Dios, y algunos dijeron que de chapuzas del diablo, imitativas de éstos.

Incluso dentro de su época, supuestamente iluminada y crítica, Leonardo da Vinci (1452-1519) se quedó solo al opinar que los fósiles fueron antaño seres vivos, lo cual demostraba la extrema vejez de la Tierra. No se atrevió a divulgar esta teoría chocante y la expresó a escondidas en sus cuadernos personales, con su escritura reservada, trazada de derecha a izquierda. Unos decenios más tarde, el ceramista, naturalista y humanista francés Bernard Palissy (h. 1510-1589) afirmó también que lo que hoy son fósiles fueron seres vivos en su día. Palissy era hugonote, rebelde y discutidor, y murió en la Bastilla.

¿Por qué se daba tanta gravedad a semejantes aseveraciones? Porque si se hurgaba demasiado en la antigüedad de la Tierra surgían unas cifras incongruentes con las cuentas de la Biblia. Esta cronología sacra ha gozado de rara supervivencia hasta nuestros mismos años: hace muy poco tiempo que los varios almanaques que se editan todavía en España con plausible éxito comenzaban con la proclamación de que el nuevo año era el 5979 de la creación del mundo —para 1975, por ejemplo—, y traían también útiles datos sobre Nínive, Babilonia y demás centros de interés.

Esta cuenta procedía de la que estableció en 1654 el obispo irlandés James Usher al concretar que el mundo fue creado el 26 de octubre (otros leen el 23 de marzo) del año 4004 a. J.C. Aun cuando polemizaron con acritud, no difieren mucho de tal fecha las que obtuvieron otros talentos de la época: Kepler propuso el 27 de abril de 4977 a. J.C., y Hevelius el 24 de octubre de 3963 a.

J.C. Estos cálculos derivaban de la genealogía referida en el Génesis.

Aparte de las edades asombrosas de ciertos patriarcas —el caso de Matusalén se ha hecho proverbial—, la reseña bíblica presentaba la dificultad de cómo fechar el Diluvio, acontecimiento sin duda relevante y divisorio en el examen de la naturaleza. La mayoría de los estudiosos de ésta no tuvo gran empacho en señalar el año 3000 a. J.C. para tal acontecimiento. La fecha era incompatible con las más elementales evidencias arqueológicas —las pirámides de Egipto, pongamos por caso—, pero rigió largo tiempo, como una especie de consenso entre tradición y cálculo.

No fue fácil derrocar esta cronología. El naturalista danés Niels Steensen (1638-1686) escribió en 1669 un tratado de solemne título: *De solido intra solidum naturaliter contento dissertationis prodromus* («Prefacio a la disertación sobre un cuerpo sólido contenido de modo natural en otro cuerpo sólido»), donde reveló que los cristales de cuarzo tienen los ángulos iguales entre caras correlativas, aunque su aspecto y forma sean diferentes, y que numerosas rocas se habían formado a base de sedimentos de agua embarrada y podían contener restos de animales que estuvieron vivos, a la vez que señalaba que las corrientes de agua pueden dar forma a las montañas. Tantas afirmaciones graves —y otras— eran difíciles de defender sin riesgo, y Steensen optó por convertirse al catolicismo y aceptar una mitra de obispo que le fue ofrecida, tras lo cual abandonó sus trabajos innovadores.

El insigne naturalista Buffon puso también freno a sus averiguaciones iniciales sobre la antigüedad del planeta. En 1771 había dicho que éste tenía 75 000 años, y en la Sorbona se juramentaron para llevar a la ruina a semejante blasfemo. Buffon se mantuvo firme en aquella datación, por lo demás arbitraria, aun cuando hizo protestas solemnes de no querer contradecir las Escrituras y ya no volvió a profesar sobre el asunto. Luego se vio que en sus borradores personales estaba la cifra, tachada y raspada, de tres millones de años como edad del planeta que él no se había atrevido a divulgar. Por lo demás, el asunto sigue siendo materia de continuada polémica y de revisión implacable.

Problemático hombre prehistórico

Si un observador de otra galaxia contempla la evolución de nuestra ciencia, se asombrará de que uno de sus problemas más confusos y atrasados sea el del origen y evolución de la especie humana. Tenemos resuelto el problema de acabar con ella en un periquete y no se nos da mal el abuso de industrias variadísimas, pero, entre otros misterios de la ciencia, nos falta establecer un criterio firme sobre el surgimiento del hombre primitivo, y todavía sabemos menos cosas definitivas acerca de sus antecesores animales y el ambiente en que vivían todos.

La cuestión está enmarañada, desde hace mucho tiempo, con prejuicios que la han hecho depender de las modas ideológicas y raciales dominantes en cada etapa. «Las ciencias de la prehistoria —escribe Lentin— baten todos los récords de lo errático en su período de gestación, sobre todo por lo que toca a la cuestión del hombre prehistórico que atañe a multitud de prejuicios, de fantasmas, de dogmas, a la vez que las técnicas siguen siendo inciertas durante mucho tiempo y los datos son enigmáticos.»

Los primeros investigadores estuvieron alucinados por la idea de que nuestros antepasados más remotos habían de ser de buena presencia y aceptable talento. Según seguiremos comentando, a aquellos sabios los complacía más la hipótesis de que el hombre había degenerado y empeorado dentro de la Europa clásica y cristiana que la contraria, y por esta razón los fastidiaba encontrar vestigios de que el primitivo poblador de Europa tenía bastante mal aspecto y peor pesquis.

Más tarde habrían de reconocer que las glaciaciones aislaron a la Europa prehistórica de los grandes movimientos de poblaciones y culturas que hubo dentro del Viejo Mundo, propiciando que el hombre fósil europeo fuese un tipejo pequeño, achaparrado, de frente estrecha y oblicua, cara redonda y plana, sin barbilla, con unos tremendos arcos óseos sobre los ojos, tal que hoy nos daría un susto tremendo encontrar a uno de ellos en una calle solitaria. Así era el hombre que apareció en 1856 en el valle de Neander (Neanderthal), encima del río Düssel, no lejos de Düsseldorf. ¿Qué opiniones suscitó? Al principio se dijo que se trataba de un ejemplo aislado de individuo artrítico, desmedrado, lesionado —parece que esto era verdad—, al cual no se podía tomar en modo alguno por antepasado del europeo actual. De todos modos, ya antes se habían hallado en diversos lugares del continente vestigios parecidos, y luego siguieron encontrándose más del mismo porte.

La consternación que reinaba entre los especialistas a la vista de noticias tan aciagas se trocó en entusiasmo cuando en 1868 unos obreros que estaban trabajando en el tendido de un ferrocarril encontraron en la caverna de Cro-Magnon, en la Dordoña (Francia), cinco esqueletos humanos, restos animales y unos collares de conchas e instrumentos de piedra. ¡Qué alivio! Este otro tipo de hombre era alto, de cráneo redondo, frente elevada, con mentón saliente y cejas elegantes. Estaba claro que era el antepasado del cual descendíamos. Su génesis era la enmienda con que la naturaleza había mejorado una deficiencia anterior.

El hombre de Cro-Magnon representaba una fase más perfeccionada y evolucionada que el de Neanderthal. No fue ajeno a esta tesis el que Cro-Magnon esté en Francia y el valle de Neander en Alemania, y los científicos y los publicistas franceses le sacaron punta a esta faceta tan poco prehistórica. Todo el mundo era consciente de que había muestras de ambas razas en otras muchas localizaciones de Europa, pero los prototipos abstractos creados por los libros y repetidos en las aulas correspondían a una y otra nación: aquellos cráneos rotos y fragmentarios simbolizaban a «sus» países modernos tal como hoy pueden hacerlo sendos equipos de fútbol.

El contraste entre aquellas dos poblaciones ha ido perdiendo relevancia a medida que los periódicos nos van trayendo, casi cada semana, noticias de nuevos hallazgos de restos prehistóricos, muchas veces calificados con mala fe o ineptitud. Por lo demás, el análisis del hombre primitivo en el Viejo Mundo se ha enriquecido enormemente con métodos de datación exacta, con el mejor conocimiento de su marco geológico y paleontológico, la nueva historia del clima y tantos más saberes que hace siglo y medio eran inimaginables. A la vista de este conjunto viene a resultar que lo que había y siguió habiendo en Europa en la prehistoria como población predominante fueron hombres de Neanderthal, con su pobre pinta y su mínima cultura, y que el de Cro-Magnon fue un episodio aislado e incoherente, ligado con gentes llegadas de afuera. Más aún: en el Cercano Oriente, el tipo de Neanderthal era más moderno que el de Cro-Magnon, que allí era el básico.

Lo elástico de estos conceptos viene a parecerlo todavía más si se pone atención en que dichos cráneos fueron reconstruidos, según se estima hoy, con un exceso de tendenciosidad y ligereza. En 1986, en el Museo del Hombre de París, fueron desmontados los doscientos fragmentos de un cráneo neanderthaliense de La Chapelle-aux-Saints el cual ha sido rehecho luego con más probidad. En 1908 lo había montado Marcellin Boule y le había resultado una especie de gorila horrible. Una vez reconstruido con más rigor, el aspecto final no es tan estridente como parecía antes.

La prehistoria «se encuentra atiborrada de escándalos, invenciones grotescas y timos dentro de una atmósfera de duda permanente, de sospecha sistemática a veces injustificada —remata Lentin, y añade—: Los errores van en los dos sentidos: la gente se deja sorprender por falsificaciones y se resiste a la evidencia de hallazgos auténticos».

Los accidentados orígenes de la prehistoria

Los dos peligros se han ido entrelazando desde los orígenes de tales estudios hasta el día de hoy, con casos como el reciente del «hombre de Orce» en nuestro mismo país, por no mencionar el ultimísimo que pueda traer el periódico. La primera polémica formal en tal materia se trabó en 1823 cuando Georges Cuvier encontró fragmentos óseos humanos, junto con fósiles de mamíferos y de animales hoy extintos, en Lahr, Alsacia. Cuvier, merecidamente prestigioso por sus trabajos paleontológicos, resolvió que no podía haber hombres en la misma época de aquellos bichos, y que los huesos eran posteriores. En años sucesivos, hasta 1829, siguieron encontrándose vestigios humanos junto con otros de rinoceronte, de hiena, de reno, estos últimos con grabados, en cuevas de Francia y Bélgica. La ciencia oficial continuó aseverando que no era admisible que procedieran de la misma época. En 1844 Auguste Aymard descubrió, cerca del Puy-en-Velay, en Francia, un conjunto de huesos humanos junto con otros de mamut y rinoceronte. Lo más suave que le dijeron es que las tierras habían sido removidas en el curso de los tiempos y que los hallazgos eran de orígenes distintos.

En esta misma época se había dado a conocer el fundador de la prehistoria por trabajos muy alejados de semejantes cuestiones. Se trataba del aristócrata francés Jacques Boucher de Crèvecoeur de Perthes (1788-1868), violinista, autor teatral con una variadísima gama de temas, flautista, descendiente de la familia de Juana de Arco, poeta en francés y en italiano, estrella de los salones elegantes, funcionario del cuerpo de aduanas desde los quince años de edad, periodista, sociólogo, socialista, duelista y, según parece, uno de los amantes que tuvo Paulina Bonaparte. Lo más sólido y duradero que ha dejado personaje tan rutilante ha sido la palabra «arqueología», que él inventó para abarcar el conjunto de abigarradas aficiones que suscitaba en su época el patrimonio de la antigüedad.

Para explicarnos la entrada en este coto de Boucher de Perthes —como se suele abreviar su nombre— conviene valorar que sus servicios a las aduanas francesas le habían llevado a viajar por buena parte de la Europa napoleónica y le habían hecho conocer a sus figuras más famosas, empezando por el propio emperador, aunque Boucher de Perthes no acabó de serle grato. La expedición de Bonaparte a Egipto y los trabajos de

Champollion en el desciframiento de sus jeroglíficos (1822) crearon vivo interés por aquella cultura en Francia y, de paso, por las antigüedades en general. Ya sabemos que en la misma época empezaban a obtenerse hallazgos arqueológicos en la Europa occidental, y nuestro personaje se sumó a esta moda que apasionaba tanto a los círculos elegantes como a los estudiosos.

Quizá se precipitó un poco en el debut. Se había descubierto en la desembocadura del río Somme un conjunto de objetos procedentes del antiguo Egipto, y Boucher de Perthes voló a examinarlos para escribir sobre ellos en los periódicos: dictaminó pronto que en aquel lugar de la costa francesa había habido una colonia egipcia. Poco tiempo después recibió una carta indignada de un estudioso que le decía que aquellas piezas eran de su propiedad, que las traía de Egipto en un barco que naufragó y que sus equipajes habían sido saqueados en la playa. Boucher de Perthes no se desanimó, sino que se reorientó hacia el estudio de lo que se llamaba entonces cultura céltica, que era cualquier cosa anterior a los romanos. No puede sorprender que, al enfrentarse con una temática tan amplia, un aficionado como él cayera en errores crasos e incluso que los fomentara, dando recompensas y prestando oídos a una multitud de aprovechados. En efecto, apenas se divulgó que aquel patricio agradecía que le llevaran huesos humanos, fósiles, fragmentos de cerámica, piezas de sílex y demás, su casa pareció una romería. Él se dejó engañar una y otra vez y entró en colisión con los científicos profesionales que, por lo menos, mantenían unas reservas de método y estilo ante semejantes carnavales.

¿Podrá creerse que partiendo de esos comienzos viniera a cuajar una ciencia compleja y respetable? Así fue, y en pocos años. Harto ya de tanto timo y de confusión tanta, Boucher de Perthes concibió uno de los preceptos fundamentales de todo prehistoriador: exigió para dar una recompensa que los objetos le fueran mostrados en el lugar donde habían sido encontrados, y aprendió a situarlos en su contexto vital y geológico. El siguiente paso no fue menos trascendental: consistió en advertir en ciertos fragmentos de sílex indicios de haber sido trabajados por un hombre «antediluviano», otra palabra que engendró Boucher de Perthes y que resume todo un mundo de posibilidades de investigación que estaban antes clausuradas por el dogmatismo. Con su habitual ardor, publicó en 1848 uno de los 69 volúmenes que dio a conocer durante su vida, el titulado rotundamente *L'industrie primitive.* La Academia francesa de Ciencias lo desdeñó. Sin embargo, sus tesis merecieron vivo interés en los círculos ingleses, donde su autor empezó a ser tenido por un talento genial.

Irían sucediéndose unos hallazgos de restos humanos que robustecieron y perfilaron las intuiciones originarias de Boucher de Perthes. Los mecanismos de la fama son tan caprichosos que éste comenzó a recibir aplausos y condecoraciones en el mismo momento en que nacía un escándalo sobre la falsedad de algunos hallazgos en que se había basado él. Ya daba igual: estaba en marcha la dinámica de la gloria. El patriotismo francés se enorgullecía de que en el suelo patrio hubieran aparecido restos que caracterizaban grandes eras del pasado humano, válidas para casi todo el planeta, y que éstas llevasen los nombres galos derivados del paraje de cada hallazgo: chelense, musteriense, solutrense, y así.

En 1864 Julio Verne, tan atento a las pulsaciones de la actualidad científica, publicaba su *Viaje al centro de la Tierra,* donde se manejan datos e hipótesis afines a aquellos debates. Boucher de Perthes era famoso en toda Europa y Napoleón III, al pasar por Abbeville donde aquél residía, visitó su casa-museo. Es probable que el curioso aduanero le revelase una confesión que figura en uno de sus libros: «Hay tres cosas que no he podido hacer, aunque siempre las he deseado: casarme, ver representadas mis obras teatrales y estar destinado en París.» Se acercaba a los ochenta años y seguía escribiendo, inquietando, solicitando honores, y bañándose cada día en el agua del Somme, tanto si llovía como si tronaba. El 2 de agosto de 1868 falleció en su casa, rodeado de sus abigarradas colecciones de quincallas y de piezas trascendentales.

10. PERVERSIONES DE LA GENÉTICA

Los prejuicios racistas de los ilustrados

En contra de la fama que suele atribuírseles, los revisionistas y librepensadores de la Ilustración montaron más dogmas y prejuicios que los que demolieron. Ya hemos visto el ahínco cerrado con que proclamaron tesis que hoy suenan a grotescas. Vamos a contemplar ahora que, con la misma firmeza, establecieron desde cero una doctrina no ya cómica sino más bien trágica, en razón de las calamidades que ha derramado sobre el mundo, y sigue: nos referimos al racismo.

Conviene hacer una precisión antes de pasar adelante: lo más dañino que los ilustrados efectuaron con el racismo fue vestirlo de ropajes teóricos, darle pompa científica, justificarlo con discursos de pretendida racionalidad. La aversión, o por lo menos el recelo, respecto del «otro», del «diferente», ya existe desde el origen de los tiempos. Véase en las poblaciones de hoy y de siempre con qué crudeza y malignidad juzgamos a las gentes del municipio de al lado, desde Tarifa hasta Vladivostok: basta con que no sean de los nuestros para que los miremos con repelús. Ésta es la actitud instintiva de cualquier comunidad.

La novedad vino cuando los europeos empezaron a conocer todo el planeta. La consideración moderna de los demás humanos fue benévola y curiosa por lo común. Los viajeros pusieron mayor interés en describir los aspectos culturales y sociales de las gentes exóticas que los físicos: así lo hizo Marco Polo, así lo hicieron los franciscanos medievales exploradores del Asia, así los españoles y portugueses, colonizadores de las Indias y el Pacífico. En general, anotaban con simpatía los estilos de comportamiento de las gentes que abordaban y de su lectura global se desprende su convicción de la unidad fundamental de todas las variantes humanas.

Lo reaccionario y retrógrado tendría que llegar sorprendentemente de mano de los ilustrados, por efecto de su prurito medidor, clasificador y cuantificador; de aquí habría de surgir el primer borrador del racismo moderno. Dentro del repertorio de éste es forzoso incluir al insigne Kant, el cual publicó en 1785 un trabajo sobre la *Determinación del concepto de una raza humana*, donde distinguía cuatro: la blanca, la amarilla, la negra y la roja o cobriza. El color era para Kant la nota diferencial más notoria, y en verdad que de este modo nos llevó por el mal camino: ya en su mismo tiempo los navegantes y descubridores le refutaron que los pieles rojas no tenían la piel tan roja como eso, que a menudo usaban pinturas, y sin ellas eran más bien morenos o amarillentos. El suponerlos de color rojo era tan poco afortunado como el llamar «indios» a los indígenas de América, en virtud del conocido error de Cristóbal Colón.

Parece igual de impertinente el razonamiento de Kant sobre que la progresiva culturización del hombre estribó en que anduviera cada vez más erguido, con lo cual dice él que fue distanciándose de la tierra y empleando con más empeño la vista que el olfato. Por lo demás, Kant consideraba que el liberarse de los sentidos constituye una señal de progreso intelectual. Lo mismo pero al revés había señalado Rousseau, anotando que los indios de América tenían un olfato tan fino que podían «oler el rastro de los españoles como si fueran perros». En este camino hacia el refinamiento, el filósofo alemán tropezó con una piedra verdaderamente molesta: «El excesivo olor de los negros, que no puede ser disipado por ningún tipo de atención higiénica.» En otros escritos anteriores se había ya preocupado de la causa de su color y escribía, con evidente desdicha: «El exceso de partículas de hierro, exceso compensado por la liberación de un ácido fosfórico (que hace que todos los negros huelan tan mal), es la causa de su negrura transparente a través de la epidermis...» En cambio, en el caso feliz de la raza blanca, «el hierro disuelto en los humores no estaría completamente precipitado, cosa que al mismo tiempo mostraría la mezcla perfecta de humores y el vigor de esta rama de los hombres». He aquí que, tal como lo hace cualquier otro animal con los semejantes, el hombre blanco está encantado de su propio olor y repudia el de los demás grupos: no parece muy exquisita una actitud que tenemos en común con las hienas y las ratas, por ejemplo.

Kant no fue el único en calificar peyorativamente los olores ajenos. Buffon, al reseñar toda suerte de rarezas etnográficas, ciertas o falsas, no se corta de hablar del «olor insoportable» de los guineanos, los cuales son «sumamente feos»; y dice que los angoleños «huelen tan mal que el aire de los sitios por donde pasan queda infectado durante más de un cuarto de hora». Buffon expresa en son elogioso que los pueblos indios no huelen tan mal como los negros de África.

Las mediciones comparativas del cuerpo humano, en sus diversas familias, dieron origen en seguida a escalafones de cualidades. El patriarca de estas clasificaciones fue el médico norteamericano Samuel George Morton (1799-1851), seguidor de las doctrinas craneológicas que contemplamos en otro capítulo. Después de haber comparado calaveras de blancos y de indios, deduciendo, cómo no, que los segundos eran menos listos que los primeros, fue extendiendo sus análisis a otras gentes, comprendiendo entre ellas unas momias egipcias. Sobre la base de una colección de 623 cráneos de todos los pueblos, pregonó la superioridad del hombre blanco europeo.

Esta bandera fue recogida y ondeada con mayor garbo y énfasis por el conde Joseph Arthur de Gobineau (1816-1882), diplomático francés, estudioso, viajado, experto en culturas orientales. En 1854 se descolgó con un recio tratado cuyo título ya vale por medio libro: *Ensayo sobre la desigualdad de las razas humanas*. Sostuvo que la raza más dejada de la mano de Dios era la negra, y aquí volvió a salir lo de su mal olor, unido a la estrechez de su frente, su sensualidad, su rusticidad: «Se lo comen todo —afirmaba— y les parecen agradables los olores que para nosotros son los más repugnantes.» Dieciséis años antes de la invasión prusiana de 1870, este patricio francés les hizo a los alemanes el regalo envenenado de un dogma que llegaría muy lejos: él proclamó que la raza superior entre todas las humanas era la que llamó aria o teutónica, dolicocéfala, rubia. Gobineau fue el primero en decirlo con tanta rotundidad.

Los alemanes guardaron, al principio, cierta moderación en el manejo de esta tesis y reservaron a escritores de otros países el privilegio de predicarla —como lo hizo el yerno inglés de Wagner, Houston Stewart Chamberlain (1855-1927)—, pero no tardaron en proliferar autores germánicos que robustecieran y difundieran el estudio comparativo de las razas y, de paso, demostraran la supremacía de la blanca. Así lo hizo con aplicación el psicólogo de la Universidad de Gottinga, Christoph Meiners, el cual aprovechó la ocasión para situar a los judíos en el escalón inferior del género humano, únicos en estar por debajo de los negros y los indios. Esta línea vendría a continuar la furia antisemita medieval y alcanzaría la gravedad de todos conocida.

Johann Friedrich Blumenbach (1752-1840), uno de los patriarcas de la antropología actual, surgió también del claustro de Gottinga. Disimulando un poco el criterio de los colores, Blumenbach abogó por tipificar cinco razas humanas valiéndose de otros referentes: le salieron la caucásica, la mongólica, la etiópica, los americanos y los malayos. Tuvo la prudencia de prevenir a los estudiosos contra la supervaloración de la raza blanca y todo prejuicio jerarquizador de ella, pero apenas nadie hizo caso de la advertencia.

En aquel momento histórico, el análisis de las razas vino a embarullarse con la primera oleada del darwinismo, de modo que no tardó en alzarse la cuestión de si todas las razas pertenecían a la misma especie o habían surgido de diferentes actos creativos de Dios. Darwin, reverentemente consultado, dio su opinión en favor de la unidad de la especie humana. La polémica renació insidiosa cuando se discutió si las razas habían comenzado a diferenciarse hace poco tiempo —digamos cien mil años— partiendo de un tronco de *Homo sapiens* común, o se habían ya perfilado hace un millón de años, en una fase más atrasada de la evolución humana, en el marco de espacios geográficos distantes.

Es curioso que esta última tesis, la llamada «multirregional», venga ahora defendida principalmente por autores norteamericanos, cuando el racismo académico europeo está ya muerto y enterrado. El más famoso y arrebatado de sus abanderados es Carleton S. Coon, autor en 1962 de *The origin of races*, donde dice que «aunque África fuera la cuna de la humanidad, fue para ella un jardín de infancia sin consecuencias, mientras que Europa y Asia serían nuestras escuelas básicas». El racismo de Coon y muchos de sus colegas ha sido refutado en nuestros años por el antropólogo Ashley Montagu y el genético Theodosius Dobzhansky, los cuales han cuestionado incluso la validez del concepto de raza: el primero prefiere utilizar el de «grupo étnico» y el segundo insiste en la vaguedad científica y real de la idea de raza: los componentes de varias de ellas —dice— han mezclado fecundamente sus genes a lo largo de la historia, a diferencia de muchas especies animales que no pueden cruzarse.

Los excesos de la eugenesia

En los párrafos anteriores aparecen varios nombres y doctrinas cuyos legados —más o menos tergiversados— dieron el impulso inicial a la eugenesia. Esta variante de la biología se dedica a que la humanidad vaya procurando dotarse, generación tras generación, de mayores aptitudes. El estudio de la herencia genética servirá así para mejorar la especie humana. La idea, aunque haya resplandecido en el último siglo, es añeja: en el Antiguo Testamento aparecen ya alusiones a que los descendientes heredarán los bienes o los males físicos de sus mayores, y Platón exhortó a que la sociedad practicara una selección para la mejora del patrimonio humano de la misma.

Correspondió al primo de Darwin, sir Francis Galton (1822-1911), el honor de fundar esta nueva y vigorosa rama de la ciencia. Galton tocó muchas teclas en su vida, y varias con acierto: fue funcionario público, meteorólogo, antropólogo y genético. Lo más útil y notable que legó fue el cálculo de las correlaciones en estadística y el concepto de las huellas digitales y su clasificación. Acaso Galton se sorprendería dolorosamente si se enterase de que le recordamos y admiramos hoy más por estos hallazgos que por su doctrina de «producir una raza de seres altamente calificados mediante matrimonios programados durante varias generaciones sucesivas», aspiración que hizo famoso su libro *Hereditary genius* (1869).

Unos años antes, en la prensa, había abogado porque el Estado montase unos concursos para buscar y premiar unas personas de cualidades heredables y luego hiciese por emparejar a los ganadores y casarlos en la abadía de Westminster, con la perspectiva de que tuvieran muchos hijos y éstos, a su vez, se unieran con los de otros ganadores. Por la misma regla de tres, las gentes claramente defectuosas serían apartadas en lugares donde no pudieran multiplicarse.

No tardó en reprochársele a Galton que carecía de formación en varias de las ciencias implicadas en un programa tan vasto: en especial se le objetó que prescindía de los factores ambientales en el modelado de una persona. Partidario de las técnicas de clasificación humana nacidas en su época, que resumimos en otro capítulo, el aristócrata Galton propendió, casi inevitablemente, a concebir la eugenesia desde el punto de vista de las clases altas. Al lado de la elevada torre donde él se situaba, se alzaba otra no menos arrogante: la teoría de la superioridad de la raza blanca sobre las demás. Nadie se sorprendió de que ambos mensajes se contagiaran en las alturas.

Las doctrinas de medición de la inteligencia y las virtudes cívicas tenían gran predicamento en los Estados Unidos de comienzos de nuestro siglo. El estamento de blancos anglosajones protestantes (WASP), adinerados e influyentes, además, se sentía preocupado por la proliferación de negros y la venida masiva de proletarios de Europa y Asia. Abundaron las tribunas puritanas que defendían que esta hez mostraba dolencias y carencias hereditarias, a la vez que las clases altas exhibían cualidades no menos congénitas. A fuerza de obsesionarse con los defectos de los desheredados, 27 estados de Norteamérica habían ya promulgado en 1931 leyes para la esterilización de deficientes mentales, delincuentes y enfermos diversos, y en 1935 se había decretado también esterilizarlos no sólo en la Alemania hitleriana, sino también en Suiza y en las tres monarquías escandinavas. Galton había predicado que «lo que la naturaleza hace a ciegas, lentamente e implacablemente, el hombre lo puede hacer con reflexión, rapidez y suavidad».

Galton contó con abundancia de discípulos y colaboradores y sus ideas impregnaron muy hondamente la sociedad norteamericana, en la cual siguen rigiendo, más o menos maquilladas. Charles Davenport fue uno de los continuadores de su doctrina, y en 1904 obtuvo de la Institución Carnegie una dotación importante para montar un centro de estudio de la evolución. Cuando lo hubo plantado en Cold Spring Harbor, a cincuenta kilómetros de Nueva York, logró encandilar a la multimillonaria Mary Harriman, viuda del potentado ferroviario, para que pagara otro centro anexo al anterior, dedicado en especial a estudiar las deficiencias de las personas y sus orígenes genéticos. Algo después, John D. Rockefeller contribuyó a la misma causa. La abundancia de medios no se reflejaba en el refinamiento de los hallazgos de Davenport y sus institutos: no vacilaba en proclamar que la llegada de inmigrantes haría que la población de Estados Unidos «se volviera de color más oscuro, de estatura más baja y más propensa a delitos de robo, atraco, asesinato, violación e inmoralidad sexual».

Las preocupaciones de los eugenistas por la pulcritud sexual eran extremadas, y no vacilaron en editar libros que denunciaban los desastres a que conducían los matrimonios incongruentes, y no digamos las uniones ilegítimas, y no sólo por el quebranto moral que entrañaban sino por la mezcla de genes que propiciaban.

En 1933 se promulgó en Alemania la primera ley de defensa genética de la salud, aplicando la cual fueron esterilizadas 56 000 personas en un año. En 1935 se dictaron las leyes de Nuremberg para ampliar aquellas medidas y prohibir los enlaces entre judíos y no judíos. Al año siguiente, 1936, la Universidad de Heidelberg concedió un doctorado honoris causa a Harry Laughlin, director del centro fundado por Davenport. La solidaridad entre las instituciones alemanas autoras de aquellas medidas y los eugenistas norteamericanos duró hasta la segunda guerra mundial.

El asombroso caso de Lysenko

Cada día causa más estupor el novelón vivido por el biólogo Trofim Denisovich Lysenko (1898-1976) en el seno de la política y la economía de la URSS de Stalin y sus inmediatos sucesores, y cuantos más análisis van publicándose acerca de aquel fenómeno menos se comprende su origen y su permanencia durante largos lustros. La aparición de Lysenko en la historia se registró hacia 1929 y los cronistas anotan que consistió en la suma de un plagio y una falsificación. ¿De qué se trataba? Del presunto invento de sembrar trigo de invierno en primavera y dejar las semillas debajo de la nieve. En la Rusia comunista cundía el hambre y aquel joven perito agrónomo anunció que, merced a su idea, se obtendrían rendimientos por hectárea mucho mejores. Cuando llegó la cosecha, proclamó que en la parcela de su experimento se habían recogido treinta quintales por hectárea; en realidad, eran sólo veinticuatro y Lysenko alteró las cifras, pero incluso la cifra verdadera parecía notable y el talentudo agrónomo saltó a la fama en seguida.

Nadie le reprochó que semejante procedimiento era conocido en diversos países desde la época de los zares, y el régimen soviético no tuvo ningún interés en ensalzar los logros de aquel tiempo. Tampoco salió nadie en defensa de científicos rusos de toda solvencia que llevaban años trabajando sobre el tema.

Hijo de un campesino ucraniano, Lysenko había seguido estudios de jardinería hasta 1921 en Poltava y de agronomía en Kíev hasta 1925. Pasó luego cuatro años en diversas factorías experimentales y en 1929 se incorporó al Instituto de Agronomía de Odessa, que gozaba de mucho prestigio hasta que llegó él. Lysenko se aproximó a los centros de poder, harto necesitados de remedios para las penurias colectivas, y exhibió en seguida muchas más dotes de charlatán y de intrigante que de agrónomo. Incluso esta profesión le pareció demasiado angosta y se pasó a la biología. La entrada triunfal en ella la efectuó en 1932 proclamando que los genes no existen, y su carrera sucesiva consistiría en pretender anularlos y ridiculizarlos.

Lysenko halagó a Stalin y toda su pirámide de colaboradores ofreciendo prodigios agrícolas que los tenían entretenidos de temporada en temporada y encandilaban también a la opinión, siempre pendiente de futuras cosechas maravillosas. Solzhenytsin refiere una de las mil trapacerías de Lysenko: en 1934 mandó sembrar lino en un campo cubierto de nieve; no brotó nada de nada, y él se disculpó diciendo que los agrónomos habían saboteado su plan porque eran enemigos del régimen; fueron enviados a Siberia.

Esta misma excusa la repitió al año siguiente, corregida y aumentada, en un congreso agrícola presidido por el propio Stalin: denunció vigorosamente que los agrónomos y los *kulaks* (campesinos de ideas burguesas) hacían fracasar deliberadamente las consignas e instrucciones emanadas de los círculos oficiales. «Un enemigo de clase —exclamó— es siempre un enemigo de clase, sea científico o no lo sea.» «¡Bravo, camarada Lysenko, bravo!», aplaudió Stalin a voces. Ya se había encontrado el culpable de que la agricultura fuera mal: los enemigos del régimen. De paso había aparecido también el ángel salvador: el camarada Lysenko, inventor infatigable de métodos milagrosos. Uno de ellos consistía en hacer que las máquinas sembradoras pasaran dos veces por el mismo campo, puesto que así la siembra sería más densa y el rendimiento mayor; en realidad, las máquinas, al hacer por segunda vez el recorrido, destruían una gran parte de lo sembrado en el primero, y el pequeño incremento del producto no corría parejas con el doble de inversión en semillas. El mismo estilo mágico propugnó Lysenko en cuanto a alterar las épocas de las faenas tradicionales, y situar en otoño, por ejemplo, las que siempre se habían hecho en primavera. Si luego venía cualquier tormenta o sequía a alterar el programa, Lysenko podía excusarse con la fuerza de la fatalidad. Si es que no hacía uso nuevamente de la denuncia contra los enemigos del comunismo...

También propagó a sangre y fuego determinadas especies de cereales y remolacha, aunque nadie les encontraba nada de beneficioso más que él, e incluso había murmuradores que susurraban que tenían todos los defectos del mundo. Bertolt Brecht no se olvidó de Lysenko en sus poemas en honor de Stalin y le llamó «gran dirigente de las cosechas del pueblo soviético». Integrado desde joven en el conjunto de dogmas del régimen, Lysenko se convirtió en un nombre tan venerable como el de Marx, dicho sea con todo respeto.

La colosal devastación que Lysenko introdujo en la biología y no digamos ya en la genética soviéticas aconteció en dos etapas: en la primera, se limitó a quitar de en medio todas las personas e instituciones que pudieran discutirle los geniales hallazgos que fabricaba a cada momento; en la segunda, fue creciendo en arrogancia científica, amplió sus áreas de trabajo, extendiéndolas a la ganadería, y determinó borrar del mapa la genética tradicional. La transmisión hereditaria de caracteres físicos era una patraña burguesa, afirmaba, totalmente antagónica con el talante progresista de la nueva sociedad. Los dirigentes de ésta predicaban que los caracteres adquiridos serían heredables. Así quedó proclamado definitivamente en 1948, con el aplauso de Stalin. Lysenko dispuso de institutos, publicaciones, revistas, congresos, academias y demás, donde multitud de discípulos suyos perpetraron los más grotescos experimentos, ilusionados con la idea de que cambiaban especies, trocaban unos atributos de ellas por otros y, en definitiva, obtenían peras de los olmos, o así lo publicaban. Otra muchedumbre de trabajadores de la ciencia iba pasando a la cárcel o a Siberia apenas oponían el menor reparo a los delirios del farsante. *Lysenko and the tragedy of soviet science*, se llama un libro del ruso exiliado Valery N. Soyfer, publicado por la universidad norteamericana de Rutgers hace pocos años.

El único portento que operó Lysenko de veras fue mantenerse una temporada en la cúspide, una vez hubo muerto Stalin, y Jruschov comenzó la demolición del sistema. En 1964 Súslov, el ideólogo del partido comunista, denunció oficialmente «la infame y vergonzosa ruptura en la evolución de la ciencia soviética» que había significado Lysenko. En 1965 se le hizo dimitir de su cargo de director del Instituto de Genética; una comisión inspeccionó sus trabajos y descubrió falsedades deliberadas a porrillo. La doctrina que había difundido el «Rasputín de la agronomía», como le llamó el *New York Times*, duró años y años: los antiguos seguidores de ella continuaron enseñándola en las cátedras y los laboratorios, sin duda por no conocer otra. No fue fácil ir imprimiendo y desarrollando refutaciones del lysenkismo, y los nostálgicos del comunismo nunca supieron qué cara poner ante uno de sus desatinos más flagrantes.

11. ALEGRÍAS Y TRISTEZAS MATEMÁTICAS

La matemática, ¿ciencia de jóvenes o de viejos?

Hace ya miles de años que todo el mundo está convencido de que estudiar matemáticas —o enseñarlas— tiene rango más alto que hacerlo con la culinaria o el corte y confección, aun cuando el comer y el vestir sean necesidades más urgentes que las contempladas por aquéllas. ¿De dónde vendrá tal creencia antigua, la cual, por lo demás, compartimos? Es difícil dar una contestación exhaustiva. Así, de costadillo, nos acordamos de la repetida frase de que «toda profesión es una conspiración contra el público», y sospechamos que el gremio matemático es uno de los que se han esforzado desde hace más siglos en permanecer arcano y reservado y en persuadir a la gente común de algo así como: «Usted no se meta en esto, que está por encima de su capacidad.»

De modo un tanto contradictorio con este talante, dicho estamento ha defendido que su repertorio de conceptos es indispensable para entender el cosmos. «La filosofía está escrita en el gran libro del universo —decía, según vimos, Galileo—. Pero tal libro no puede ser entendido a menos que uno aprenda primero su idioma y lea las letras que lo componen. Está escrito en el idioma de las matemáticas.» Esta idea continuaba otras de Platón sobre que el mundo era una carta dirigida por la divinidad al mundo y que estaba escrita en letras matemáticas. Sabido es que Platón exigía saber geometría a quien aspirase a ser alumno de su Academia.

Algunos grandes talentos, como Pascal y Leibniz, opusieron sus reservas a este exclusivismo, y ambos fueron colosales matemáticos. En el día de hoy está todavía más desacreditada tal cerrazón, aun cuando nadie dude de la utilidad de las matemáticas para andar por la vida. Actualmente se ha aclarado que el escoger un lenguaje para tratar de un tema representa ya intervenir en el tema, y para esto hay que saber en qué consiste el tema, con lo cual estamos igual que antes, pues no existe ningún lenguaje que por sí solo estructure y aclare nada. El usar un lenguaje es ya una actitud, una actividad, posterior y diferente al asunto a que se aplique. (Aquí se puede citar al señor de Wittgenstein para elevar el tono del discurso.)

Si de la actitud y la actividad de utilizar las matemáticas se trata, no habrá apenas duda de que más vale ser joven para ello, como para la mayoría de las cosas. Mejor aún: se ha dicho que las matemáticas, como el amor, son cosa de jóvenes, más que ninguna otra ciencia o arte. Las ideas más notables de Newton se le ocurrieron sobre los veinticuatro años, y hasta los cuarenta pasó el tiempo dándoles vueltas y puliéndolas; a los cincuenta se desentendió de las matemáticas, y poco más tarde empezó a perder la razón, según anotaremos luego. Otros grandes matemáticos murieron en plena juventud, como comentaremos también: Galois a los veintiún años; Abel a los veintisiete; Ramanujan a los treinta y tres; Pascal a los treinta y nueve; Riemann a los cuarenta. Pueden añadirse casos afines, de los cuales el más popular es el de Einstein: a los treinta y siete años ya había dicho lo que tenía que decir. Sophus Lie (1842-1899) había anunciado lo más notable de su creación a los veintinueve. Entre nosotros, la precocidad de Rey Pastor, Torres Quevedo o Esteban Terradas es igualmente famosa. Estas cifras tienen cierta coherencia con la humorada en que Bertrand Russell resumía su propia trayectoria intelectual: «Empecé con las matemáticas, seguí con la filosofía, pasé a la política y ahora me dedico a las novelas policíacas.» «Amo las matemáticas porque no son humanas», añadía el propio Russell en otro rasgo de su cínico ingenio.

Sea ello lo que fuere, lo cierto es que en los siglos antiguos la vocación matemática estaba personificada en varones de luengas barbas y porte venerable. Así se ha representado siempre a Pitágoras, el brumoso patriarca de las ciencias de occidente. Situando su nacimiento en la isla griega de Samos en 585 a. J.C., los talentos de la antigüedad le miraron unánimes como precursor. Había de transcurrir más de un siglo entre la época de aquél y la aurora de la cultura de Atenas, y la leyenda atribuyó a Pitágoras toda clase de encantamientos. La tendencia a asignarle prodigiosas conexiones con el más allá —incluso que era hijo de Apolo— enmascara el hecho probable de que el hombre viajara, estudiara, preguntara, llevado de una indiscutible apetencia de saber.

No se sabrá nunca de veras lo que aprendió y enseñó en el curso de una vida que parece haber sido larga. Más tajantemente podemos afirmar lo que no hizo: por ejemplo, descubrir el teorema de Pitágoras, que los chinos llevaban siglos utilizando y que era ya conocido en las culturas del oriente del Mediterráneo. Pitágoras pasó veintidós años en Egipto, entre los sacerdotes que monopolizaban el saber místico y el científico, y de allí fue a Babilonia, para estar doce más en centros similares de estudio. Hay quien afirma que de Mesopotamia pasó a Persia, la India y acaso hasta la misma China, buscando siempre el trato y la enseñanza de círculos cultos.

De regreso a Grecia continuó metido en ritos misteriosos: en uno de ellos, en Creta, parece que le administraron una pócima narcótica que permitía proyectar el alma hacia ultratumba y regresar cargado de noticias: esta operación se llamaba *catharsis*, cosa que hoy nos suena a moderna. Uno de los portentos que concurrieron en Pitágoras fue conservar un aspecto mucho más garboso y juvenil de lo que correspondía a tantos años y fatigas como había pasado.

La curiosidad por semejante secreto, aparte de algún numerito de magia o de taumaturgia que efectuó, empezó a procurarle discípulos en su Samos natal. Pitágoras creó el vocablo *mathema* para designar la ciencia más refinada y sublime, la cual abarca desde el arte de hablar con los animales —que él poseía, al parecer— hasta el escudriñar las armonías ocultas que hay entre los números, los astros, los sonidos, todo ello envuelto en ropajes místicos, misteriosos y mixtificados. Así, el número 4 era el cuadrado perfecto y simbolizaba la justicia, el 5 representaba el color, el 8 la amistad, etc.; los números se agrupaban por afinidades, formaban series, proporciones, polígonos, cuerpos, que trascendían a todo el universo. Algunos de estos conceptos han permanecido en pie hasta hoy. El aspecto más serio de tal doctrina consiste en haber enunciado que el cosmos es un todo único y que el saber que lo estudia es también único.

Einstein, desde el otro extremo de los tiempos y las ciencias, señaló que Pitágoras llevaba razón, por ejemplo, en lo de hermanar materia y energía. Puesto a unificar cosas, el sabio griego creía en la inmortalidad y la transmigración de las almas y la unidad de los seres vivos, de donde deducía la conveniencia del vegetarianismo y la vida sobria y recogida. Esta última la encareció hasta promover comunidades de estilo iniciático, y les impuso una serie de normas rígidas llenas de resonancias simbólicas: por ejemplo, tenían prohibido atizar el fuego porque éste era un gesto ritual alusivo mágicamente a discordias y guerras. También les vedó comer habas en virtud de algún tabú que habría aprendido Dios sabe dónde. El montaje sectario que Pitágoras implantó en estas comunidades —con sus ritos internos como el saludar al sol naciente, su secretismo, su ayuda mutua— se asemeja al usado hasta el día de hoy en colectivos varios.

Se atribuye al maestro y a su grupo el haber encontrado en los números y las figuras significados y relaciones asombrosos, algunos de los cuales han resultado meramente poéticos y otros útiles, como el célebre «número áureo», que sigue estructurando las creaciones de muchos pintores contemporáneos, y la gama de siete tonos musicales, que es el antecedente del pentagrama moderno.

Al otorgar a los números y figuras tanta magia, Pitágoras puso en marcha las matemáticas que se satisfacen consigo mismas, sin necesidad de servir para nada más. También estableció —y aquí acabamos por donde habíamos empezado— el prototipo del matemático como anciano respetable, representado innumerables veces; una de ellas, la más famosa, en un capitel de la catedral de Chartres, acurrucado con un libro abierto en las rodillas, al cual casi roza con las barbas. La naturaleza se acomodaría al arte, y no serían escasas unas figuras como la de Karl Theodor Weierstrass (1815-1897), que murió a los ochenta y dos años, rodeado de honores, para no citar más ejemplos de matemáticos de barba blanca. Galileo, ni tan matemático ni tan respetable, falleció también en edad provecta, a los setenta y ocho años, según vemos aparte. Más joven resulta el sufrido barón Gottfried Wilhelm Leibniz (1646-1716), que llegó a los setenta años a pesar de los disgustos que pasó, según más abajo se refiere también.

Quedan sin cerrar la cuestión de si la excelencia en este saber es atributo o no de los jóvenes y el conflicto conexo de si la matemática es esencialmente ajena a la realidad común, si engloba ésta en su seno, o si ha de estar al servicio de la misma. El tema no es trivial, según expresión que usan ellos, sino que trasciende a los estilos docentes y a los trabajos de miles de centros de todo el mundo.

Confusiones del teorema de Fermat

Al escribir estas páginas, en la primavera de 1995, los periódicos de todo el mundo llevan cerca de dos años informando de los debates y controversias levantados en torno de la demostración del famosísimo teorema de Pierre de Fermat (1601-1665) que se ha conseguido después de tres siglos y pico de intentarla. El asunto, además de importante y divertido, tiene su rareza, porque en nuestra época no es frecuente que un tema tal quite espacio en los periódicos a los deportes y a la política municipal. Sin embargo, ha ocurrido así, desde el *New*

York Times para abajo, y es imaginable que la cuestión no haya terminado por completo, aunque esté quizá en vías de hacerlo.

Semejante episodio, un tanto afín al *Juego de abalorios* de Hermann Hesse, empieza en la ciudad de Toulouse, donde Fermat estudió leyes y se colocó de empleado de los tribunales, en lo que continuó toda la vida. Nadie sospechó que tenía una doble personalidad: era un burócrata normal, es decir, que atendía distraídamente la oficina, y a la vez había estudiado matemáticas casi a solas y se trataba con los primeros talentos europeos de la especialidad. Esto último resultaba de una serie de hallazgos que había efectuado como al desgaire: por ejemplo, que toda curva plana de segundo orden es una sección de un cono, cosa que fue el primero en formular y que ahora, si no la sabes en bachillerato, te suspenden. Hay quien también considera a Fermat como fundador del álgebra en la edad moderna.

Cuando era mozo todavía, compró la primera edición del tratado de Diofanto de Alejandría, del siglo III d. J.C., aparecida en 1621, y se la llevó a la oficina para estudiarla allí, tal como otros administrativos llevan el periódico deportivo del lunes. Fermat solía también poner notas al margen de esos libros. Una que emborronó en el libro de Diofanto es la que ha armado la tremolina de la cual apenas estamos empezando a salir. El texto se planteaba la siguiente ecuación:

$$x^n + y^n = z^n.$$

La ecuación no funciona si n es un número natural mayor que 2. Con 2 sí que es verdad que, por ejemplo:

$$3^2 + 4^2 = 5^2.$$

¿Por qué acaba aquí la validez de una expresión que, por lo demás, suena a tan sencilla? ¿Por qué no es verdad de 2 para arriba? Fermat anotó al margen de su libro: «He descubierto una demostración de ello verdaderamente maravillosa, pero este margen es demasiado pequeño para escribirla», y punto. Ya quedó cumplido.

El hijo de Fermat publicó esta nota después de haber muerto su padre, y desde entonces multitud de matemáticos de todos los países y estilos se han dedicado a buscar esta demostración. Huelga añadir que semejante inquietud ha conducido, de paso, a progresos y refinamientos enormes del análisis numérico. Un momento culminante de las tensiones y polémicas causadas por los intentos de demostración vino, hacia mediados del siglo pasado, cuando el matemático alemán Ernst Eduard Kummer (1810-1893) anunció haberla conseguido, y su nombradía se mantuvo un tiempo. Más tarde su compatriota Peter Lejeune Dirichlet (1805-1859) probó que estaba equivocado y que Kummer se había pasado al dar por evidente una afirmación que no lo era. Éste revisó sus trabajos e insistió en demostrar el ya llamado «teorema de Fermat» indicando que funcionaba para todos los números primos impares inferiores a 100. Como quiera que la Academia de Ciencias de París había instituido un premio de tres mil francos para quien demostrara el teorema, y Kummer amenazaba con seguir ensayando de 100 para allá, pareció acaso más práctico darle el premio y tranquilizarle. Si no por la demostración, Kummer lo merecía por el cúmulo de adelantos que creó de paso en el reino del álgebra.

Con todo, el teorema seguía sin demostración digna de su historia. Más de cuatro dijeron durante esos siglos que Fermat había faroleado indicando que la poseía y que en realidad no la tenía; o que, si creía tenerla, la misma podía estar tan equivocada o ser tan discutible como las otras.

La demostración más reciente parece ir de veras y, según sabe el lector de prensa, se debe al matemático Andrew Wiles, quien la presentó el 23 de junio de 1993 en Cambridge, en un trabajo de doscientos folios que mereció gran admiración. Sin embargo, un matemático de Princeton, Nicholas Kats, le puso unos reparos que fueron aceptados por el autor. El 27 de octubre de 1994 el *Times* neoyorquino, que había seguido el tema de cerca, informaba que la demostración podía ya darse por lograda, al fin. Lo que cabe comentar es que esta última se ha formulado dentro de unas técnicas tan altamente desarrolladas respecto de las de Fermat que corresponden a dos mundos diferentes. Si ésta es la única prueba posible, Fermat no era capaz ni de soñarla.

Induce también a sospecharlo el comprobar que, por lo menos, una vez Fermat se equivocó como un principiante. En un momento dado afirmó que en todo número positivo n ocurre que:

$$2^{2^n} + 1$$

es un número primo, es decir, de los que sólo se dividen por sí mismos y por la unidad. No, señor, le corrigió Leonhard Euler (1707-1783), y no sólo llevaba razón éste, sino que el elaborarla trajo consigo su importante acopio de progresos para la teoría de los números.

Newton: lo que empieza mal acaba mal

Isaac Newton nació prematuramente el día de Navidad del año 1642 y, contradiciendo los pronósticos tradicionales —que aseguran magnas venturas a los nacidos en dicha fiesta—, su vida no tuvo nada de feliz ni tranquila, comenzando por la infancia, la cual fue muy aperreada y dolida. Su biografía parece así haber completado y matizado el título de la comedia de Shakespeare *Está bien lo que bien acaba.* Nació a los tres meses de haber muerto su padre; el niño era canijo y enfermizo. Su madre se casó de nuevo y se fue a otra casa con su marido dejando al niño con la abuela. El niño fue de esos que no juegan con los demás sino que están en un rincón cavilando. De tal apartamiento resultaron dos efectos: primero, que Isaac Newton desarrolló un carácter severo e insoportable y, segundo, que fue un empollón reconcentrado. Entró en el Trinity College de Cambridge a los dieciocho años y nueve más tarde se hizo cargo de la cátedra Lucasiana de matemáticas del mismo.

En el ejercicio de ella se constituyó en prototipo de profesor distraído, distante e inaprehensible. Cada vez tuvo menos alumnos, porque nadie se enteraba de nada con él, y aun se dice que alguna vez Newton explicó la lección a las paredes porque ni siquiera se daba cuenta de estar a solas. Con el mismo estilo se condujo en la vida: sin familia próxima, alejado de todo placer de cualquier tipo, estuvo lleno de reconcomios, autocensuras y depresiones; preocupado por el pecado y la liviandad, fue soberbio y agresivo.

Su única efusión de cordialidad la dirigió a un joven discípulo, Fatio de Duillier, suizo de origen, a quien Newton ofrecía cumplidos y atenciones singulares en él. Los estudiosos han dedicado a este extraño afecto el adjetivo que ustedes imaginan, pero están concordes en estimar que Newton se contuvo y que la cosa no pasó a las vías de hecho.

El episodio más famoso de su mala uva consiste en su célebre litigio con el filósofo y matemático alemán Leibniz (1646-1716), el cual había inventado a solas el cálculo diferencial en 1675-1676 y lo publicó en 1684. Por su lado, Newton lo inventó en 1664-1666 y no lo publicó hasta 1687, pues era muy tardo y receloso en divulgar sus hallazgos. Leibniz era de condición bondadosa y ecuánime y no acabó nunca de comprender la saña con que Newton le acusó de plagiario y falsificador. En la tremolina que éste desarrolló durante varios años para denigrarlo, promovió recogidas de firmas que en gran proporción se fabricó él mismo, e hizo intervenir a la Royal Society de Londres, la cual emitió un dictamen que había escrito el propio Newton. Éste mismo anotó con gran contento en un cuaderno de memorias que «se alegraba de haberle roto el corazón a Leibniz». Con semejante talante sostuvo otras muchas polémicas con hombres de ciencia ingleses.

Una revisión cortés acerca de Newton

A la edad de dieciocho años publicó Henri Poincaré (1854-1912) su primer trabajo científico en los *Nouve-*

lles Annales Mathématiques. Sus compañeros de estudios se burlaban de él porque era miope, desgarbado y torpe. «Tengo en mi clase —decía su profesor— un monstruo de las matemáticas.» Después de haber cursado en las exigentes escuelas Politécnica y de Minas, Poincaré entró, a los veinticinco años de edad, en el claustro de la Universidad de Caen, y dos más tarde pasó a la de París. No hubo sector de las matemáticas que le fuera ajeno, y sobre todos ellos enseñó y publicó. Treinta libros y quinientas monografías dejó editados al morir. Francia le tributó los más altos honores.

Poincaré se había puesto de codos en la mesa para reconsiderar el montaje sideral de Newton y dedujo que es de enorme dificultad el aplicar la matemática a cualquier dinámica que implique más de tres cuerpos, por no decir ya los millones de ellos que navegan por el firmamento o los otros millones de moléculas que se mueven en un gas. «Ésta fue la primera de las varias grietas en la bola de cristal de Newton —han ironizado Coveney y Highfield, los cuales añaden—: Tales limitaciones recuerdan seriamente el peligro de hacer las cosas lo más sencillas posible.»

Estos autores actuales, no muy entrados en años, no se han atrevido a desafiar a Newton descaradamente al escribir su obra reciente *La flecha del tiempo*, pero Poincaré, desde su colosal talla científica, pegó un chasco grandioso a la memoria de sir Isaac. Había Newton escrito con su habitual arrogancia: «La naturaleza se complace en la simplicidad y no siente afecto por la pompa de las causas superfluas.» Poincaré puntualizó con acidez: «Hace un siglo se afirmaba que la naturaleza ama la simplicidad, pero desde entonces la naturaleza se ha mostrado contraria a ella en más de una ocasión» (*La science et l'hypothèse*, 1903).

Añadamos que, en el curso de su revisión de la mecánica celeste newtoniana, Poincaré puso en marcha la topología moderna. Por lo demás, en sus ratos libres, digamos, publicó un trabajo famoso sobre la dinámica del electrón, llegó a muchas afirmaciones de la teoría especial de la relatividad, al margen de Einstein, y enriqueció la teoría del electromagnetismo e instauró la moderna dinámica de fluidos, a más de elaborar provincias enteras de la matemática contemporánea.

El nombre de Poincaré ha tenido una desgracia y una suerte, las dos excepcionales. El infortunio consiste en que, ante el vulgo, le eclipsó en popularidad su primo hermano, Raymond Poincaré (1860-1934), presidente de la República Francesa de 1913 a 1920; es decir, durante toda la primera guerra mundial, y primer ministro de ella varias veces, una, desde 1926, especialmente eficaz, cuando restauró la firmeza del franco. La buena fortuna del matemático y físico Poincaré consiste en que sus hallazgos y afirmaciones han sido notablemente respetados por la posteridad, la cual no ha dedicado, por cierto, una veneración similar a otras muchas figuras del saber pretérito.

Otras revisiones de Newton menos corteses

Y la primera que ha sido puesta en solfa ha sido la del propio Isaac Newton. Los siglos subsiguientes le han echado en cara su desconsideración, su egoísmo, su soberbia y su mendacidad. El propio Hawking, que es titular en Cambridge de la misma cátedra Lucasiana antaño desempeñada por Newton, confiesa que éste no debía de ser una persona agradable. Sus defectos no vacila en subrayarlos su biógrafo Richard Westfall, hombre de ciencia prestigioso. Implícitamente los reconoce la propia universidad donde Newton enseñó al haber editado el libro en cuestión (*Never at rest*, 1980) en sus mismas prensas. Westfall había ya creado un escándalo periodístico en 1973, antes de publicar tal biografía. El *New York Times* se acordaba diecisiete años después (28 de enero de 1990) de semejante bullicio.

Westfall se había atrevido a proclamar que Newton había manipulado y adulterado algunos cálculos contenidos en sus *Principia Mathematica* para hacer coincidir las cifras con sus conveniencias. Afirmaba incluso que cada vez que alguien le formulaba a Newton un reparo u objeción, éste llamaba a un ayudante y le decía, más o menos: «Tenemos que volver a jugar con los números.» Así lo hacían los dos hasta que les salían a su gusto. A esta operación la llamaba sir Isaac el *mend the numbers game* (el juego de corregir las cifras).

En las sucesivas ediciones de Newton se notan refinamientos de los cálculos que parecen antes apaños que correcciones: versan sobre la velocidad del sonido, la precesión de los equinoccios y otros fenómenos. A la postre, Newton se aproximó así a lo mismo que hoy profesamos, pero Westfall no se priva de opinar que estos retoques están en las lindes de lo deshonesto. Cierto es que se puede ser un gran matemático y equivocarse en los cálculos, y hasta manipularlos, pero no acaba de ser bonito.

Esos *Principia Mathematica*, uno de los fundamentos de la ciencia moderna, fueron escritos por Newton entre 1684 y 1687, conforme a la intención de hermanar la innovación de Copérnico y Kepler con las teorías de Galileo y Descartes. El autor se permitió la broma de proclamar que su propia doctrina provenía de la sabiduría antigua, y principalmente de Tales de Mileto; su ley de la gravitación, según él, estaba ya encapsulada en el pensamiento de Filolao acerca de la música de las esferas. Cuesta creer que Newton fuera sincero al profesar que se hallaba en tan gran deuda con los sabios de Grecia; lo más verosímil es que se propusiera sólo ennoblecer su discurso buscándose antepasados ilustres.

Y buena falta le hacía dignificarlo ante nuestro tiempo porque cada día se habla más de que lo que a sir Isaac Newton le interesaba de veras era la alquimia. Hacia 1694, en la misma época en que, como veremos, Newton padeció graves accesos de demencia, se dedicaba mucho más a la alquimia y el ocultismo que a quehaceres públicamente presentables, lo cual se cuidó muy bien de esconder. Se ha estimado que a éstos sólo pudo aplicar una tercera parte del tiempo de que dispuso y que el resto se le pasó en aquellas cavilaciones heterodoxas.

Cuando Newton se fue de Cambridge en 1696, dejó una enorme masa de papeles diversos sobre historia, alquimia, profecías, glosas bíblicas y esoterismo, los cuales examinó Keynes y componen un total estimado de un millón de palabras. Esta suma, añadimos nosotros, representa muy aproximadamente diez libros de tamaño mediano, impresos, de trescientas páginas cada uno. No se conoce el valor que puede tener este bulto de escritos, pero incita a la sospecha el advertir que Newton, en una cronología del pasado universal, a la cual dedicó varios años, no dudó en incluir la expedición de Jasón y los argonautas en busca del vellocino de oro, entre otras leyendas y ocurrencias. Tal cronología pretendía confrontar con las posiciones de los astros los hechos que él daba por históricos y, según Newton, aquella expedición ocurrió exactamente el año 936 a. J.C., fecha y hecho que los eruditos le refutaron para gran indignación suya.

Los ingleses no han tenido luego ningún interés en divulgar esta faceta de su gloriosa lumbrera. Keynes quebrantó la antigua conjura de silencio patriótico, protectora de la fama del gran hombre, para señalar: «Newton no fue quien abrió la era de la razón. Fue el último de los magos, el último de los babilonios y los sumerios, el último gran talento que miró el mundo visible e inteligible con los mismos ojos que aquellos que empezaron a construir nuestro patrimonio intelectual hace menos de diez mil años.» La obsesión de Newton por el ocultismo ha sido estudiada en 1992 por Betty Jo Teeter en su obra *The Janus face of genius*, publicada por la Universidad de California.

Creando un pasmoso puente entre Cambridge y la Córdoba califal, Keynes llegaba a proclamar: «Newton era un monoteísta judaico de la escuela de Maimónides», aludiendo a que era fanático de la línea sectaria llamada unitarista. Ésta profesaba que la Santísima Trinidad es un cuento y que Cristo no ha de ser adorado como Dios. Aun así, Newton no rompió con la Iglesia anglicana oficial y además vivió con un puritanismo que acabó por convertir el exceso de virtud en defecto, como vemos.

Sir Isaac empezó a dar claras muestras de la ya citada perturbación mental en el año 1693, cuando tenía cincuenta: perdió el apetito, el sueño, la memoria y hasta la fidelidad de los sentidos, se peleó con los amigos —con uno de ellos, el ilustre Samuel Pepys, lo hizo por medio de una carta insultante—, se inventó confabulaciones hostiles de la gente y, en suma, dio que hablar a Europa entera con las rarezas en que incurrió, muchas de las cuales confesaba abiertamente. Así, cuando comenzó a mejorar este desequilibrio, le puso una carta al insigne filósofo Locke que comenzaba diciendo: «Me alteró tanto el figurarme que queríais enredarme con mujeres que, cuando alguien me dijo que estabais enfermo sin remedio, comenté que ojalá os murierais. Suplico que me perdonéis esta falta de caridad...» La demencia de Newton fue evolucionando hacia una depresión que ya le había acompañado en anteriores etapas y que nunca dejó de tomar parte en sus peculiaridades.

Una de las más sobresalientes fue el descomedido afán de Newton de recibir aplausos, honores, cargos, como una especie de indemnización que el mundo le debía. De este modo se granjeó, en 1696, ser nombrado procurador de la Casa de la Moneda y luego fue director de ella, además de ser presidente de la Royal Society, de 1703 en adelante, y de verse ennoblecido con el grado de caballero y el título de «sir».

Aplicó ardor a sus tareas en la ceca; éstas comprendían la persecución de los falsificadores de moneda, y consta que Newton no lo había pasado nunca tan bien como interrogándolos personalmente, mandándolos a la horca y aun asistiendo a las ejecuciones con deleite nada disimulado. Así, dedicaba a aquellos delincuentes el mismo método con que había desarrollado sus grandes hallazgos científicos: «Tengo el tema constantemente delante de mí y espero a que vaya clareando poco a poco y se haga la luz sobre él, plena y completa», decía.

El talento desdichado y la verdad provisional

Lo malo del caso es que esta luz sea tan flojamente provisional. En las demás ciencias ocurre —y es para general beneficio— que las creencias de hoy son corregidas mañana por otras más acertadas, usándose cierto paulatino acomodamiento. Sin embargo, en las matemáticas se registraron en el siglo pasado hecatombes estremecedoras que pusieron en crisis casi todo el repertorio conocido hasta entonces. ¿No podrán repetirse en un momento futuro a propósito de los conocimientos que hoy manejamos?

El día 10 de junio de 1854, un matemático de veintiocho años creó una de estas catástrofes con una conferencia que dio en la universidad alemana de Gottinga. Se llamaba Georg Bernhard Riemann (1826-1866), era tímido, pobre y tísico, y su disertación formaba parte de las pruebas para ser admitido como profesor sin sueldo. Al cabo de un rato de hablar había ya acabado de destruir toda la geometría vigente desde que la estructuró Euclides, dos mil años antes, y había abierto la puerta de otra nueva.

Y decimos acabado de destruir porque esta geometría milenaria había ya recibido severas objeciones en los años anteriores. El maestro de Riemann, Karl Friedrich Gauss (1777-1853), había expresado reservas sobre Euclides y su legado, y excitó a su discípulo a trabajar sobre ellas y pronunciarlas delante de todo el claustro como ejercicio de ingreso en él. No quería que la universidad alemana quedara retrasada respecto de los trabajos que en esta misma materia había avanzado un ruso de grandiosa capacidad creativa, Nikolai Ivanovich Lobachevski (1793-1856). En 1829, desde su Universidad de Kazan, éste había sido el primero en disertar sobre que desde un punto se pueden trazar dos paralelas a una línea recta, cosa que, dicha así en frío, parece sosa, pero trae consigo un mundo de consecuencias. Por de pronto, que la geometría de Euclides sea sólo un caso particular dentro de las geometrías posibles y valga mayormente para objetos planos, que sean concretos y más bien pequeños.

A Riemann, la preparación de la conferencia que le impulsaba a dar Gauss le costó una enfermedad de la que no levantaría cabeza. Nacido en el desmedrado hogar de un pastor protestante que tenía seis hijos, vio morir pronto a su madre y a varios de sus hermanos. Se esforzó afanosamente en estudiar y vivió de dar clases mal pagadas. No sabemos si por necesidad o por vocación, comenzó también a ayudar en los trabajos sobre electricidad que se desarrollaban en su misma universidad, y en el curso de ellos descubrió que electricidad y magnetismo venían de la misma fuerza. Más aún: para entenderlos y para comprender la gravitación hay que partir de que nuestro universo tiene cuatro dimensiones que están estrujadas y comprimidas en las tres únicas que nos permiten percibir nuestros sentidos. La cuarta dimensión no es más que una de las que podemos concebir dentro de la pluralidad infinita de espacios imaginables. Lewis Carroll, matemático de pro, estaba enteramente familiarizado con este pensamiento cuando hacía que Alicia pasara de un mundo a otro, sea a través de un espejo o cayendo por el pozo que la llevaba al país de las maravillas. Los estudiosos ulteriores desarrollarían estas ideas y las llevarían al espectacular triunfo que hemos conocido en nuestros días.

Riemann no fue nombrado profesor numerario de su universidad hasta pocos años antes de morir, y precisamente para suceder a su maestro Gauss. Estaba ya agotado por el esfuerzo de mantener precariamente a su familia mientras desenvolvía aquellas grandiosas investigaciones, y su muerte miserable constituye uno más de los casos en que la genialidad matemática va de bracete con la penuria y la enfermedad.

Otro ejemplo de semejante desdicha lo ofrece la breve y arrastrada vida de Srivasa Ramanujan (1887-1920), hindú de Madrás, hijo de un humilde oficinista. Demostró desde la niñez una vocación para las matemáticas que no admite otro parangón que la de Mozart para la música: él decía que cierta diosa indostánica se le aparecía en sueños para inspirarle razonamientos con los que al día siguiente asombraba a todos. La diosa podía haberle proporcionado también algún cómodo pasar, pero esto se lo tuvo que procurar él dificultosamente en las oficinas del puerto de Madrás, tal como Einstein, en semejante época, vivía de un empleo en el despacho de patentes de Suiza. Distanciado de la enseñanza oficial, Ramanujan tuvo la idea de enviar sus trabajos a tres matemáticos ingleses célebres, y dos los echaron al cesto.

El tercero, Godfrey H. Hardy, se limitó a dejarlos de lado en su mesa y los fue mirando a ratos perdidos, con cierto recelo. La carta, humilde y de raro estilo, presentaba como obra propia 120 teoremas, algunos conocidos, iguales que los de los libros usuales, y otros totalmente ignorados. Hardy fue penetrando en aquel extraño escrito y acabó por mostrarlo a diversos colegas. Poco a poco fueron deduciendo que tenían delante la obra de un genio matemático de primera categoría, el cual, según decía Hardy, había «estado desafiando con su cerebro a todo el acervo científico europeo».

El profesor británico venció una serie de dificultades y logró que Ramanujan fuera invitado a ir a Cambridge en 1914, donde pasaría tres años de febril producción. Antes de que Hardy pudiera repasar de qué modo su invitado hindú había elaborado por su cuenta algún teorema —el cual a veces estaba ya admitido en Europa, tras complicadas operaciones—, Ramanujan le presentaba una docena más. Hardy se complacía en contar una curiosa anécdota: «Me acuerdo de haber ido a visitarle cierta vez que él estaba enfermo en Putney. Yo tomé el taxi número 1 729 y comenté con él que éste parecía un número insípido. "No", respondió él en el acto, "es un número muy interesante. Es la cifra más pequeña expresable como dos sumas de dos cubos diferentes. Puede ser la suma de $1 \times 1 \times 1 + 12 \times 12 \times 12$ y la suma de $9 \times 9 \times 9 + 10 \times 10 \times 10$".»

Ramanujan no vivió muy feliz en Inglaterra: eran los años de la primera guerra mundial y él se encontró desambientado y lamentó en especial hallarse privado de la dieta vegetariana que seguía. Habría regresado a la India si la contienda lo hubiera permitido. Lo hizo en 1919, apenas restablecida la paz. Volvió a su casa y murió al año siguiente, a los treinta y tres de edad. Dejó cuatrocientos folios con cuatro mil razonamientos asombrosamente potentes sobre teoría de números. No llevaban demostración ni glosa, los cuales no han resultado ser nada fáciles de acometer por otros. En 1976 se descubrieron en Cambridge, en una caja perdida, otras 130 hojas dispersas que recogían los trabajos de su último año. Los matemáticos Jonathan y Peter Borwein comentaron: «Nunca se ha emprendido ningún trabajo matemático de tal finalidad y dificultad.»

Esta decisiva incidencia de unas singularidades personales en la investigación moderna vuelve a infundir en las matemáticas algún colorido mágico, cual si retornáramos a la época de Pitágoras.

La exactitud de las estadísticas

El gran matemático Oskar Morgenstern —fundador de la Teoría de los Juegos junto con John von Neumann— escribió un libro, *Sobre la exactitud de las observaciones económicas*, que está traducido al español y es muy divertido, mucho más de lo que cabía esperar de un hombre de ciencia tan importante. Nos limitaremos a espigar en algunos de los casos cómicos que refiere, porque denunciar la inexactitud de las estadísticas que nos ofrecen cada día las autoridades y los negociantes no resulta divertido, sino enfadoso. Dejaremos, pues, pendiente esta otra faceta de la cuestión para otro momento.

Refiere dicho autor que en el censo de la población de Estados Unidos del año 1950 se descubrió un sorprendente número de jóvenes viudos de catorce años, y también que el número de varones viudos disminuía de los veinte años en adelante. También abundaban asombrosamente las viudas o divorciadas de catorce años, y lo propio se observaba en la población india de la Unión. Dentro de la misma estadística, resultaba mayor el número de esposos que vivían con sus esposas que el de esposas que vivían con sus maridos. Dicho sea de paso, esto mismo apareció en la estadística municipal barcelonesa de antaño. Morgenstern interpreta que aquellos errores norteamericanos se debieron a unos cambios de epígrafe en las fichas perforadas que se usaban en la época, de modo que el concepto «esposa» se convirtió a veces en el concepto «indio», o así. En el caso barcelonés, la explicación es menos técnica: durante muchos años el ayuntamiento echó mano de estudiantes para que repartieran por las casas las hojas del padrón de habitantes; la mayoría cumplieron con su trabajo yendo de veras por las viviendas, pero muchos llenaron las hojas inventándose los datos en su casa.

En otros casos, dice Morgenstern, es absurdo pretender dar números exactos sobre cosas que es imposible cuantificar con precisión, y menos si son referidas a un momento concreto: así ocurre con los índices de precios de las cosas expresados hasta con centésimas y con las cifras de paro llevadas hasta el último dígito, ambas para una fecha dada. El autor emplea cierta guasa al reseñar que la embajada de China en una capital europea afirmaba solemne y sorprendentemente en un boletín: «Para la primera mitad del año 1948, la población de China es de 463 493 418 habitantes, 695 325 más que en la segunda mitad de 1947 y 2 847 133 más que en julio de 1947.» «Informes tan detallados —comenta Morgenstern— no se restringen a China ni al cálculo de la población.»

Añade también que el Congreso de Estados Unidos conoció en 1949 con desolación que las reservas del oro estatal custodiado en las galerías de Fort Knox sólo podían contarse con un error de veinte millones de dólares en más o en menos. Aun así, en años sucesivos siguieron dándose cifras redondeadas hasta los millares: por ejemplo, en 1960, era la de 12 483 415 000 dólares. Sin duda, veinte millones son un minúsculo porcentaje de error sobre este total, pero tampoco dejan de ser una cantidad interesante. Ahora bien, continúa nuestro autor, no es posible tolerar esta misma elasticidad en el recuento del plutonio o del uranio 238 que anda por ahí, y no obstante es sumamente difícil tenerlo controlado.

Además de la honradez y la capacidad de los observadores y de la índole específica de los asuntos, el factor tiempo puede trastornar los resultados de la estadística. Se repite como típico el caso de la cabaña de cerdos de Bulgaria: en 1 de enero de 1910 la estadística decía que eran 527 311 ejemplares; diez años después, el 1 de enero de 1920, había más del doble: 1 089 699.

¿Es que había aumentado tanto la ganadería porcina del país? Ni poco ni mucho: lo que había ocurrido es que en el ínterin se había pasado en Bulgaria del calendario juliano, válido en la Iglesia ortodoxa, al gregoriano, que es el nuestro, aun cuando las fiestas religiosas siguieron celebrándose según el almanaque antiguo. De este modo, el 1 de enero de 1910 cayó después de Navidad, cuando la gente había matado los cerdos para las fiestas, y el 1 de enero de 1920 vino antes de Navidad, cuando estaban vivos todavía y llamados a ser contados, aunque fuera para pocos días. Esto, dejando aparte, dice Morgenstern, la capacidad del gobierno búlgaro para contar hasta el último cerdo...

III. Orígenes del inquietante futuro

12. INFORTUNIOS DE LA FÍSICA MODERNA

EL LAMENTABLE CASO DE BOLTZMANN

El cadáver del insigne físico austríaco Ludwig Boltzmann fue encontrado por su hija, el 5 de setiembre de 1906, colgado de una cuerda. Boltzmann, catedrático de la Universidad de Viena, se había ahorcado en una ventana de la casita de veraneo que había alquilado en Duino, pueblo del litoral adriático famoso por los poemas que Rilke elaboró allí. Ante él se abre la playa de Sistiana, donde la cariñosa familia del sabio anhelaba que se repusiera de sus angustias y su estrés. Tenía sesenta y dos años (n. 1844) y era profesor universitario desde hacía casi cuarenta, en seguida de terminar la carrera. Los estudiantes de hoy poco pueden imaginar la horrible tragedia de Boltzmann cuando han de aprender su nombre al leer la teoría cinética de los gases, repasar la termodinámica y enterarse de los orígenes de las ideas actuales sobre las radiaciones, la composición atómica de la materia y tantos más sectores de la física, donde él perdió el humor, la salud y la vida.

Tampoco imaginó Boltzmann, ni nadie, al principio que el dedicarse al estudio iba a ocasionarle tantas desdichas. No fue, por cierto, el único hombre de ciencia que las padeció, según ya vamos viendo. Era hijo de un funcionario austríaco de Hacienda, fervoroso católico, integrado de corazón en la estructura del imperio de Francisco José: éste había subido al trono en 1848, cuando tenía dieciocho años y Boltzmann cuatro. La trayectoria vital del profesor se cumplió dentro de la cuadrícula de aquella gobernación.

Boltzmann no parece haber sido básicamente agresivo ni luchador: tenía voz aflautada, era metido en carnes; su mujer, Henriette, le llamaba «mi querido dulce gordito». La sensitividad del profesor, su delicadeza, eran congénitas y fueron agudizándose a medida que recibió ataques, sintió desengaños y padeció perjuicios. Se le multiplicaron dolencias que tenían clara conexión con los disgustos: dolores de cabeza patéticos, asomos de angina de pecho, perturbaciones de la visión, asma, depresiones. Mucho antes de que llegara su última hora, intentó ya suicidarse estando de profesor en Leipzig. Se tomaba tan a pecho sus hallazgos y tesis que el verlos refutados le causaba un desánimo abrumador; crecía en su corazón entonces el anhelo de evadirse de un mundo que le rehusaba las satisfacciones que más apetecía.

¿En qué consistían éstas? Principalmente en que se le admitiera que diversos dogmas de la física tradicional no eran indiscutibles: sólo estaban fundados en una pura repetición de los eventos. ¿Es que no era lícito reconsiderar esas monotonías por si no valían como ley absoluta? Cuando Boltzmann murió, Einstein tenía sólo veintisiete años y había concebido ya hacía tiempo la idea de que su predecesor llevaba razón en una serie de puntos concretos; Einstein se solidarizaba con él al utilizar un estilo estadístico de aproximación a las añejas verdades. Los devotos de la tradición se habían apelotonado como ovejas atemorizadas en torno de su pastor, el cual, en este caso, era el fantasma de Newton. En 1872, mucho antes de que apareciera la mecánica cuántica, Boltzmann estaba muy cerca de las que fueron luego las tesis básicas de la misma, y admitía el concepto de caos molecular. Tal aserto y varios más excitaban la contradicción de Mach, Ostwald y otras autoridades, por lo demás muy respetables y prestigiosas.

Boltzmann pagaba el opresivo tributo que grava a los precursores, los innovadores y revisionistas. «Soy consciente —escribía en el prólogo de su obra principal, *Lecciones sobre la teoría de los gases*— de ser solamente un individuo que lucha débilmente contra la corriente del tiempo.» Una temporada antes de suicidarse, ya tuvo que suspender su tarea docente, afligido por migrañas impresionantes. «Oímos desde el vestíbulo sus quejidos que partían el corazón», comentó un alumno que fue a examinarse en el chalet que habitaba el profesor en Währing, en las afueras de Viena. No pasaron muchos años desde el suicidio de éste cuando sus ideas atomistas y lo más sustancial de las restantes fueron aceptadas por los senados científicos, en gran parte gracias a los trabajos de Einstein.

Según vamos comprobando, el mundo académico permanecía en el error más obstinado respecto de Boltzmann y otros muchos temas. Una vez más, vemos que la equivocación no es un fenómeno insólito y anómalo en el tráfago científico, sino que, por el contrario, domina extensas y duraderas parcelas de él. En estas páginas abundan los ejemplos de errores fecundos y creativos, que son antecedente y plataforma de aciertos magníficos. En otros casos, la equivocación es terca, maliciosa, fosca, y se empeña en poner trabas a la verdad de los demás.

Hace algunos años, Paul Forman vio traducido al español su libro *Cultura en Weimar, causalidad y teoría cuántica, 1918-1927*, donde pondera el talante neorromántico y existencialista que dominó en ciertos círculos alemanes en los años sucesivos a la primera guerra mundial, como repulsa contra un exceso de positivismo que había imperado antes, incluso propiciando la contienda y la derrota. En el ámbito de la física y las matemáticas se registró una cierta rebeldía contra la tiranía del principio de causalidad y otras muchas actitudes cerradas propias del tiempo pasado.

Dentro de esta misma sublevación debe anotarse un episodio poco popularizado en la historia de la ciencia nuclear: el descubrimiento de la reacción en cadena lo efectuó en 1933 un físico húngaro que vivía modestamente exiliado en Londres: era Leo Szilard. Se le ocurrió en un cruce de calles donde estaba parado esperando que el semáforo se pusiera verde. Al año siguiente Szilard patentó la noción y el procedimiento básico de desintegración del átomo. Por las mismas fechas, lord Rutherford, que era una eminencia en estudios nucleares, sentenció solemnemente que la idea de aprovechar la energía atómica para algo era el colmo de las quimeras. En tales años no fue el único caso de fanfarronería científica que pronto se desacreditó por sí solo.

Chisporroteantes páginas de la investigación eléctrica

Esta alternancia entre acierto y error en los trabajos propios, entre fomento y aborrecimiento de los ajenos, se nota con mayor espectacularidad en la investigación de la electricidad. Como si esta rama de la física fuera más agitada que otras, hierve en su crónica una superabundancia de rasgos pasionales y efectos dramáticos. En el mismo prólogo del estudio moderno de la electricidad se da ya el fecundo error de Luigi Galvani (1737-1798), médico y biólogo de mérito. En el curso de sus disecciones de órganos y miembros de animales, Galvani ideó aplicar las descargas de una «botella de Leyden» —la más primitiva forma de acumulador de electricidad estática— a músculos y nervios diversos que él estudiaba. Galvani registró las contracciones evidentes que la descarga eléctrica producía. En el año 1786, de modo casual, uno de los ayudantes de Galvani indujo en un anca de rana unas contracciones notables sin intervenir la menor descarga eléctrica. ¿Qué había pasado?

Todo el laboratorio hirvió de expectación: se repitieron los pasos y gestos que habían acompañado aquel prodigio. Nadie prestó atención a que el pedazo de rana estaba colgado de un gancho de cobre sujeto a una reja de hierro y que el ayudante lo había tocado con un escalpelo de acero. Galvani enfocó el análisis del fenómeno por el camino de la «electricidad animal».

La llamó así recogiendo una extensa opinión anterior que sospechaba que en el interior de los animales chisporroteaba una especie de «fluido vital». Esta creencia, ramificada en análisis de los factores que aumentaban o menguaban aquel impulso, permaneció vigente durante muchos decenios, y no fue estéril del todo porque acabó afluyendo al gran embalse de nociones acerca de la electricidad que se acopió en la segunda mitad del siglo pasado.

El físico Alessandro Volta (1745-1827), también italiano, prefirió buscar la electricidad fuera de los seres vivos: la identificó en la atmósfera, en las aguas y en los minerales. Tuvo el acierto de corregir el experimento de Galvani señalando que el contacto entre unos discos apilados de zinc y cobre generaban una corriente eléctrica capaz de contraer una pata de rana. Desarrollando la idea, fabricó en 1800 la pila que lleva su nombre, primer acumulador eléctrico de veras eficaz.

Menos conocida que la labor de Galvani y de Volta en el estudio de la electricidad es la de un ilustre compatriota nuestro: el doctor don José de Letamendi (1828-1897), catedrático de medicina en la Universidad de Barcelona y luego en Madrid. «La electricidad —le dijo a Narciso Monturiol en 1860 mientras le acompañaba en las pruebas del submarino *Ictíneo*— podrá ser durante algún tiempo el motor de moda, el motor circunstancial, el motor principal en espera de otro mejor, mas nunca el motor definitivo.» Éste, según proclamó ya abiertamente en 1883, habría de ser la energía que late en el seno de la materia. «Una molécula —escribía en su *Patología general*— es un sistema de actividad atómico-intransitiva donde todo es posible menos el reposo, de suerte que el esquema real de una molécula debería ser algo parecido al de un sistema astronómico, infinitamente pequeño con su átomo-sol o sus átomos-soles, sus átomos-planetas, satélites y cometas, y quién sabe qué cosas más, moviéndose en determinadas órbitas.» En el mismo año 1883 Letamendi comenzó a colaborar en la revista *La Electricidad*, que apareció en Barcelona. Echegaray y Edison contribuían también a ella con sus artículos.

La simple mención del nombre de Thomas Alva Edison (1847-1931) dispara una traca de conceptos pasmosos. Titular de más de un millar de patentes, muchas de las cuales son básicas para nuestro estilo de vida, Edison es una de las figuras de la ciencia y la técnica que ha logrado más extensa popularidad, aprovechada y a la vez multiplicada por el cine. Este mismo y el curso habitual de las leyendas han deformado considerablemente su perfil, dándole dimensiones casi celestiales: en realidad, Edison no tuvo infancia menesterosa, no le fueron mal los estudios, no padeció sordera por efecto de un tortazo que le pegara un ferroviario, no era un marido abstraído y huraño. Su vida auténtica fue tanto o más chocante que esto: ganó un barril de manzanas apostando a que lograría grabar la voz humana mediante una máquina; no se tenía por un hombre de ciencia, sino por un empresario «dedicado al negocio de los inventos», y llevaba su laboratorio como una fábrica; dio cierto crédito a médiums y a diversas tesis sobre lo paranormal e investigó torpemente la actividad eléctrica del cerebro, buscando un sistema para conocer la dinámica física del pensamiento; invirtió un dineral, hasta casi arruinarse, en comprar unas minas de hierro e imaginó una técnica para separar el mineral de la tierra usando grandes imanes: las minas y los imanes no le valieron para nada.

Aun siendo sorprendentes estos episodios de la vida de Edison —y otros muchos que cabría traer aquí—, los más estrepitosos se dieron con motivo del combate entre dos formas de electricidad que patrocinaron, a partir de 1866, en Estados Unidos, él y George Westinghouse; el primero defendía las ventajas de la corriente continua y Westinghouse la alterna. Se efectuaron diversas pruebas públicas de la una y de la otra, en medio de polémicas y debates muy acalorados, de los que seguiremos tratando desde otro ángulo. Semejantes discusiones vinieron a empalmar en 1889 con las surgidas en Nueva York y otros lugares acerca de la pena de muerte y su mejor modo de ejecución. Dentro de este ambiente, Harold P. Brown, asociado y defensor de Edison, inventó la silla eléctrica y anunció públicamente que le aplicaría corriente alterna; así trataría de desacreditar e infamar esta modalidad como si fuera «la electricidad de la muerte».

El enfrentamiento entre la corriente continua y la alterna, a finales del siglo XIX, como candidatas a ser la fuerza motriz de la gran industria mundial daría para escribir una serie de novelas apasionantes. Ninguna de las grandes figuras de la Norteamérica de entonces dejaría de tomar parte en el choque: Vanderbilt, Morgan, Mark Twain, Edison y, en suma, la persona más interesante de todas, Nikola Tesla (1856-1943), un croata inmigrado que trabajó con Edison al principio de su estancia en Estados Unidos. No se sabía si había acabado los estudios superiores tras recorrer diversos centros del imperio austríaco. Tesla había tenido una infancia de estilo mozartiano, con precocidades sorprendentes, y rarezas físicas tales como pasar de súbito a tener 260 pulsaciones por minuto y poder oír el tictac de un reloj pequeño situado a tres salas de distancia, y una tormenta a cientos de kilómetros.

En 1882 empezó a trabajar en París para una compañía filial de Edison y no tardó en convencerse de las ventajas de la corriente alterna sobre la continua, usada por la compañía e impuesta por Edison, que no admitía discusión sobre el tema. Valiéndose de una central productora, Edison estaba ya suministrando energía a una red de alumbrado que abarcaba numerosas calles de Nueva York, comprendidas evidentemente Wall Street y mansiones de potentados, entre ellos el banquero Morgan, financiador de Edison.

Se han publicado varios libros acerca de las singularidades de la carrera de Tesla, y éstas empezaron a prodigarse en sus tiempos de colaborador de Edison. Receloso y arrogante, Edison miró a Tesla por encima del hombro, tardó tiempo en valorar las mejoras que éste lograba en sus equipos y, en suma, le defraudó en los pagos que le había prometido. Tesla se marchó y fundó una compañía eléctrica propia. No sería ni la primera ni la última de las aventuras empresariales que le fueron mal. Tras mil penalidades, Tesla trabajó en el perfeccionamiento del motor de corriente alterna y se alió con el empresario George Westinghouse. Edison se puso como un tigre y desencadenó una guerra de insultos y calumnias contra la corriente alterna en general y Tesla en particular.

En los años siguientes, los finales del siglo pasado, Tesla conoció intensamente dos vivencias: una grata, la libertad absoluta para imaginar creaciones asombrosas rodeado de respeto, y otra menos grata: que los financieros le iban sisando los productos de sus inventos, aunque le hacían el alto honor de admitirle en sus festejos y tertulias, donde no dejó de atraer el interés de numerosas bellezas elegantes —entre ellas la hija del banquero Morgan— sin correspondencia. La soltería de Tesla, su aislamiento, su talante reservado dieron pie a algún rumor maligno. En París se comentó que en cierta ocasión, al pasar delante de él, Sarah Bernhardt había perdido el tiempo dejando caer su pañuelo...

En aquellos años de libre fantasía, Tesla hacía vida en el Waldorf Astoria y acabó instalándose en él. Dio conferencias y divulgó escritos sobre los más variados temas de la física del porvenir: sugería lo que sería la radiactividad igual que diseñaba el transporte de la energía eléctrica sin cables, suponía los rayos cósmicos, auguraba el microscopio electrónico, proyectaba la desintegración del átomo, intuía la radio, movía maquetas de barcos por control remoto, hablaba de robótica...

En 1893 se abrió en Chicago la Exposición Universal, donde nuestra infanta Eulalia representaría a su sobrino Alfonso XIII y llamaría la atención por fumar en público. Tesla se convirtió en una de las figuras más populares de la exposición: se exhibió dejando pasar por su cuerpo una corriente de 200 000 voltios; al término del experimento le rodeaba una aureola brillante y de sus ropas se desprendían llamas que no quemaban. De aquí dedujo Tesla las aplicaciones terapéuticas de la electricidad, y muchos de los tratamientos actuales —diatermia, ozono, radiaciones, corrientes, etc.— derivan de aquellas pruebas y los estudios correspondientes.

Cabe suponer que aquélla fue su última etapa de brillantez creadora: el 13 de marzo de 1895 se incendió su laboratorio de Nueva York, instalado en un edificio de seis pisos. La adhesión de sus muchos amigos adinerados le resolvió el problema de reconstruirlo, pero se habían perdido aparatos y documentos insustituibles, y el pesar y la tensión causados por el desastre comenzaron a alterar el equilibrio psíquico de Tesla. En el año 1898 sus experimentos con un pequeño oscilador provocaron unas vibraciones autoalimentadas que semejaron un terremoto alarmante en todo un distrito de Nueva York. Cuando acudieron la policía y los periodistas, les dijo en tono indiferente: «Podría destruir el puente de Brooklyn en cuestión de minutos, si me lo propusiera.» Para dar fundamento a este alarde, se fue él solo, con un oscilador en el bolsillo, a un edificio de armazón metálica que estaba construyéndose en la zona de Wall Street, aplicó el aparato y empezó a hacer vibrar la estructura en forma tan dramática que los obreros salieron huyendo.

Tiempo después afirmó que podría partir la Tierra en dos mitades, como una manzana. Este resultado formaba parte de una nueva ciencia que Tesla fundó, la telegeodinámica. En ella se estudiaban las vibraciones del subsuelo y, diferenciando las unas de las otras, podía localizar yacimientos minerales, objetos subterráneos, barcos hundidos y submarinos, además de prever y analizar los terremotos.

En este mismo año de 1898 Tesla participó, como buen patriota, en el esfuerzo norteamericano de guerra contra España, al cual se sumaban también entusiasmados los indios siux y los periodistas truhanes de Hearst. El genial inventor puso al servicio de su país un modelo de robot y una lancha torpedera, ambos con mando a distancia, que fueron ensayados con aplauso. No es imposible que Marconi y Edison mojaran alguna miga de su propio pan en la salsa preparada por Tesla, puesto que hubo algún solapamiento entre los trabajos de los tres sobre la propagación de ondas radioeléctricas y su aprovechamiento. Tesla estuvo siempre convencido de que Marconi le había robado la idea de la radio. Lo que es cierto es que el genial italiano llegó a su descubrimiento de tales ondas por otro camino que Tesla y con instrumental distinto, aunque disfrutando, sin duda, de las experiencias acumuladas por su predecesor. Hubo finalmente una serie de pleitos entre Tesla y Marconi. El Tribunal Supremo de Estados Unidos declararía a Tesla inventor de la radio... ocho meses después de que éste muriera sin familia ni herederos.

Tesla decidió en su vejez instalarse en Colorado, rodeado de inmensidades solitarias, y montó allí un grandioso laboratorio dedicado a experimentos tan extremados que ha costado trabajo hasta identificarlos, puesto que las notas que dejó fueron creciendo en confusión y desorden. Se dedicó sin trabas a estudiar la electricidad y el magnetismo planetarios, el rayo en bola y los plasmas, los secretos de la meteorología, la transmisión de energía eléctrica, de ondas y vibraciones; más tarde sus trabajos prepararían el camino del radar y de los misiles. Estos temas no eran los más adecuados para hacerse rico a corto plazo, ni siquiera para hacer frente a las deudas.

Cada vez más misántropo y deprimido, Tesla padeció durante los últimos años de su vida desarreglos mentales penosos: cierto día encargó a un botones del Waldorf que llevase una carta a Mark Twain; el chico la devolvió porque le dijeron en las señas que el señor Mark Twain había muerto hacía veinticinco años. «¡Qué tontería! —exclamó en su delirio Tesla—. ¡Si ayer estuvo aquí conmigo!» Tiempo después, en el hotel abrieron el sobre: contenía veinte billetes de cinco dólares que Tesla le mandaba a su viejo amigo, resucitando acaso el recuerdo de algún apuro que Mark Twain había padecido años atrás. Tesla murió el 7 de enero de 1943, a los ochenta y seis años, y Estados Unidos le tributó grandiosos honores. Un tanto fugaces, porque los admiradores y devotos de su memoria se dolieron de que ésta no contase con mayor fomento y propiciaron que algunos papeles y las cenizas del inventor fueran enviados a Belgrado, donde se ha erigido un museo en su honor, que no debe de andar muy bien hoy día.

Se había hablado siempre de que Tesla trabajaba en un «rayo de la muerte», y durante la segunda guerra mundial la mención de esta arma definitiva aleteó varias veces en los dos bandos. Los láser actuales tienen parentesco con semejante idea. Lo curioso es que en Estados Unidos desaparecieron los papeles de Tesla apenas hubo muerto y no se los ha vuelto a ver en parte alguna.

Tragicomedias nucleares

Cuantas más vueltas se le dan al tema de las aplicaciones de la energía nuclear, más clara se advierte la constricción que sobre éstas ejerce la mísera pequeñez del hombre, su dramática inferioridad respecto de las dimensiones gigantescas del asunto. Tal incompetencia conduce a humanizarlo neciamente y a mantenerlo más o menos atraillado con los otros conflictos planetarios que no acabamos de saber manejar. De este modo está resultando cada día más notorio que se ha utilizado la energía atómica tan estúpida y criminalmente como es propio del hombre de nuestro tiempo: es lógico que así ocurra.

Acaba de publicarse una biografía de James F. Byrnes, que fue secretario de Estado norteamericano y mentor decisivo del presidente Truman en el fin de la segunda guerra mundial. La firma David Robertson y la ha editado en Nueva York la casa Norton, en 1994, con el título de *Sly and able* («Astuto y competente»). En un momento dado, en la Casa Blanca, según cuenta, se meditó sobre si lanzar las bombas atómicas sobre el Japón —dice el autor—, partiendo de que este país había ya insinuado en abril de 1945 sus deseos de tratar de la paz. El señor Byrnes le señaló entonces al presidente que, después de haber dedicado dos mil millones de dólares a fabricar la bomba atómica, los electores se quejarían del gasto inútil si ésta no se utilizaba, y su desagrado haría bajar los votos favorables. Las bombas fueron lanzadas.

En la otra potencia atómica de la época, la Unión Soviética, la cuestión era tratada con la misma bajeza de miras: «Dejadlos tranquilos —había ordenado Stalin a sus jefes de policía, refiriéndose a los sabios atómicos que trabajaban en su propia bomba—. Siempre habrá tiempo de fusilarlos más tarde.» Consta así en otro libro del año 1994: el de David Holloway, *Stalin and the bomb*, publicado por la Universidad de Yale, que se vale de la reciente apertura de los archivos rusos a la investigación. Este cómico diálogo forma parte de unas objeciones que puso Beria, el temido jefe de la policía secreta, a las teorías de la relatividad y de los quanta, reprochando que eran idealistas y desviacionistas. Los investigadores atómicos rusos replicaron que si la ortodoxia comunista rechazaba tales teorías tendría también que desechar la bomba atómica.

Allí verá el lector interesado por el tema —cuyas enormes implicaciones desbordan las riberas de nuestro libro— cómo Stalin le iba pasando con cuentagotas a su físico de confianza, Igor Kurchatov, los datos proporcionados por los espías que tenía en los países occidentales. El poder soviético se había preocupado también desde hacía unos años por el logro de un arma atómica, igual que Hitler, y los estudios iban progresando lenta y fatigosamente porque Stalin no les prestaba gran atención. Hasta 1943, con la victoria de Stalingrado, no tuvo cabeza para esto y le empezó a entregar a Kurchatov con mayor largueza, pero dentro de un pacto de secreto personal, los informes que le llegaban de Klaus Fuchs, David Greenglass y los demás espías que la URSS tenía en los centros atómicos norteamericanos. «Justo lo que nos hacía falta», exclamaba Kurchatov al verlos.

Los recelos de Stalin, empeñado en prohibir a Kurchatov que diera curso eficaz a las informaciones, retrasaron enormemente la investigación soviética. El prestigioso físico ruso Piotr Kapitsa dio por su lado valiosos asesoramientos a Stalin que éste desoyó. Lo grotesco de la situación produjo, entre otros frutos, el que Kurchatov adquiriera entre sus colegas una fama milagrosa de genio adivinatorio, por lo súbito y deslumbrante de las noticias e instrucciones que les daba a medida que llegaban los papeles proporcionados por los espías. El estallido de las bombas norteamericanas en Hiroshima y Nagasaki enfureció terriblemente a Stalin, el cual no había acabado de creer nunca en su posibilidad. «Ha quedado destruido el equilibrio», gritó. Mandó entonces acelerar locamente la procura de una bomba propia para restaurar su nivelación con Occidente, que logró en 1949 merced a los esfuerzos de Sajarov y otros hombres de ciencia, muchos de los cuales fueron perseguidos más tarde.

En el año 1949 volvieron a ser públicas las mezquindades que mancillaban el programa atómico norteamericano cuando se debatió la idea de obtener la bomba de hidrógeno. Las consideraciones humanitarias y ecológicas figuraron en grado menor dentro de la panoplia de argumentos y factores participantes. Mucho mayor relevancia tenían, dentro de la controversia sobre si la bomba-H era factible o no, las rivalidades de partido, de escuela, cátedra y campanario. Se hacía inevitable evocar entonces la tozudez pedante de Marcellin Berthelot, el cual, a finales del siglo XIX, en 1891, seguía negando fogosamente la existencia de los átomos. Hasta 1910, unos talentos como Wilhelm Ostwald y Ernst Mach no acabaron de convencerse de las nociones hoy vigentes sobre los mismos, según vemos en otros capítulos.

El repertorio nuclear no siempre es tan trágico, sino que en algunas ocasiones juguetea con lo humorístico. El profesor Peter recoge así el caso de una central nuclear norteamericana, en Tennessee, que tuvo que cerrar durante diecisiete días porque una bota de un empleado había caído dentro de un elemento importante de la factoría. Intervinieron las más altas autoridades industriales y gubernativas de los diversos estados de la Unión implicados en aquella red, y cavilaron largamente acerca de los modos de asegurarse de que la bota se había desintegrado por completo y no había ocasionado perturbaciones peligrosas en el reactor. Estas investigaciones y el período de suspensión costaron cerca de tres millones de dólares. Resuelto el incidente, la dirección emitió un dictamen donde concretaba que si la bota hubiera seguido en el pie del empleado, no hubiera sido necesario el cierre.

Tuvo también sus ribetes cómicos el ensueño del general Perón de iniciar la historia universal del aprovechamiento pacífico de la energía atómica. El 24 de marzo de 1951 anunció que lo había logrado: un hombre de ciencia alemán, Ronald Richter, que pretendía haber trabajado en los laboratorios atómicos nazis, le convenció para que el gobierno argentino le montara la central experimental de Bariloche, en una isla recóndita del sur del país. El resultado sigue discutido: hay quien opina que el sabio alemán efectuó unas tentativas más fantasiosas que útiles, y otros le conceden unos mágicos aciertos precursores de la fusión del hidrógeno. Lo cierto es que el presidente Perón se sintió defraudado y no vaciló en encarcelar al inventor durante una temporada.

Más que en son festivo, se ha hablado de la energía atómica a menudo denostando sus peligros y la negligencia con que se manejan las instalaciones correspondientes. El fúnebre catálogo de desgracias nucleares se abrió en 1957, que se sepa, con una explosión en una factoría atómica militar en Sverdlovsk, en los Urales. Quedó contaminada durante cosa de veinte años una extensión enorme y hasta hace relativamente poco tiempo no se ha reconocido la realidad del suceso. Tres cuartos de lo mismo pasó en 1967 a bordo del rompehielos atómico soviético *Lenin* mientras navegaba por el Ártico. Unos treinta tripulantes perdieron la vida en el accidente.

En el cielo de España, sobre Palomares, en Almería, se registró el 16 de enero de 1966 el choque de un bombardero atómico norteamericano B-52 con su propio avión nodriza. Ambos cayeron en llamas y del primero se desprendieron cuatro bombas atómicas; dos de ellas llegaron intactas al suelo por haber funcionado bien sus paracaídas; otras dos llegaron a percutir en tierra y estalló el explosivo de TNT que llevaban, dejando al descubierto las cargas termonucleares de 1,5 megatones, las cuales contaminaron una amplia extensión con intensidad hasta entonces desconocida en todo el mundo. El poder destructor de cada una era 75 veces mayor que el de la bomba de Hiroshima. Los vecinos de Palomares y Villaricos, junto con militares norteamericanos y la Guardia Civil, recogieron urgentemente 1 700 toneladas de tierra contaminada, que fueron enviadas en bidones especiales a Estados Unidos para ser tratadas como residuo. Hasta hoy continúa el control médico de la población afectada, sin que consten daños específicos por fortuna. La presencia de vestigios de plutonio y americio en el área durará miles de años.

En Estados Unidos, en la central nuclear de la isla de las Tres Millas, en Pennsylvania, se produjeron diversos errores humanos y fallos mecánicos el 28 de marzo de 1979. Aunque no afectaron al combustible atómico, sí redundaron en el calentamiento de toneladas de agua y de vapor contaminados, que se derramaron del edificio causando alarma en todo el país. Por aquellos días se estaba proyectando con gran éxito una película que versaba sobre una factoría nuclear siniestrada.

El prototipo de accidente máximo en una central de esta clase sería, empero, el de Chernobyl, a 75 kilómetros de Kíev, el 26 de abril de 1986. Buena parte de tal responsabilidad correspondió a los numerosos errores que eran habituales en la gestión de los técnicos. Vino luego su atribulado intento de remediar un calentamiento del reactor, que se produjo rapidísimamente, por fallo de la refrigeración, y provocó la explosión del reactor, el incendio de gran parte de la central y la diseminación de gases radiactivos por media Europa. Las lluvias caídas tiempo después en ella seguían conteniendo materias tóxicas. Se reprodujeron luego brotes de incendio en la central, que fueron laboriosamente sofocados con el auxilio de helicópteros. Ya ni se cuentan las bajas registradas entonces y las que comenzaron a producirse por efecto del emponzoñamiento nuclear.

Sobre agosto de 1994 los periódicos anduvieron llenos de noticias excitadas acerca del descubrimiento de contrabando de materiales nucleares procedentes acaso de los antiguos almacenes soviéticos, donde en 1990 había unas cien toneladas de plutonio y entre quinientas y mil de uranio, según estimaciones. Se dijo que para hacer una bomba atómica son necesarios unos quince kilos de uranio y cinco de plutonio. Nadie puede garantizar la seriedad con que son custodiados aquellos materiales en Rusia.

Habrá que alegrarse quizá de que muchas veces la inercia, el chismorreo, la burocracia y el politiqueo pongan freno a muchos proyectos que resultarían funestos si hubieran tenido viento en popa. Los ejemplos son incontables, y sólo escogeremos uno bastante reciente: versa sobre la «fusión fría» del átomo que dijeron haber descubierto, hacia 1989, los químicos de la universidad norteamericana de Utah B. Stanley Pons y Martin Fleischmann. Pretendían haber encontrado un procedimiento para obtener calor limpio a base de unas reacciones nucleares que podían desarrollarse a la temperatura ambiente sin emitir radiaciones ni consumir otro combustible que agua de mar: ¡el ideal! Los experimentos indicados por tan ilustres hombres de ciencia no dieron resultado alguno al ser repetidos en otros laboratorios. Los autores tampoco supieron explicar en qué se fundaban, ni siquiera razonar cómo era posible que ellos mismos no estuvieran muertos. En efecto, pretendían haber combinado en un tubo de ensayo núcleos de hidrógeno para producir helio, tomando como pauta el proceso de este género que se efectúa en el Sol, pero no se les había ocurrido que, si de verdad lo hacían, generarían unos diluvios de radiaciones que acabarían con ellos y con medio mundo. Por lo demás, según vino a repetirse, en el mismo Sol este proceso se desarrolla en condiciones de calor y presión irrepetibles, y, dentro de ellas, sólo una colisión entre diez mil trillones de las que ocurren acaba en fusión del núcleo de hidrógeno, y en que se emitan las radiaciones que caracterizan al Sol. El físico Richard Feynman comentaba a otro propósito que «lo primero y principal es que no te engañes a ti mismo, y tú eres la persona más fácil de engañar por ti». Algún comentarista periodístico filosofaba, a toro pasado, sobre lo peligrosa que puede ser la actual rapidez en la difusión de las comunicaciones científicas, puesto que en obra de minutos la noticia de un descubrimiento así puede haber llegado a todos los «Email» y terminales parecidos del mundo.

13. FRACASOS DE LA MEDICINA MODERNA

LAS EXACTITUDES TEMERARIAS

En la época antigua de la medicina hubo que reprochar a ésta su inclinación descomedida a la fantasía, pero en la etapa moderna le ha causado daño la apetencia de mediciones y cómputos a los que se ha dado tanto crédito como antaño a aquellas quimeras. Ciertamente, no ha sido la ciencia médica la única que en la edad moderna ha exagerado la avidez de contar y pesar, pero sí es aquella donde los desvaríos tienen consecuencias más graves. Todo el mundo está advertido contra el racismo y sus furores, por ejemplo, pero lo que no es tan sabido es que una vigorosa fracción del racismo moderno nació en Estados Unidos, en manos del médico Samuel George Morton. Éste fue el primero en conectar, en 1839, el volumen del cráneo con la categoría mental de las diferentes razas, para señalar, como es ocioso indicar, la superioridad de los blancos norteamericanos sobre los pieles rojas, los negros, los asiáticos y demás pobladores de la Unión.

¿De dónde sacó Morton estas ideas? El médico alemán Franz Joseph Gall (1758-1828) había estado dando clases de anatomía en Viena cuando empezó a exteriorizar un exagerado interés por las formas y singularidades de los cráneos, y de aquí pasó a relacionar las protuberancias de éstos con las facultades intelectuales. El emperador Francisco II, enfrentado con la Revolución francesa y todo lo que pareciera afín a ella, no necesitó muchas incitaciones para suspender al peligroso profesor. Gall salió exiliado, predicó en diversas tribunas y en 1807, bajo los auspicios de Napoleón, se estableció en París y explicó y editó sus tesis. Éstas contenían unos elementos válidos y fecundos —la búsqueda de localizaciones cerebrales, en la cual continuamos hoy— y otros postulados demasiado fáciles: que las partes más desarrolladas del cerebro hacían presión sobre la calavera, desde dentro, y daban origen a bultos, a la par que sus deficiencias se notaban afuera por los hoyos. De tal manera, Gall distinguió y situó veintisiete facultades cerebrales, desde la tendencia al asesinato hasta la generosidad, el talento artístico y la religiosidad, cada una de ellas puesta de manifiesto por los relieves de la molondra.

Su discípulo Gaspar Spurzheim exageró y radicalizó las enseñanzas de Gall, presentándolas con el nombre de frenología, presunta ciencia del talento. Se fue a Londres y luego a Estados Unidos, donde —como volveremos a ver a otros propósitos— aquel mensaje se vulgarizó y mercantilizó escandalosamente. Se multiplicaron los consultorios de frenología y no escasearon las empresas que sometían a tal examen a quienes aspiraban a colocarse en ellas.

El médico catalán Mariano Cubí (1801-1875) se familiarizó con este saber, y con otros muchos, en sus viajes por Estados Unidos, Cuba y México, y luego introdujo la frenología entre nosotros, con más seriedad y hondura que las que se gastaban en los demás países, conectándola con variadas sabidurías que adquirió en una vida de estudios originales y sagaces. La ha analizado Ramón Carnicer con su habitual sutileza. En manos de Cubí no hubieran degenerado semejantes curiosidades como lo hicieron en círculos europeos más encopetados.

En éstos se movió el cirujano y antropólogo francés Paul Broca (1824-1880), autor de trabajos meritorios acerca de las localizaciones de la palabra en el cerebro. A fuerza de examinar y medir encéfalos y cráneos, el hombre empezó a sacar consecuencias exageradas de los tamaños y pesos propios de diversas poblaciones. Su entusiasmo no se dejó enfriar por las primeras incoherencias entre el bulto de la masa encefálica y la categoría del pensamiento de su propietario: la impresión inicial había consistido que, cuanto mayores eran la cabeza y su contenido, más altas eran las ideas que procedían de allí. Esta correlación empezó a sufrir objeciones: los esquimales, los malayos, los tártaros tenían mayores cerebros que los europeos más despabilados, e incluso —¡supremo horror para un sabio de París!— los alemanes resultaban tener el cerebro algo más voluminoso que los franceses. El doctor Broca se salió un poco por la tangente introduciendo el refinamiento de que había que considerar también la forma de aquel órgano y del cráneo para construir una teoría más completa.

Los trabajos acerca de prehistoria y antropología de los mismos años ayudaron a dichas concreciones: empezó a hablarse de gentes braquicéfalas y dolicocéfalas, es decir, de cráneos abultados y redondos o alargados y finos, y se entendió que estos últimos correspondían a personas más listas. También se valoró la frente ancha y despejada como signo de talento abstracto, a la vez que el occipucio recio era propio de personas fuertes y espesas. Broca no pecó de personalismo en estas suposiciones, porque parece que su tipo era de los desfavorecidos por ellas; es decir, de los romos y primitivos. Acaso por su noble objetividad tuvo asombroso número de discípulos y seguidores: éstos se lanzaron a pesar cerebros interesantes y los resultados no fueron aburridos, porque cada uno fue un caso peculiar: Turgueniev y Cuvier «dieron» 1 800 gramos, igual que un célebre asesino de la época, mientras el gran poeta norteamericano Walt Whitman y el propio Franz Joseph Gall no pasaban de 1 282 y 1 198 gramos, respectivamente.

La afición a estudiar cerebros no se ha extinguido ni mucho menos: Einstein y Mussolini han tenido los suyos muchos años en sendos frascos a merced de la curiosidad de los hombres de ciencia, y también han estado con las meninges al aire numerosos difuntos comprendidos en la vasta gama que va desde el primero de aquellos personajes hasta el segundo. Los resultados no parecen corresponder a lo truculento de dichos análisis.

El médico y criminólogo italiano Cesare Lombroso (1836-1909) aplicó esas y otras mediciones físicas a diseñar su concepto del «criminal nato». La tesis es otra rama del mismo árbol del bien y del mal en materia de razas, pueblos y naciones a que ya hemos aludido. Lombroso dibujaba una cara de criminal tan definida y definitoria que resultaba forzoso acabar creyendo que la naturaleza imita al arte: mandíbula potente, orejas grandes y separadas, labios exagerados por lo sutiles o por lo carnosos, frente estrecha, nariz ganchuda o chata, pelos abundantes... Esos caracteres del delincuente siguen obteniendo estima en muchos tribunales de justicia como hechos probados. Dado que, encima, las señales lombrosianas son tenidas por hereditarias, viene a resultar que en casos tales «el mayor delito es haber nacido», como diría Calderón.

La evaluación de la inteligencia

La identificación del criminal por vía científica tuvo su paralelo en otra consecuencia del empirismo dominante por aquellas mismas fechas: la definición del débil mental. El sicólogo francés Alfred Binet (1857-1911) montó un laboratorio en la Sorbona, donde fue uno de los fundadores de la psicología experimental. A finales del siglo XIX propuso una serie de tests y criterios, en colaboración con Théodore Simon, para medir las aptitudes de los escolares. Sus intenciones eran mansas y benévolas: consistían en concretar qué niños padecían algún retraso o deficiencia para poder acudir mejor en su auxilio. Sin embargo, quedaba ya roto el precinto de un asunto tan delicado como es el medir la inteligencia de cada cual. No tardaremos en anotar que semejante tema continúa levantando pasiones, y hasta en los periódicos de hoy rebrota con incómoda vivacidad.

El mismo Binet había temido y previsto que sus esfuerzos serían tergiversados. En una sociedad tan salvajemente competitiva como la norteamericana, los métodos de Binet causaron el mismo efecto que una antorcha en un polvorín: el profesor de la Universidad de Ohio Henry Herbert Goddard (n. 1866) publicó en 1914 un libro titulado *La debilidad mental*, y en el año siguiente otro de título aún más llamativo: *El imbécil criminal*. Su colega Lewis Madison Terman (n. 1877), profesor en Stanford, se sumó a Goddard para elaborar el concepto de «cociente intelectual» (IQ) y construir unos tests que, a la inversa de los de Binet, parecen antes proponerse desenmascarar y acorralar a los tontos que favorecerlos. Se atribuye a Terman la pasmosa frase de: «No todos los criminales son débiles, pero todos los débiles son criminales, por lo menos en potencia.» Por su lado, Goddard se fue a aplicar sus tests a los inmigrantes concentrados preventivamente en la isla de Ellis, delante de Nueva York, no lejos de la estatua de la Libertad, aquella que invita nominalmente al resto del mundo a que mande a Estados Unidos a sus desesperados y menesterosos. A éstos se dirigía Goddard con sus formularios, dentro del tumulto nauseabundo de aquellas dependencias: curiosamente, podía resumir luego que en la masa amontonada y aturdida ¡había una proporción del 79 al 87 % de estúpidos entre los judíos, los rusos, los húngaros y los italianos!

Por su lado, Terman no vacilaba en aplicar los tests del «IQ» a los vivos y también a los muertos. Los resultados eran tan desconcertantes en ambos ramos como los del doctor Broca unos decenios antes. Venían a mostrar que los vagabundos y los mendigos de las ciudades norteamericanas tenían una tasa de inteligencia más alta que los policías y los bomberos; por lo tocante a los difuntos, Cervantes recibía un «IQ» de 105 mientras que Voltaire alcanzaba el de 160. Tal embriaguez de «ránkings» llegó a su cota de ridículo y sus autores cantaron la gallina hace más de medio siglo. Lo propio fueron repitiendo otros seguidores de sus doctrinas hasta alcanzar a nuestra misma época con sus rectificaciones en cascada.

Aun así, por los mismos años en que iban cayendo como fichas de dominó muchas de esas evaluaciones de la inteligencia, surgían otras más agresivas y pomposas que las fracasadas. Y además, venían teñidas o de fraude o de sectarismo perceptibles a mil leguas; en su debate seguimos. Uno de los casos contemporáneos más clamorosos ha sido el del sicólogo inglés Cyril Burt, fallecido en 1971 a los ochenta y un años, cargado de honores, entre ellos el título de sir, que también fue concedido en su tiempo al pirata Francis Drake. El señor Burt desarrolló una carrera académica correcta como psicólogo y en 1932 fue nombrado titular de la asignatura en el University College de Londres. La jubilación le debió de sentar mal, como a mucha gente, porque a partir de ella, en 1950, comenzó a dar a conocer sus tesis más estridentes. Burt se había manifestado siempre en favor de lo innato y hereditario de la inteligencia y comenzó a mostrar conexiones entre los «IQ» de 40 000 progenitores y sus hijos. Más aún: publicó un estudio pasmoso sobre 53 pares de gemelos univitelinos que habían crecido separados; como quiera que, aun habiendo cursado ellos en ambientes diferentes, resultaban ser de inteligencia idéntica, quedaba claro que ésta se debía primordialmente a factores genéticos. Los defensores de todo lo hereditario —que coincidían con grupos reaccionarios— estaban encantados y convirtieron las teorías de Burt en bandera de combate. Por lo demás, en Estados Unidos, sobre 1990, había quien seguía dando vueltas al estudio de los gemelos como clave del problema de distinguir lo heredado y lo adquirido en la personalidad.

Por desgracia para su memoria y para tal causa, tres o cuatro años después de la muerte del noble sir Cyril algunos curiosos empezaron a inquietarse en relación con sus métodos y la sospecha no tardó en convertirse en escándalo. En 1976, el *Sunday Times* reveló que la mayor parte de aquellos gemelos habían sido inventados, que los colaboradores del estudio no existían; y los papeles de Burt se habían perdido en los bombardeos de Londres, o así se pretendía.

Con el retraso con que las clases altas inglesas suelen enterarse de los defectos de sus miembros, se vino a conocer *post mortem* que sir Cyril Burt estaba perturbado, tal como en otros casos se aclara allí tarde y mal que algún patricio es espía, drogadicto, psicópata o asesino. Resultó que su esposa le había plantado, que en la facultad le habían jubilado de mala manera, padecía vértigo de Ménières y le había entrado una impaciencia atroz por exhibir inventos y triunfos. Tal como Newton en su día, él mismo escribía cartas en elogio suyo a la prensa, fabricaba dictámenes favorables a sus ideas con nombre de autores inexistentes, y agradecía su ayuda científica a figuras imaginarias. Igual que con Newton, tampoco ha acabado de prosperar la averiguación de los aspectos tenebrosos de su persona y ha caído sobre ellos un piadoso silencio.

Todo menos silencio es lo que están provocando desde otoño de 1994 unos continuadores de sir Cyril Burt en Estados Unidos con un libro de clamorosas implicaciones sociopolíticas, aparte de las que contiene en su propio marco sicológico. Se trata de *The bell curve* («La curva de campana»), de Richard J. Herrnstein y Charles Murray, editado en Nueva York en The Free Press. Repite la afirmación de que el talento es hereditario, igual que la falta de él, de modo que no vale la pena gastar demasiado dinero público en programas educativos y sociales. Los autores deploran que sea así, pero lo anotan como un hecho fatal, a la vez que dan por irremediable que el país se va dividiendo en una clase alta de inteligentes que viven de modo cada vez más diferenciado de la gente normalita. Inútil es preguntarse en qué sector están los blancos y en cuál los negros y similares, y no es menos claro que estos últimos se reproducen más aprisa y en mayor cantidad que las clases selectas.

La «curva de campana» es aquella gráfica tan usual en las estadísticas que plasma que, en cualquier cosa que se mire, lo que más abunda es la medianía y existen menos casos de deficiencia extrema o de excelencia suma. Las fuerzas armadas norteamericanas han tenido mucha afición a los tests de inteligencia del estilo de los que hemos mencionado, y sus cuentas vienen a sumarse a tal filosofía. El libro en cuestión vendió 250 000 ejemplares dentro del primer mes y las reimpresiones han ido repitiéndose. Uno de sus autores,

Herrnstein, apenas vivió para verlo, porque se murió en seguida, no se sabe si del contento del éxito o del estrés que le pudo producir el tumulto suscitado. La obra se ha implicado en el debate universal que cunde hoy entre los defensores de una acción estatal que corrija las penalidades de la vida y los que propugnan que hay que dejar actuar libremente a la naturaleza y que cada palo aguante su vela.

Víctimas de batallas innecesarias

En las calles de Budapest un hombre de aspecto desastrado y ojos brillantes repartía nerviosamente unas octavillas entre los viandantes. Decían así: «Jóvenes: ¡estáis en peligro de muerte! La fiebre puerperal amenaza vuestras vidas. Desconfiad de los médicos porque os matarán. Mujeres que vais de parto: acordaos de que moriréis y vuestro hijo morirá también a menos que cualquier cosa que entre en contacto con vosotras sea lavada con agua y jabón y aclarada con una solución de cloro. Yo ya no puedo acudir a los médicos, y por tanto apelo a vosotros. Protegeos a vosotros mismos. Vuestro amigo, Ignac Fülöp Semmelweiss.»

Alguien pudo exclamar al leer este texto sorprendente y contemplar la pinta de su autor: «Parece un loco escapado del manicomio.» Y en realidad así era. Semmelweiss (1818-1865) era un médico húngaro que había estudiado en Viena y comenzado sus prácticas en la especialidad de partos del célebre hospital general de la ciudad, donde no había tardado en ganarse la confianza del profesor Klein, director de la primera división de obstetricia. En 1846, cuando tenía veintiocho años, fue nombrado ayudante suyo. El húngaro era fino, sensitivo, cortés, como buen hijo de su país, y pacífico, bajito y calvo. Todo parecía sonreírle, salvo una sola y triste cosa: cada mañana del año tenía que informar a su jefe de que habían fallecido cuatro o cinco mujeres, la mayoría recién paridas, y en el caso de éstas, sus niños las habían acompañado en el viaje sin retorno.

Por si esto era poco, había que añadir al drama la contera de unas frases tensas y malhumoradas entre él y el profesor Klein, también cada día. El jefe se sacaba el muerto de encima —nunca mejor dicho— aludiendo a que la llamada fiebre puerperal constituía una infeccion funesta y permanente, tan inevitable como las fases de la Luna, y que provenía de miasmas que flotaban en el aire. Semmelweiss hacía dos objeciones aplastantes: primera, que también se morían muchas mujeres sin ir de parto, y segunda, que en la segunda división del mismo hospital la tasa de fallecimientos era enormemente más baja. «¿Y usted cómo se lo explica?», preguntaba el jefe, iracundo. Semmelweiss no sabía qué contestar.

Las mujeres vienesas que estaban próximas a dar a luz y pedían una cama en el hospital lloraban suplicando que no las enviaran a la primera división, porque era cosa sabida que esto equivalía casi a la pena de muerte. Con todo, era ineludible que sólo la mitad de ellas fuera atendida en la segunda división. Semmelweiss empezó a obsesionarse, y nada cuesta pensar que la demencia que luego le arrebataría comenzó entonces a revolverle el cerebro. Sus estudios, sus cavilaciones, sus consultas al uno y al otro no conducían a nada, y cada mañana había que recontar defunciones en sus salas, tres o cuatro veces más copiosas que en las otras del hospital. ¿Por qué?

Finalmente, un día feliz —no para él, porque agravó sus angustias— se hizo la luz en su magín. Fijóse en que en la primera división de obstetricia practicaban los estudiantes de medicina y los internos; la segunda división era exclusiva para la enseñanza de las comadronas. Los primeros hacían disecciones en cadáveres; las segundas no, en absoluto. Los varones que practicaban aquellas anatomías se iban luego tan campantes a atender a las parturientas.

Conviene añadir que, como en la célebre pintura de Rembrandt, los médicos seguían, a mediados del siglo XIX, efectuando las operaciones y las disecciones con las manos sin cubrir en forma alguna, llevando la misma ropa de calle, a veces con el sombrero puesto, si es que no se vestían con pompa para honrar más la ocasión. Algunos usaban unos delantales o blusas tiesos a fuerza de coágulos de sangre, que era honroso acumular como señal de veteranía y *métier*. A nadie se le ocurría ni por asomo lavarse las manos ni antes ni después de la peor carnicería sobre vivos o muertos. Incluso abundaban los profesionales que alardeaban de no hacerlo como prueba de entereza y naturalidad. El médico del «Hombre elefante», sir Frederick Treves, anotaba en Londres que «la limpieza estaba fuera de lugar y era considerada afectada y finolis».

Semmelweiss empezó a atar cabos. A un amigo suyo, el profesor Kolletschka, un estudiante le había hecho sin querer un corte en un dedo al practicar una disección, y a los poquísimos días estaba muerto y enterrado. Era el 20 de marzo de 1847. El informe médico hablaba de inflamación y putrefacción vagamente. Semmelweiss asoció los síntomas que presentaba su amigo con las enfermas de sus salas. «No fue la herida, sino la contaminación de la misma con materia cadavérica lo que produjo el resultado fatal», escribió.

Poco después de esta reflexión, Semmelweiss compareció ante sus discípulos y les anunció solemnemente que a partir de aquel momento deberían lavarse las manos con cloruro de calcio después de cada acto médico. El precepto causó el mismo estupor que si les hubiera ordenado que tocasen la guitarra o se pusieran un sombrero de papel. La mortalidad en la primera división del hospital cayó en los días siguientes del 18 al 1 %. Ni así se convencieron. Ninguna tradición clínica imponía tan sorprendente medida y ésta continuó siendo tan mal vista como antes.

Más tarde se ha venido a saber que en Estados Unidos, el 13 de febrero de 1843, el ilustre médico Oliver Wendell Holmes (1809-1894), padre del no menos célebre jurista de igual nombre (1841-1935), había librado la misma batalla en Boston, denunciando que eran los médicos parteros quienes llevaban la infección en sus manos sucias. El escándalo que promovió en la clase médica duró varios lustros, y en Norteamérica insultaron al doctor Holmes como si fuera un perro rabioso, hasta que doce años más tarde, en 1855, tuvieron que reconocer cuánta razón le asistía.

Dentro de la misma dinámica, Semmelweiss no tardó mucho en chocar con su jefe, el profesor Klein. Sus días en el hospital general estaban contados. Los subordinados se lavaban las manos con cloruro de calcio, de mejor o peor gana, y era notorio que descendía el ritmo de defunciones por la llamada fiebre puerperal. Aun así, la obstrucción contra los criterios de Semmelweiss era tan acre que el profesor Klein acabó prohibiéndole comprar aquel desinfectante porque salía caro. Hubo jolgorio general entre los médicos por liberarse de la humillante obligación de lavarse las manos: nada importaba la anterior caída del ritmo de bajas ni su instantánea vuelta a aumentar. Poco más tarde, Semmelweiss fue despedido y empezó a vagar de ciudad en ciudad. Pensó encontrar mejor acogida en Budapest, y en 1850 pasó a dirigir el servicio de obstetricia de aquel hospital, pero en realidad allí se enfrentaba con el mismo muro de prejuicios que en Viena, y apenas tuvo fuerzas para recomenzar su cruzada, que era lo único que le importaba.

En la capital húngara tuvo buena consulta privada y estimación general, pero él continuaba obsesionado por tantas muertes de madres jóvenes como seguían registrándose por doquier. Fue entonces cuando comenzaron sus virajes hacia la demencia y su ingreso en el manicomio el 31 de julio de 1865. Por un triste sarcasmo del destino, allí murió dos semanas después, el 13 de agosto, víctima de una infección del mismo tipo que las que él denunciaba, contraída en la última operación que había practicado, acaso con las facultades a la deriva. Todas las madres del mundo están hoy en deuda con Semmelweiss.

Lo trágico que ha resultado este apartado dedicado a las víctimas de males evitables puede atenuarse con el grotesco y sempiterno asunto de los objetos que quedan inadvertidamente dentro del cuerpo de las personas operadas. En su libro *Great medical disasters*, el doctor Richard Gordon pone al día esta añeja historia y afirma que una compañía de seguros londinense, donde los médicos se protegían de sus responsabilidades profesionales, tuvo que hacer frente en los años de 1962 a 1979, que son los que abarca el libro, editado en 1983, a un ritmo anual medio de treinta casos de olvido de algodones y unos 45-60 de lo mismo a propósito de instrumentos varios, agujas, etc., dejados en las entrañas de los pacientes intervenidos. Estos últimos llegaron a 110 en el año 1979. Una mujer que había sido operada de riñón murió una semana después de la intervención y fue incinerada. Entre las cenizas se encontraron unas pinzas de veinticuatro centímetros de longitud. La incisión quirúrgica había sido de unos doce centímetros de largo y unos diez de hondo, y en el quirófano y aledaños no se echó en falta aquel instrumento. Nadie entendió cómo pudo llevarlo alojado en el cuerpo ni cómo llegó al horno crematorio.

Menos misterioso y más emotivo es el significado de un impresionante monumento que hemos visto en Hamburgo, en un rincón del jardín del hospital general de San Jorge. Al obelisco que lo formaba en 1936, cuando fue instaurado, se añadieron dos lápidas luego. Inicialmente fueron homenajeados los nombres de 169 científicos y sus auxiliares muertos por efecto de los rayos X y de la radiactividad en el curso de sus investigaciones y de su actividad clínica. Más tarde se han agregado otros 190 muertos. Provienen de veintiún países y son médicos, físicos, ayudantes, religiosas, enfermeras y demás profesionales integrados en la vida hospitalaria. Están rememorados también en un libro de honor que ha sido editado.

Ninguno de ellos ignoraba en su día que el continuar en aquella área de trabajo era peligroso para su vida, pero siguieron dedicándose al progreso de tal especialidad aunque se sabían ya condenados a plazo fijo. Destaca entre los nombres del monumento el del profesor austríaco Guido Holznecht, que fue uno de los primeros en desarrollar las posibilidades médicas del invento de los rayos X por Wilhelm Conrad Röntgen (1845-1923) en 1895. Tan precoz fue su dedicación que no sabía que las radiaciones pudieran causarle daño. De hecho, el que se haya concretado tal cosa y se hayan podido tomar las precauciones correspondientes se debe precisamente al sacrificio de los 359 mártires recordados en aquel monumento. El infatigable Holznecht empezó a padecer unas graves eccemas en la mano derecha, más activa en su trabajo. A la vez que publicaba unos estudios memorables sobre la exploración radiológica del tórax, cuidó de prevenir el mal que empezaba a invadirle inventando un medidor de radiaciones.

Unos años más tarde, fue ya la mano izquierda la dañada, hasta el punto de ser preciso amputarle parte de los dedos. En los años siguientes, Holznecht sufrió ¡hasta 64 operaciones! Le fueron cortando fragmentos de los dedos; más tarde le cortaron un antebrazo, y así. «Mientras no me corten la cabeza —decía él— seguiré trabajando.» Los dolores que padecía eran inenarrables. Le causaba grave molestia aprender varias veces de nuevo a escribir, a comer o a trabajar con las prótesis que hubo que irle poniendo a medida que le iban mutilando más y más. Vino la primera guerra mundial a añadirle presiones y agobios, pues resultó urgente aplicar los rayos X a los heridos y preparar nuevos equipos instrumentales y humanos. Holznecht falleció en 1931 en Viena en medio de la admiración del mundo entero.

La dolorosa lucha contra el dolor

Podría acaso decirse que la lucha del hombre contra el dolor físico es más antigua, complicada y laboriosa que la que ha dedicado a defenderse de la muerte. En muchas épocas, culturas y situaciones ésta ha sido y es más o menos aceptada, pero el ansia de evitar el dolor ha excitado estudios, mañas, trucos de toda clase y valor desde los niveles más primitivos de la humanidad hasta hoy. En el castigo divino contra Eva se la sentenció a parir con dolor, conectando esas dos vivencias universales.

Precisamente porque desde entonces ambas realidades han andado muy juntas, el parto ha constituido uno de los primeros episodios donde se ha deseado reducir y disipar el dolor. Cada sociedad se ha montado los artificios que ha podido para lograrlo, muchos de ellos curiosamente sagaces en el uso de una estrategia repetida de modo muy variado: nos referimos a provocar escenas y sucesos que distrajeran a la parturienta de sus apuros. Así, Apolonio de Tiana había recomendado en el siglo I de nuestra era introducir una liebre viva en el local donde había de ocurrir el parto, la cual estaría corriendo y dando saltos todo el tiempo. Habla de esta costumbre Plinio.

La misma coincide con una práctica arcaica gallega que ha llegado hasta nuestra edad: colocar una liebre viva sobre los senos de la parturienta. Otros usos de la Galicia tradicional conducen a la misma finalidad, junto con dar auxilios anexos: hablamos de los «afumamientos» que se hacen en la alcoba del parto, quemando abundante laurel verde, y también de determinados cantos, gestos y actos que pueden tener una dosis de magia y otra de show que ayude a pasar el trance.

San Alberto Magno dedicó al remedio de los dolores propios del mismo una pintoresca receta: se toman partes iguales de caracoles rojos y de romero, desmenuzándolos bien, y se dejan cuarenta días en una cajita de plomo cerrada puesta en medio de estiércol de caballo. Resulta de todo ello un aceite que se expone al sol dentro de una vasija de barro. Dejando a un lado las virtudes terapéuticas que pueda tener semejante plasta, lo cierto es que la embarazada o su familia estarán distraídas mientras se toman el trabajo de prepararla y no pensarán en cosas agobiantes.

Este último propósito yace quizá en el basamento de unas prácticas muy antiguas que han seguido rebrotando hasta nuestros días: el uso de cinturones, pulseras, brazaletes, anillos, piedras, collares, amuletos y otra bisutería, a los que se atribuyen todavía la virtud de quitar dolores. En el año 1600 el Concilio de Burdeos prohibió la práctica de llevar con tal fin un cinturón de helecho cogido la víspera de San Juan y trenzado en forma que diseñase las letras mágicas HVTY. El repertorio de semejantes objetos es vastísimo.

Todavía es más extenso el catálogo de sustancias analgésicas que se han utilizado en el curso de la historia. Algunas de las más antiguas renacen hoy como drogas callejeras. Los sumerios, los chinos, los indios y los egipcios conocieron las virtudes sedantes de la mandrágora, el opio, el beleño, el cáñamo y tantas más plantas. Se atribuye a Ramon Llull el descubrimiento del éter —el conocimiento del mismo data de su época—, y Paracelso durmió con él unos pollos sin entretenerse mucho en averiguar el quid. La primera esposa de Napoleón, Josefina, padeció mucho de la dentadura, que tenía ya feísima cuando le conoció, y fue perdiéndola luego irremediablemente y con sufrimiento. Para ocultar tal estrago aprendió —y divulgó cual moda— el empleo hábil de pañuelos, chales y abanicos con que iba ocultando su boca. Aparte de estos trucos había de tomar a menudo cantidad de opio, y se dormía en el teatro y en las ceremonias.

En todos los tiempos el alcohol ha ayudado a semejante obnubilación y muchos cirujanos contaban con sus efectos dentro de la mecánica de sus actuaciones. Uno famoso, el inglés Astley Paston Cooper, no tenía nada en contra de que sus pacientes se tumbasen borrachos en su mesa de operaciones, y en tal estado intervino al rey Jorge IV de un ateroma en la cabeza. Por lo demás, este monarca, y otros ingleses anteriores y posteriores, no necesitaban de tan poderoso eximente para tomar del frasco con largueza. El doctor Cooper fue ennoblecido por aquél con el título de baronet después de la operación. En las guerras y en el mar el recurso a unos buenos tragos era de rutina cuando alguien había de someterse al cuchillo de los cirujanos.

Se ha cumplido ahora siglo y medio desde que el dentista norteamericano Horace Wells (1815-1848) emprendió un camino distinto para suprimir el dolor del paciente: la aplicación de anestésicos producidos en laboratorio. Utilizó el óxido nitroso, el 11 de diciembre de 1844, en Hartford, Connecticut, para insensibilizarse él mismo y hacerse arrancar una muela, cosa que le ocurrió sin dolor alguno. Antes había intentado convencer a otras personas para que se prestaran al experimento y éstas se habían negado, bastante comprensiblemente.

Es chocante la ruta por donde llegó a este éxito —preludio de su ruina, según a veces ocurre por desgracia—: el óxido nitroso es un gas que había sido ya descubierto por Joseph Priestley y estudiado por Humphry Davy. Éste ya conocía en 1799 sus propiedades turbadoras de la serenidad. Se lo llamaba «gas hilarante», porque inducía una curiosa alteración cómica: a la gente le daba por hacer bobadas o por reírse sin medida. Por esta razón no faltaban en las ferias de la época barracas donde el público se divertía inhalando aquel gas o contemplando las tonterías que hacían quienes lo tomaban. Apenas se había fijado nunca nadie en otras propiedades del óxido nitroso mucho más serias, en todos los sentidos de la palabra, y le tocó a Horace Wells el distinguirlas: además de producir turbación pasajera, el gas insensibilizaba.

Wells lo notó en una feria donde se había armado una bronca a propósito de aquellas demostraciones. Un herido, con una lesión sangrante muy aparatosa, se mostraba tan tranquilo. Wells conectó en seguida este sosiego con el gas que aquel tipo había tomado, lo aspiró luego él, comprobó el efecto sedante y resolvió, entusiasmado, utilizarlo en su consultorio de sacamuelas a la mañana siguiente, según antes se ha dicho. En la temporada sucesiva repitió el empleo del anestésico con éxito.

La alegría le nubló el entendimiento y Wells se creyó en el caso de comparecer en la Facultad de Medicina de Harvard para explicar su hallazgo. Importa recordar que un dentista, como un cirujano, era tenido por un práctico indigno de alternar con los médicos, de modo que éstos se pusieron de uñas ante aquel atrevido que pretendía tener algo que enseñarles. Wells repitió allí el experimento y se valió de un estudiante de medicina, el cual, por mala fe o por mala suerte, empezó a dar alaridos de dolor cuando el dentista le quiso sacar una muela bajo los efectos del óxido nitroso. Hubo un tumulto de indignación y Wells fue expulsado de la sala.

Estas violencias le enardecieron en sus tesis, y, rebasando sus primeros conceptos sobre la extracción de dientes sin dolor, las amplió hasta proclamar que había empezado la era de la anestesia. Era verdad, pero el tinglado académico no estaba dispuesto a aceptar que una afirmación tan importante partiera de un sencillo dentista. Wells se interesó por el empleo del éter para la misma finalidad, y también salió trompicado de este asunto porque un médico prestigioso, Crawford Williamson Long (1815-1878), se le había adelantado en utilizar el éter como anestésico en cirugía general a partir de 1842, y su éxito, reconocido en 1849, resonó más que el de Wells. Éste siguió siendo objeto de desaires e insultos que le destrozaron la moral.

Por los mismos años, en 1847, el médico escocés sir James Simpson empleaba por vez primera el cloroformo como anestésico en una operación. El producto había sido creado en 1831 a la vez por Samuel Guthrie en Estados Unidos, E. Soubeiran en Francia y Justus von Liebig en Alemania. Es indudable que su difusión y empleo vinieron propiciados por las ideas de Wells y que el estamento científico miró al cloroformo y sus autores con mucha más benevolencia y respeto que al dentista precursor.

Es curioso que los inconvenientes que también se opusieron durante largos años al nuevo producto fueron más bien de índole religiosa que clínica. Efectivamente, hubo sectores que le cerraron el paso porque vulneraba el mandamiento bíblico de parir con dolor y otros estilos de padecimiento expiatorio. Más tarde fue sabiéndose que el cloroformo había de ser administrado con tiento y que, sin él, podía quitar la vida además de la sensibilidad. Horace Wells se interesó lógicamente por el nuevo producto, y tanto se fijó en él que acabó consolándose de sus angustias tomándolo a morro de la botella, y andaba por las calles de Nueva York hecho un zombie.

En 1848, en una reyerta callejera en Broadway, Wells arrojó ácido a unas prostitutas que agredían a un mendigo al que quiso defender. La multitud iba a linchar a Wells pero la policía lo salvó del peligro deteniéndole y llevándole al calabozo. Entre rejas, desesperado, escribió dos cartas trágicas: una para pedir perdón a su mujer por lo que se disponía a hacer, y otra, dirigida al país, para exponer que la causa de todos sus males era el haber logrado vencer al dolor, lo cual le había concitado todas las envidias e incomprensiones juntas. A continuación se tomó un sorbo de cloroformo de un frasco que llevaba escondido, se tendió en el jergón y se cortó la arteria femoral, para desangrarse sin padecer nada.

El escándalo de las epidemias modernas

Si en un capítulo anterior nos ha parecido escandaloso el enfoque dado por las clases dirigentes a las epidemias antiguas y la defensa contra ellas, mucho más nos lo habrá de parecer que en el siglo actual sigamos mostrando el mismo aturdimiento cuando surge alguna amenaza seria contra la salud colectiva. La cúspide de tal escándalo se dio evidentemente en un momento histórico en que ya comenzaba a saberse con claridad en qué consistía una plaga así y, sin embargo, los responsables de la vida pública siguieron conduciéndose con una cerrazón mental propia de cinco siglos atrás. Nos referimos en concreto a las epidemias de finales del siglo XIX y primeros lustros del actual, y nos limitaremos a tratar de nuestro país.

La más famosa de las epidemias de la edad alfonsina fue la del cólera, que empezó a manifestarse en verano de 1884. Refiriéndose a un brote registrado en Alicante, decía el *Diario de Barcelona* del día 10 de setiembre que «aquella enfermedad no han podido diagnosticarla con la certeza y escrupulosidad que el caso requiere. Recelos, algún fundamento nada más, de que pudiera ser el cólera morbo asiático, pero esta palabra no se ha pronunciado todavía por el cuerpo médico de Alicante; no se ha dado parte, certificación, documento oficial alguno que revelase la existencia de esa terrible enfermedad»... Unas líneas más allá, reseñando un consejo de ministros presidido por Cánovas del Castillo, el periódico observaba que «el gobierno, con la mayor buena fe, ha podido padecer algo de precipitación al calificar la enfermedad». Censuraba a este propósito que las «arbitrarias y caprichosas medidas» adoptadas para aislar a poblaciones afectadas producían graves inconvenientes.

El doctor Jaime Ferrán (1852-1929), bacteriólogo insigne, fue el alma de una comisión médica que el Ayuntamiento de Barcelona envió a Marsella, donde la epidemia estaba ya más definida y avanzada. Poco más se hizo de provecho durante el año, y la prensa, sobre todo la que se publicaba con pretensiones de humorismo, no se privó de bromear sobre el cólera. Mientras tanto, el doctor Ferrán había elaborado una vacuna contra él y venían de París a estudiarla. En la primavera de 1885 la epidemia invadía todo el Mediterráneo. El día 2 de julio el rey Alfonso XII viviría una de las páginas más emotivas de su reinado yendo a visitar de incógnito el hospital de coléricos de Aranjuez. El 22 de agosto, *La Vanguardia* reflejaba el problema que había venido a constituir el enterramiento de las víctimas de la epidemia. En Barcelona fueron dos mil entre cinco mil personas atacadas por ella. No hubo ninguna acción oficial de divulgación preventiva ni de asistencia organizada.

Tampoco la hubo cuatro años más tarde, cuando España fue invadida por una oleada de gripe surgida en 1889 en el Turkestán y expansionada por todo el antiguo continente. En Alemania la llamaron *Blitzkatarrh*, y en cualquiera de las ciudades españolas se contaron a millares los enfermos. Una vez más, hubo que improvisar las medidas como si la calamidad fuera inédita: se montaron salas de asistencia en los cuarteles y las capitales quedaron sin abastecer porque no hubo quien atendiera mercados, tiendas y farmacias. Lo único que cupo registrar en plan tranquilizador era que la enfermedad no era mortal, por lo común. Lo que sí fue de veras fue reiterativa, puesto que regresó en los inviernos siguientes. Aun así, en Madrid hubo tres mil muertos más que la media en las semanas finales de 1889 y primeras de 1890, y la mayor parte de ellos correspondieron a enfermedades respiratorias.

En la misma época causaba alarma el llamado «dengue», enfermedad infecciosa mediterránea solapada con la gripe, lo cual provocaba encendidas polémicas sobre si era análoga o distinta respecto de esta última. En el año 1892, Pfeiffer descubría un bacilo al que responsabilizó de la gripe. Esta enfermedad no excitó tampoco reacción alguna en las autoridades. Muy a menudo rebrotaron en sus escritos, si los hubo, o en los comentarios periodísticos las referencias al clima y a la atmósfera, como si siguiera la creencia en miasmas y efluvios. La única consecuencia práctica de estas epidemias —unidas a la endemia de la tuberculosis, de la cual renunciamos a tratar ahora— consistió en la creación en Barcelona y otras ciudades españolas de servicios médicos domiciliarios de carácter benéfico.

Buen trabajo habrían de prestar en los años siguientes, porque todas las ciudades de Europa vinieron a padecer con mayor o menor gravedad, y mejor o peor respuesta oficial, las consecuencias de la alegría con que habían sido montadas las redes de distribución de agua. En la práctica, éstas vinieron a consistir en vehículo de extensión de enfermedades, puesto que no se tomaron medidas adecuadas de vigilancia bacteriológica. En otoño de 1914, poco después de haber estallado la primera guerra mundial, quedó claro que las aguas de Barcelona estaban contaminadas de tifus. Los periódicos recomendaban hervir el agua o «adicionarle una porción de zumo de limón para purificarla». En otras poblaciones españolas se repitió esta evidencia y también se registró la misma certeza del ayuntamiento respectivo en punto a que la epidemia era benigna y no daba motivo de alarma. Algunas fuentes públicas suspectas fueron pintadas con señales de color rojo para avisar a la gente.

Al cabo de pocas semanas era preciso multiplicar las camas de los hospitales y montar otros de emergencia para acoger a la multitud de contagiados. En Barcelona hubo diez mil de ellos, de los cuales murieron más de dos mil. ¿No es probable que una prudente programación de medidas asistenciales hubiera reducido esta cifra?

Lo que por lo menos habría logrado una mínima preocupación por la salud pública habría sido tener algún designio organizado para la siguiente ocasión: ésta se presentó en España y en medio mundo cuatro años después. Fue la gran epidemia de gripe de 1918-1919, calificada necia y maliciosamente de «gripe española» aunque se sabía que ni su origen ni su máximo de intensidad tenían nada que ver con España. Luego se ha concretado que la pandemia fue mundial, que estuvo vehiculada por los movimientos de tropas originados por el término de la guerra y que tuvo varias oleadas. En España causó 140 000 muertes, lo cual no impidió que nuestro pueblo saleroso denominase «soldado de Nápoles» a la epidemia, aludiendo a un célebre coro de *La canción del olvido* del maestro Serrano, letra de Romero y Fernández Shaw. Alfonso XIII y Pablo Iglesias sufrieron el también llamado «trancazo», y el antiguo embajador en París, León y Castillo, falleció por su causa. En Madrid hubo días en que murieron cien personas como promedio. En todo el mundo fallecieron veintiún millones de personas, muchas más que las bajas causadas por la guerra que estaba terminando.

Con todo, a la hora en que la enfermedad comenzaba a manifestarse, la flema de las autoridades había sido admirable. *La Vanguardia* publicaba el 25 de mayo de 1918 que el alcalde «conferenció con el jefe del cuerpo médico municipal acerca de las medidas profilácticas de higiene pública que sería conveniente adoptar para combatir dicha enfermedad». Con un planteamiento tan sosegado no puede sorprender que a las pocas semanas todo el mundo abominase de la ineficacia de las instituciones y de sus servicios médicos. Los periódicos recogían declaraciones de las autoridades que señalaban que no había motivo de alarma. Aun así, éstas tomaron en Barcelona una medida tan rara como prohibir las visitas a los cementerios en el día de Difuntos de 1918 para evitar nerviosismos, quejas y la evidencia de que la abundancia de defunciones era estremecedora. En ciertas fechas culminantes no funcionaba el correo, no andaban los tranvías, no había clases en los centros de enseñanza, las tropas y la policía estaban desbaratadas, no había espectáculos y se registraban dramáticos retrasos y deficiencias en los entierros.

Ésta fue la última pandemia que sufrimos en España, pero la humanidad ha conocido muchos más azotes en años cercanos a nosotros. Sarcásticamente, el destino se ha complacido en desencadenar algunos de ellos desde los centros científicos llamados a combatir las epidemias. Así ocurrió con el llamado virus de Marburgo en 1967, causante de una dolorosa enfermedad de la piel que unos monos traídos de Uganda habían contagiado entre el personal de una fábrica alemana de vacunas; algo parecido sucedió con la llamada fiebre de Lassa en 1968, difundida a partir de un investigador de la Universidad de Yale que la llevaba encima sin atinar que provenía de sus propios experimentos, y una copia de lo anterior se dio en 1989 con la aparición del llamado virus Ebola, terriblemente contagioso y letal, surgido en Reston, Virginia, entre los monos importados por un laboratorio. El virus había matado a centenares de personas en Zaire y Sudán en 1976, cuando fue identificado y estudiado por vez primera. Se temió que contagiara a Estados Unidos en masa, y podía haberlo hecho.

Hemos pasado por alto las epizootias de diversos países, la «enfermedad del legionario», el resurgir de la malaria, de la tuberculosis, de diversas herpes, y de ese sida que está en el recuerdo y la angustia de todos, por hablar sólo de algunos flagelos de la humanidad actual. Estamos de acuerdo en que a menudo sus agentes mutan y se adaptan a nuestras contraofensivas. Con todo, nuestra reacción ¿es tan acertada y vigorosa como cabría esperar del nivel de nuestras estructuras científicas y del montaje sociopolítico?

Los cachorros de Freud

Sigmund Freud, en 1926, hace casi setenta años, cuando él celebraba sus setenta, se permitió uno de sus frecuentes rasgos de autocomplacencia al proclamar: «Los poetas y los filósofos que me precedieron descubrieron lo inconsciente; lo que he descubierto yo es el método mediante el cual puede estudiarse lo inconsciente.» En la actualidad parece pensarse todo lo contrario dentro de la rigurosa revisión del legado de Freud que sigue en curso; es decir, se entiende en amplia medida que él abrió amplias y valiosas ventanas para contemplar lo inconsciente y luego lo analizó más al estilo poético y filosófico que al científico.

No se le puede reprochar, desde luego, que los progresos recientes de la neurobiología y la bioquímica hayan dejado muy atrás sus tesis, porque en otros ámbitos científicos ha ocurrido algo parecido. Lo malo para la obra de Freud es que a menudo sus afirmaciones eran tan rotundas que no han resistido la marea de las conquistas posteriores: por ejemplo, si Freud hubiera sabido que todos soñamos varias veces cada noche, aunque no siempre lo sepamos ni nos acordemos luego, habría otorgado mucha menos significación a los sueños ocasionales y no los habría convertido en una de las piedras angulares de su doctrina. Por la misma razón, el análisis actual de los sueños presta mayor atención a su ritmo y forma y a la textura de sus imágenes que al contenido de éstas, y saca así más consecuencias que las que obtenía Freud al evaluar una especie de simbolismo de las figuras.

Casi por fuerza el sicoanálisis tenía que convertirse en el principal tema de observación por parte de los sicoanalistas, y no puede sorprender que aquella especialidad haya estado en constante autorrevisión desde entonces y que las mismas revisiones hayan sido luego nuevamente revisadas, de modo que hay quien denuesta la fragilidad decorativa de la escuela de Alfred Adler y quien se aleja de la severidad maciza de la de Carl Jung, y así sucesivamente, según gustos. O según disgustos, porque Herbert Marcuse es más desenvuelto al afirmar que «Freud era frío, duro, destructivo y pesimista», y amplía la diatriba burlándose del expeditivo prosaísmo de Erich Fromm, Karen Horney y otros nietos o bisnietos científicos del patriarca. En realidad, éste acabó su carrera, como Carlos Marx, espantado de los discípulos que le habían salido y recogiendo velas en varios de sus criterios.

Por ejemplo, en su relevante obra *Psicopatología de*

la vida cotidiana, Freud había prestado viva atención a los accidentes y errores leves en que caemos ordinariamente por presiones de nuestro inconsciente, pero luego, en un ensayo póstumo, *Análisis terminable e interminable,* amonestó contra la exageración en el estudio de los actos fallidos, ponderando las desgracias auténticamente severas que puede traer la vida y que son las que de veras la marcan, de modo que la curación del enfermo viene a depender de las cosas importantes que le ocurran luego. Nada más cierto, y tan sensato es pensarlo que quien lo crea así apenas necesita acudir al psicoanalista. Algo parecido venía a aconsejarle el propio Freud a uno de sus pacientes: «Ganaremos mucho si logramos convertir la desdicha histérica de usted en una infelicidad común.»

La búsqueda ansiosa de la felicidad universal llevó a un antiguo discípulo de Freud a descarrilar gravemente: hablamos del famoso doctor Wilhelm Reich (1897-1957), el cual rompió con el maestro en 1930 tras haber comenzado una trayectoria que se expresa sin rebozo en los títulos de varios libros que publicó entre 1917 y 1933, como *La función del orgasmo, La revolución sexual* y *La psicología de las masas según el fascismo.* En estas obras y alguna otra similar Reich proclamaba que la frustración sexual del proletariado había adormecido su conciencia política y que para que la clase obrera la adquiriera y se hiciera cargo de su cometido histórico era necesario que se liberase sexualmente. Las dos primeras consecuencias que le procuraron a Reich tales afirmaciones consistieron en que fuera expulsado de la Sociedad Internacional de Psicoanálisis y del partido comunista. La siguiente, un tanto contradictoria con esto, estribó en que también hubiera de escapar de Alemania, donde Hitler había asumido el poder.

La fase más limpia de la discutida vida de Reich transcurrió durante estos primeros años de exilio. Su excepcional destino le llevaba a sufrir persecución en todas partes. En 1939 fue acogido en Estados Unidos y se le dio una plaza en la School for Social Research de Nueva York, donde reanudó y reforzó su predicación de la libertad sexual como condición de la salud mental, y ésta del sano dinamismo de una sociedad. La política usual, según él, estaba llevada por personas sexualmente enfermas, y esto explicaba a la vez los furores nazis y el fracaso de la revolución comunista en Rusia. Como quiera que en aquel ambiente Wilhelm Reich encontró apreciable audiencia, fue creciendo en sus lucubraciones. De este modo concretó la vaga y blanda noción freudiana de la libido en un concepto mucho más potente: la orgonergía, que era el fundamento biológico y físico de aquélla; más aún, era la fuerza esencial y omnipresente del cosmos, como dando más carnaza a aquello de Dante de que el amor mueve el sol y las demás estrellas.

Diferenciándose de Dante, que dice semejante cosa como palabras finales de la *Divina comedia*, Reich empezó su propia comedia a partir de dicha tesis: la orgonergía era de color azul, y por esto y no por otra razón eran azules el cielo y el mar; la misma daba origen a la electricidad, la cual era una forma de ella, y por tanto las personas podían gastar y recargar su orgonergía como una batería. A tal efecto, Reich diseñó unos complicados acumuladores donde los clientes podían energizarse bajo vigilancia médica; eso sí, después de haber sido visitados y estudiados conforme a los principios de aquella escuela. Fabricó y comercializó también unos aparatos más cómodos para que los clientes se recargaran ellos mismos en casa. Proliferaron las asociaciones, las tiendas, las publicaciones, las propagandas dedicadas a tal doctrina y su instrumental. Reich se hizo cada vez más rico y correlativamente se distanció del mundo científico hasta que murió desacreditado y millonario.

EL ORO A VECES FALLA

Don Juan Tenorio pretende que «con oro nada hay que falle», y algunas personas y entidades dedicadas a la investigación científica parecen haber entendido que en ella rige también aquel axioma, a la vez que profesan que para conseguir dinero vale todo. Ya hemos visto que conductas semejantes son tan antiguas como la ciencia misma; con todo, en la época contemporánea, la creación y la utilización de las producciones científicas tienen una dimensión pública que antaño les faltaba.

Por esta razón han adquirido tanta resonancia como un campeonato de fútbol o un delito sanguinario acontecimientos tales como la pretensión del profesor William Summerline, de la Universidad de Stanford, de haber trasplantado piel de un ratón negro a otro blanco sin que se produjera rechazo. Desde 1970 hasta 1975 insistió en el éxito de sus experimentos, que parecían abrir un orbe de posibilidades a los injertos de tejidos y de órganos. Gozó de apoyos morales y materiales dignos de mejor causa y, para abreviar, vino a descubrirse al final que el hombre pintaba los ratones blancos con un rotulador negro: más sencillo y burdo, imposible. «El dinero ahoga la verdad», escribía *La Vanguardia*, comentando este caso, el 11 de noviembre de 1994. Añadía el periódico otros parecidos, como el de Robert Slutsky, cardiólogo de la Universidad de San Diego, que escribía y publicaba en tanta cantidad que en 1986 fue investigado por sus superiores: resultó que docenas de sus artículos eran fraudulentos, inexactos o fantasiosos.

Ya lamentaba Unamuno en el primer cuarto de nuestro siglo que había universitarios españoles que en las oposiciones a cátedras citaban autores extranjeros que luego resultaban ser marcas de coches o acaso apellidos de artistas de cine, o qué sé yo, o qué sabía don Miguel. En Estados Unidos no están nada libres de culpa y es lógico que así sea, pues la abundante tarea investigadora y el copioso dinero disponible son proporcionales a la profusión de notas falsas. La más clamorosa ha sido en los últimos años la acusación de fraude contra Robert C. Gallo por haberse valido de trabajos franceses para proclamarse descubridor del virus del sida. Muy a menudo, como en este mismo caso, detrás de las deshonestidades científicas hierven negocios billonarios que dependen de ellas.

Más pernicioso que esto es, empero, un estropicio

como el perpetrado por el canadiense Roger Poisson, cuyos escritos venían a sostener que las mastectomías no son necesarias para contener el progreso de los cánceres de mama y que había otros tratamientos alternativos. Había establecido esta teoría en un trabajo suyo publicado en el prestigioso *New England Journal of Medicine* en 1989, tras unos estudios desarrollados en la Universidad de Pittsburgh, con financiación del gobierno de Estados Unidos. Se pretendía haber trabajado con muestras y datos de cinco mil pacientes de 485 centros. Algo más tarde comenzaron unas averiguaciones y de ellas resultó a comienzos de 1994 que los fundamentos de Poisson eran falsos o equivocados.

En otras abundantes ocasiones, las bases ni siquiera existen porque, como se dice eufemísticamente, ha habido una «fabricación de información»; una de las tres letras de las siglas FFP con que ya se conocen en Norteamérica las maneras básicas de adulterar la producción científica: fabricación, falsificación, plagio. Para reprimirlas se constituyó allí una oficina de Integridad en la Investigación, que está incorporada al gobierno.

14. LA INQUIETANTE ECOLOGÍA

LA DESTRUCCIÓN DEL MEDIO AMBIENTE VIENE DE ANTIGUO

La atenuante no es muy eficaz, pero lo cierto es que nuestro siglo encontró el ambiente natural ya tan mancillado que algunos pensaron que no valía la pena conservar lo poco que permanecía íntegro. En proporción a las desastrosas agresiones a la naturaleza que empezaron a perpetrarse hace mil años, o antes, las que estamos contemplando ahora son probablemente menores, aunque se den casos de gravedad letal. Reparemos en que el río Tinto se llama así en razón de los residuos que trae de unas explotaciones mineras desarrolladas codiciosa y groseramente desde hace milenios; y que no vienen de hoy los fangos tóxicos de Portman, adonde han afluido igualmente los desechos de otra cuenca minera, la de la región murciana, ni las aguas ennegrecidas que bajan de las minas de Asturias.

Aparte de estos estropicios puntuales, hace cerca de mil años empezó en Occidente la primera de las varias revoluciones industriales que en realidad se han registrado en él y siguen. En aquella época se introdujeron en la agricultura una serie de mejoras, se ampliaron las tierras cultivadas, creció la población, las ciudades se convirtieron en centros comerciales. La fuerza motriz típica de aquella revolución industrial fue la hidráulica, y a ella se confió el mover los molinos de cereales y de aceite, los batanes de la industria textil (tan graciosamente aludidos luego en el *Quijote*), las herrerías y los molinos de papel. La utilización óptima del agua demandó retocar el flujo de los ríos con presas, canales y esclusas.

Todas estas innovaciones, unidas al auge de la población, comenzaron a agredir a la naturaleza. Los habitantes de Europa casi pasaron a duplicarse entre los años 1000 y 1300, partiendo de los cuarenta millones que había al acabar el primer milenio y entrar en el segundo (sin que las gentes sintieran temor alguno al año 1000, dicho sea de paso). Aun cuando se multiplican entonces las herrerías hasta definir una primera industria siderúrgica, se requiere madera para las construcciones, los rústicos muebles, buena parte de los aperos del campo, los utensilios del hogar y del trabajo y, sobre todo, como combustible fundamental. De aquí deriva una continuada exigencia de material al bosque.

Éste se convierte en una riqueza notoria y, por serlo, en cualquier guerra el enemigo procede a incendiar nuestros bosques y lo anota satisfecho en sus crónicas, y lo propio hace nuestro bando cuando le devuelve la visita. Durante todas las campañas medievales entre cristianos y musulmanes esta práctica recíproca fue tan habitual y continuada que cabe deducir que empobreció considerablemente la vegetación de la Península, aquella donde, según el dicho de Plinio, un mono podía ir de árbol en árbol desde el Estrecho hasta los Pirineos.

Curiosamente, este mismo bosque proveedor de suministros insustituibles —dejando aparte la caza y los frutos silvestres— es mirado también con antipatía por los poderes propios, que lo consideran vivero de bandidos, resguardo de gentes que viven demasiado libres con economía exageradamente autónoma. No es casual el surgimiento en Europa de leyendas como Robin Hood, Guillermo Tell y otros que simbolizan unos núcleos de libertad que la corona y los grandes señores no están dispuestos a tolerar. Con pretextos varios, invadirán los antiguos bosques, los desventrarán, clarearán y colonizarán. Otra peligrosa exigencia contra la foresta será la ejercida por los reinos y las ciudades portuarias que se aprestan a construir grandes flotas: comienzan unas talas sistemáticas de bosques que ya no cesarán hasta finales del siglo XVIII. Cada gran empresa náutica —Lepanto es el ejemplo supremo— trae consigo el barrido de enormes extensiones de bosque. Ya en el siglo XV los viajeros que visitan España, por ejemplo el alemán Gabriel Tetzel, acompañante de Rosmithal, en 1465-1467, describe, al entrar en Castilla, «una sierra horrible donde no se veía gente ni huella humana ni se encontraba agua, sino rocas desnudas y frías, sin ninguna hierba ni árbol»...

La devastación operada para allegar madera y leña a las fraguas, los hornos de cal, las artesanías y la construcción fue tan grave que la corona dictó medidas para reprimirla. El rey Pedro el Cruel, en las Cortes de Valladolid de 1351, usa un lenguaje de sorprendente modernidad: «Se destruyen de mala manera los montes —denuncia—, señaladamente los pinares y encinares, porque derriban cinco o seis pinos por sacar de ellos tres o cuatro rayeros de tea que no valen tres dineros, y que en los encinares, para un palo muy sutil que hayan menester, cortan una encina, y otrosí, los que viven en las comarcas de los pinares y de los encinares, los cortan y los queman para hacer sembrados...» Algún monarca de la época cuidó también de proteger las especies animales contra cazadores desenfadados.

En las ciudades es terrible la contaminación del agua de ríos y acequias por los talleres que se han montado a su vera y devuelven al cauce las aguas sucias. Los consejos municipales se preocupan y toman medidas usualmente inútiles. Cuando el mal se concreta y agrava, ordenan que los oficios más molestos y peligrosos se trasladen fuera de la ciudad y más abajo del río.

La escasez progresiva de madera y la necesidad de un utillaje más recio y eficaz impulsaron el consumo de carbón y el desarrollo de la metalurgia. Otra contaminación se hizo patente: la de la atmósfera, por efecto de los humos de los talleres. Y también por sus ruidos: Pedro el Ceremonioso de Aragón se encolerizaba por el estrépito de los obradores vecinos a su palacio. En el mismo siglo XIV se multiplicaron notas de insalubridad urbana y desdén por el medio ambiente que luego ha seguido nuestra sociedad, e incluso se crearon estampas que parecen actuales: se acentúan entonces el problema de eliminar basuras y residuos, la búsqueda de manantiales y la procura de puntos de abastecimiento de aguas, la vigilancia de los alimentos, y tantas más.

Las nubes de humo de los hornos y las herrerías, los ríos sucios de las ciudades textiles, las calles oscuras y ruidosas de los barrios donde radicaban los oficios artesanos no surgieron de súbito al difundirse el industrialismo del vapor —el cual no empezó a prevalecer en España y otros países hasta muy adentro del siglo XIX—, sino que venían de épocas anteriores. La nuestra tiene culpas que expiar por su propio deterioro del medio ambiente, pero las atenúa el que hayamos agudizado la sensibilidad ecológica por encima de las generaciones anteriores y el haber llegado demasiado tarde para remediar desastres como el de la deforestación.

El sueño de la técnica engendra monstruos

Las gentes descreídas de nuestro tiempo se sonreirán quizá ante la tesis de que nuestros problemas ecológicos y económicos derivan de que nos hemos tomado demasiado en serio la Biblia, así como suena, e interpretamos al pie de la letra lo que dice el Génesis (I, 26-30) sobre que Dios, una vez hubo creado al hombre y la mujer, les encargó llenar la tierra: «Sometedla y dominad —dijo— sobre los peces del mar, sobre las aves del cielo y sobre los ganados y sobre todo cuanto vive y se mueve sobre la tierra... Ahí os doy cuantas hierbas de semilla hay sobre la haz de la tierra toda y cuantos árboles producen fruto...» El planeta y su contenido están, pues, a disposición del hombre según la tradición judeocristiana para que éste los señoree a su gusto, y así nos está saliendo. Además, el pensamiento basado en la Biblia afirma la santa necesidad del trabajo imperado por el Señor, de suerte que Él bendice todo cuanto hagamos con el sudor de la frente para transformar la naturaleza.

El ideario pagano propugnaba todo lo contrario: en la cultura griega y romana los mares, los ríos, los árboles, las fuentes, los campos y demás tenían sus propios dioses u otras figuras tutelares, los cuales imponían respeto a las gentes y las castigaban de mil modos si atropellaban sus dominios. Los dioses no tenían ningún interés en que los hombres trabajasen o no, y el ambiente sociocultural incitaba a éstos a observar una serena ociosidad antes que extenuarse en la lucha contra la naturaleza. Cuando resultaba inevitable cortar un árbol o alterar el curso de un río, convenía oficiar unos ritos en homenaje a la divinidad titular de él, para que no se ofendiese. En el Extremo Oriente se procede hoy de manera parecida antes de levantar un rascacielos o botar un buque, pues se toman en consideración las misteriosas fuerzas de la tierra, del agua y del cielo, y se desea tenerlas propicias.

No es probable que éstas aplaudieran una idea como la de cerrar el estrecho de Gibraltar, la cual ha sido concebida más de una vez. El ingeniero alemán Hermann Soergel la expuso con muchos pormenores en el decenio de 1930. Según él, si se procedía a clausurar el Estrecho mediante un dique, el Mediterráneo iría bajando rápidamente de nivel, porque es un mar deficitario: la evaporación le quita más agua de la que aportan los ríos que a él afluyen. Cada año bajaría medio metro si no recibiera agua del océano. Soergel no se inmutaba porque nuestro mar descendiese cincuenta metros de nivel, por ejemplo, al separarlo del Atlántico. El desnivel respecto de éste sería muy beneficioso porque permitiría crear una gigantesca central hidroeléctrica en el Estrecho y ésta aprovecharía la caída del billón de metros cúbicos de agua del Atlántico que habría que verter en el Mediterráneo cada año para que no siguiera bajando.

En el día de hoy este proyecto es mirado con mucha frialdad porque se han proyectado centrales hidráulicas que dan más rendimiento sin tantos estropicios. Piénsese que el Adriático quedaría seco y la mayoría de los centros portuarios del Mediterráneo se convertirían en ciudades de secano, si progresaba tal idea.

Estos puertos, y las costas de todos los mares, pueden sufrir graves alteraciones por efecto del peligro contrario: que el nivel del mar crezca en demasía si siguen subiendo las temperaturas medias y los hielos polares se funden en mayor proporción. Dícese que durante el último siglo aquellas temperaturas han subido un grado —y seguirán subiendo— y que correlativamente el nivel del mar ha ganado también quince centímetros. En algunos lugares críticos, como Venecia, este efecto se percibe con alarmante crudeza, quizá porque es observado con más detenimiento y preocupación que en otros muchos tramos de litoral. Puede augurarse en líneas generales que todos los procesos humanos que redundan en calentar la atmósfera favorecen aquel resultado.

El talento relampagueante del ingeniero Cesare Marchetti ha sugerido ya que si se quiere conservar el innumerable tesoro monumental que está en las costas será preciso protegerlo con diques —como gran parte del territorio de Holanda—, o pensar en ciudades flotantes. Esto último lo están ya proyectando diversos arquitectos japoneses de la actualidad siguiendo una idea que lanzó hace años el profesor Craven, de la Universidad de Hawai. También es concebible que las poblaciones que habitan ahora en la ribera opten, como en el paleolítico o en la época de la piratería musulmana, por refugiarse en cumbres de tierra adentro. Sucederá entonces que el atributo «de Mar» o *«sur Mer»,* que ahora decora tantos topónimos turísticos, será una señal de alarma y demérito: sonará a más seguro y cómodo intitularse «del Interior».

El célebre Albert Schweitzer actualizó la actitud reverente de los griegos y los romanos respecto de la naturaleza y exhortó a que nos abstengamos de comportarnos como dueños arrogantes de ella. Por esta razón, como tributo a su memoria, Rachel Louise Carson le dedicó en 1962 su famoso libro *Primavera silenciosa,* con el cual se ponía en marcha la lucha ecologista contemporánea. El tema de dicha obra es de trascendencia bastante para abrir un nuevo apartado aquí.

La señorita Carson, bióloga de mérito, trabajó largo tiempo al servicio de los organismos públicos de Estados Unidos para la defensa de la naturaleza y se especializó en el estudio de los pobladores del mar, a los que dedicó varios libros que tuvieron brillante éxito. Una amiga suya le escribió cierta vez para comentar que habían muerto muchos pájaros que antaño anidaban en su jardín; éste había sido fumigado con DDT por unas avionetas que se proponían exterminar los mosquitos de la zona. El potente insecticida había sido revisado por la Administración norteamericana en 1945 antes de que pasara al consumo general. Se lo había utilizado en los ejércitos aliados para desinfectar las ropas de los soldados y nadie discutía que el DDT nos había librado en la segunda posguerra mundial del tifus y otras epidemias que habían cundido a raíz de la primera.

Ciertamente, el famoso plaguicida acababa con los animales desagradables de modo radical y expeditivo. Sus fabricantes alardeaban de que era totalmente inofensivo para el hombre, y en realidad éste podía sentirse en el centro de un círculo amurallado gracias a aquél. Rachel Carson empezó a meditar sobre las consecuencias de la que llamó «barrera química que se estaba construyendo alrededor de la estructura de la vida», y resolvió que era necesario restringir el empleo de plaguicidas tan absolutos. En efecto, según demostró en su libro, si se exterminan totalmente los insectos, vendrá luego la muerte de los pájaros y otras especies silvestres, y más tarde la de la humanidad, que está inserta en la estructura general de la vida terrestre.

Semejante mensaje causó asombro e indignación en amplios sectores del público de Estados Unidos y de todo el mundo occidental. La gente estaba encantada con las limpiezas veloces que proporcionaba el DDT y no asimiló fácilmente la descalificación inesperada de éste. Las industrias enriquecidas con la producción grandiosa del plaguicida habían ya puesto trabas a la edición del libro y se alborotaron luego cuando ganó adeptos, multiplicando elogios al DDT como antídoto de graves enfermedades de las plantas y los animales.

Nadie discutía la eficacia de tan vigoroso medio ni el poder de las industrias dedicadas a producirlo. Sin embargo, en la misma época del libro de Rachel Carson, empezaron a recopilarse hechos alarmantes. La Organización Mundial de la Salud se había propuesto erradicar la malaria en 76 países usando DDT. En lugares como Sarawak, el DDT había matado las cucarachas, junto a muchos otros insectos, y de paso acabó con los gatos, que se alimentaban de aquéllas. De aquí resultó que se multiplicaran las ratas y que éstas transmitieran la peste y el tifus. Para resolver rápidamente el trance se procedió a lanzar gatos en paracaídas sobre diversas zonas de Sarawak. Fue mano de santo: el equilibrio ecológico se restauró al instante.

Estas objeciones al DDT quizá habrían pecado de tecnicistas si la señorita Carson no hubiera tenido el talento y la gracia poética de centrarlas en la imagen frágil de los pajaritos. Éstos fueron de veras los que triunfaron en la lucha. Todos los enemigos de la industria salvaje se congregaron en la defensa de los pájaros y en torno de ella se estructuraron las más variadas ideas: cundió el clamor por la conservación de la naturaleza, la templanza en las fabricaciones, el freno a la contaminación y a la superpoblación.

La tarea de Rachel Carson admira todavía más si se repara en que la respaldó con una conducta personal acaso más abnegada y generosa incluso que su misma doctrina: se pasó la vida cuidando a los diversos miembros de su familia, a la vez que ella misma iba padeciendo cada vez más quebrantos físicos, rumbo al cáncer que la mató a los cincuenta y siete años (n. 1907). Se ha publicado en la primavera de 1995, mientras se escribe el presente libro, su tierna y poética correspondencia de solterona con Dorothy Freeman, una madre de familia con la que apenas tuvo más que relación epistolar. Las cartas son de una conmovedora ternura: Rachel Carson explica las enfermedades de su gatito

Jeffie, y su admiración a distancia por el músico Leonard Bernstein, al que nunca llegó a hablar.

Con gran esfuerzo físico y una complicada escasez de tiempo, Rachel Carson dedicó los últimos meses de su capacidad a escribir su famoso libro, convencida del tumulto de ideas y de intereses que iba a levantar, y a cuyos primeros episodios —favorables y adversos— le quedó un breve resto de vida para asistir.

En 1968, treinta figuras significativas de la economía y la cultura se reunieron en Roma para concretar estos postulados, y quedó constituido el Club de Roma. La señorita Carson pudo ver que no estaba ya sola en la defensa de una relación armoniosa entre los seres vivos y el ambiente. Murió en 1964, dejando alzada la bandera del ideal conservacionista de éste. No tardaron en adaptarse en todos los países medidas prohibitivas contra el DDT, tan estruendosas como lo habían sido unos lustros antes los reclamos en su favor. Los nuevos productos plaguicidas se gloriaron entonces de «no contener DDT», tal como tiempo atrás se habían pavoneado de lo contrario. En los últimos tiempos se halla en curso una cruzada semejante contra el cloro y sus derivados, y la conciencia pública está alerta contra la polución de las aguas con diversos elementos tóxicos, tales como algunos metales y el fósforo.

Desde hace algunos años existe la misma alarma contra los peligros del amianto, nombre genérico de un grupo de minerales fibrosos (silicatos hidratados de calcio y magnesio). Su utilidad ha llevado a que cumpla en nuestra vida funciones cada vez más extensas, muchas de las cuales no solemos conocer. Las más famosas aprovechan su cualidad de incombustible y fácil de hilar, por lo cual es la base de las prendas ignífugas de los bomberos, los pilotos de carreras, los aviadores y los astronautas, pero no son menos relevantes su resistencia al rozamiento y la tensión y su pésima conductividad del calor y la electricidad. Se lo utiliza en el fibrocemento, en placas, tuberías y en aislamientos térmicos y acústicos. Menos sabido es que forma parte de diversas piezas de los motores de coches, los discos de embrague y los frenos y de las juntas de multitud de máquinas. Por este concepto y otros muchos el amianto tiene múltiple presencia en barcos, aviones y armas de nuestro tiempo.

Su producción mundial —más de la mitad en Canadá— se ha doblado en algunos de los últimos lustros para atender la variadísima demanda. Lo malo es que el amianto es un agente productor de cáncer, y especialmente cáncer de pleura, y es tan eficaz en esta faceta como en todas las demás. Tal amenaza aflige directamente a los obreros que trabajan en sus minas y en las fábricas donde se manipula, pero las fibras se difunden con amplitud y velocidad prodigiosas hasta ambientes muy alejados, y los síntomas de su contagio aparecen con lentitud en algunos casos. En su obra ya citada, *Great medical disasters* («Grandes desastres de la medicina»), el doctor Richard Gordon anota con ironía que las máscaras antigás repartidas entre la población inglesa durante la última guerra contenían amianto. Por consiguiente, causaron más daños seguros que los gases hipotéticos.

El gigantismo de muchas empresas y la despreocupación con que han aceptado productos y procesos peligrosos porque son más lucrativos han conducido ya a buen número de desgracias de relevancia mundial. Hay que observar con amargura que cuanto mayores son esos desastres más fácil es que se repitan, pues sus autores son poderosos y no tienen ningunas ganas de corregirse. No nos extendamos sobre el caso de la talidomida, que estalló en 1960, pues todavía se recuerda el horror de los niños que nacían sin brazos o con anomalías enormes porque sus madres habían tomado aquel somnífero suave cuando estaban embarazadas. Era un producto tan manso que se vendía sin receta médica. Ocho mil niños nacieron con aquellas tremendas malformaciones antes de que el fármaco fuera retirado de la circulación. Sin tanta extensión y dramatismo, no es el único que ha tenido que ser denunciado atendidas las desgracias que causaba, sin que sus fabricantes las hubieran previsto.

La relación de infortunios correlativos es muy copiosa: el 21 de setiembre de 1921 la fábrica de nitrato sintético de la Badische, en Oppau, voló por los aires con pérdida de 565 vidas; el 28 de julio de 1948 otra factoría alemana, la de plásticos de Ludwigshafen, siguió el mismo camino, con 184 muertes; el 10 de febrero de 1973 voló el mayor depósito de gas líquido del mundo, en Staten Island, en Nueva York, con 40 bajas; el 10 de julio de 1976 estalló en Seveso, Italia, una fábrica de herbicidas y difundió una nube de dioxina, uno de los venenos más poderosos que existen, el cual comenzó a causar lesiones visibles en los 6 000 habitantes de la población y otras a largo plazo, cuyo estudio está en curso; en 1977 se determinó en la zona de Love Canal, junto a las cataratas del Niágara, que había veinte mil toneladas de residuos tóxicos enterradas de modo torpe, durante veinticinco años, debajo de un grupo de casas y de una escuela, y se les atribuyeron los altos porcentajes de cáncer, malformaciones infantiles y abortos que se registraban en la zona; en el año 1978, el 11 de julio, estalló un camión cisterna que transportaba propileno en forma inadecuada y mató a 215 personas que estaban en el inmediato camping de vacaciones de «Los Alfaques», en la desembocadura del Ebro; en 1984 ocurrieron dos hecatombes relacionadas con la química: el 19 de noviembre estalló un depósito de gases líquidos en la capital mexicana, con 334 muertes, y en la India, en Bhopal, el 2 de diciembre, se produjo una fuga de un gas derivado del cianuro en una factoría de la Union Carbide, que causó una cifra de muertos aún no determinada con exactitud —entre 2 000 y 15 000—, más cientos de miles de afectados, muchos en forma irremediable. Las negligencias prodigadas por un personal inculto y descuidado en Bhopal eran escandalosas. Probablemente puede aplicarse el mismo juicio a las demás catástrofes y otras muchas que cabría mencionar.

Gaia y los ríos rojos

La Tierra puede ser estimada como un sistema vivo en el cual se integran la biosfera, la atmósfera, los mares y el suelo, según sostiene el célebre biólogo británico James E. Lovelock, propugnador del concepto de «Gaia» para designar esta pluralidad en lo unido que forman los elementos de nuestro planeta. En sus obras, Lovelock ha mencionado explícitamente y con afecto las ideas de Rachel Carson. En 1993 se ha publicado en español (Barcelona, Tusquets) su libro *Las edades de Gaia: una biografía de nuestro planeta vivo.* En él afirma: «Toda especie que afecte negativamente al medio ambiente está condenada, pero la vida continúa. ¿Puede aplicarse esto también a la especie humana? ¿La destrucción que causamos a la naturaleza acabará destruyéndonos a nosotros?»

Este miedo está ya extendido y han cuidado meritoriamente de difundirlo las numerosas entidades ecologistas, las cuales se esmeran en que dentro del mundo occidental se actúe con circunspección en la relación con el medio natural. Con todo, ya no es tan conocida la colosal contaminación del ambiente que efectuaron y efectúan las industrias del antiguo bloque comunista, guiadas por criterios tajantes de rendimiento que no admitieron el menor estorbo en ningún nivel. Y menos que en otros, en la conservación del ambiente natural. Jacques Attali, en su libro *Europa(s)* (Barcelona, Seix Barral, 1994), habla de que el estilo de producción allí vigente «está compuesto de derroche y negligencia, y ha provocado desastres ecológicos irreversibles. El Este se halla contaminado tanto como el Norte y el Sur. Los peores basureros del mundo han sido creados por cuatrocientos millones de personas que viven sobre una sexta parte de las tierras emergidas y tienen bajo los pies la quinta parte de los recursos del planeta».

La cuarta parte de los gases que causan el «efecto invernadero» en el planeta proviene de aquellas factorías. En Polonia, cerca de cuatro millones de hectáreas —es decir, casi la mitad de los bosques del país— están amenazadas por la lluvia ácida, como también en Chequia, Ucrania y vecinas. En Eslovaquia cada año se producen más de 440 000 toneladas de residuos peligrosos; y 120 000 toneladas de residuos especiales son vertidas sin control al aire libre. En Bulgaria, las fábricas siderúrgicas polucionan una superficie de por lo menos tres mil kilómetros cuadrados en derredor de ellas. En Siberia, el lago Baikal —la mayor acumulación de agua dulce del mundo— está al borde de la muerte, la cual ya ha hecho presa del mar de Aral.

En numerosas ciudades, añade aquel autor de perfil progresista, el agua casi no es potable y las fugas de gas son corrientes. El tercio del petróleo se pierde por culpa del estado lamentable de las instalaciones, las cuales provocan la contaminación de todas las zonas por donde pasan.

En noviembre de 1994, por ejemplo, se había roto un oleoducto en Rusia y se había derramado una ingente masa de petróleo en la costa norte, cuyo volumen era estimado en unas decenas de miles de toneladas por los benévolos y en unos centenares de miles de toneladas por los técnicos ecologistas. Semejante asunto es de aquellos que espantan más cuanto más se miran.

Cualquier noticia fresca acerca de tal desidia y despreocupación tamaña suele añadir motivos de pavor a las que conocíamos. El ministro ruso de Medio Ambiente, Victor Danilov-Danilian, declaraba a *ABC* (ed. del día 18 de noviembre de 1994) que «Rusia es un país muy peligroso para sus ciudadanos y vecinos en el campo ecológico y nuclear». «Tenemos —detallaba para justificarlo— 300 000 kilómetros de tuberías (oleoductos y gaseoductos) en mal estado; nuestras fábricas, altos hornos y refinerías han sobrepasado los treinta o cuarenta años de vida y se caen de viejas; los depósitos de residuos radiactivos no disponen de las medidas de seguridad mínimas; las explosiones nucleares que se realizaron en el pasado sin medir sus consecuencias ecológicas se cobran nuevas víctimas día a día...»

Cualquiera que contemple el curso bajo de uno de los ríos que han sido aprovechados por las industrias de la Europa oriental se estremece al contemplar la suciedad y el veneno que acarrean sus rojizas aguas. Muy a menudo son las únicas con que cuentan las poblaciones y los campos que cruzan, trátese del Elba, del Oder o del Vístula. El fenómeno acaso es todavía más llamativo en ejemplos como el del Danubio, que pasa en su primer tercio por países más o menos preocupados por la defensa del ambiente y entra luego en otros que han vivido durante cuarenta años en la mayor indiferencia respecto de él.

15. CARENCIAS DE LA INDUSTRIA

CAUSAS DE FUERZA MAYOR

Los grandes fracasos de la técnica suelen obedecer a causas justificadas: en efecto, derivan habitualmente de un exceso de ambición o de una vanidad desmesurada, que parece estar clamando por el castigo del cielo. Así le ocurrió al emperador Menelik II de Abisinia, el cual, a finales del siglo pasado, emprendió una vigorosa modernización de su país. Enterado de que se había implantado en Nueva York tal sistema novísimo de ejecutar las sentencias de muerte, encargó la compra y envío de tres sillas eléctricas en 1890. Cuando llegaron a su país, el Negus descubrió con asombro que era precisa energía eléctrica para que funcionasen, y que en Abisinia no la había. Dícese que, para no perder toda la inversión, el soberano determinó utilizar una de las sillas como trono y mandó tirar las otras dos para que no hubiera en su reino otro asiento igual.

Stephen Pile, que refiere este traspié, no quiere pecar de racista y añade otro más moderno y más entrañado en las técnicas avanzadas: se trata de la prospección de petróleo que en noviembre de 1980 efectuó la compañía Texaco en las riberas del lago Peigneur, en el estado norteamericano de Luisiana. Las perforadoras cumplieron con su cometido durante unas pocas horas y, una vez creado el conducto que había de hacer aflorar el petróleo, los técnicos se sentaron a esperar el surgimiento del anhelado chorro. En vez de éste, vieron con desolación que se formaba un gran cráter, el cual sorbió rápidamente el lago y con él nueve barcas, cinco remolcadores, varias casas ribereñas y otros diversos bienes muebles e inmuebles que había en los alrededores. Quedó un enorme vacío de setecientos metros de diámetro. Más tarde se aclaró que debajo del suelo existía una gran mina de sal abandonada, cuya bóveda se había venido abajo.

Si tal episodio atestigua una abrumadora supremacía de la naturaleza sobre la técnica, hay otros en que es la propia técnica la que se muerde la cola, provocando resultados indeseados. El mismo Pile reseña así que en cierta ocasión una orquesta sinfónica norteamericana deseó ejecutar como se debe la famosa Obertura 1812, de Chaikovski, es decir, efectuando los disparos de unos cañones cuya intervención escalonada figura en la partitura. En el concierto en cuestión se produjo una avería en el sistema eléctrico de disparo y los dieciséis cañones aparejados hicieron fuego a la vez, con lo cual no sólo causaron el sobresalto del público sino también que la humareda disparase la señal de alarma de incendios, sin que en la sala lo supieran. De este modo, la orquesta siguió tocando y el esplendoroso final de aquella obertura grandiosa quedó realzado por las sirenas y bocinas de seis coches de bomberos y los chorros de espuma que comenzaron a lanzar.

EL MITO DE HENRY FORD

La fama de ser un genio y casi un mago no está reservada a personajes misteriosos de épocas pretéritas. En nuestro mismo siglo, a plena luz y en medio de máquinas estruendosas, es posible —y hasta fácil— procurarse renombre de brujo de la industria. Así lo hizo Henry Ford (1863-1947), uno de los nombres más cargados de potencia simbólica; tanto, que Aldous Huxley lo utilizó para poner bajo su presidencia el «mundo feliz» descrito en su célebre novela futurista. Ahora bien, la figura de Ford no se ajusta a ninguno de los diversos atributos que le asigna aquella fama. Les ha sucedido lo mismo a otros personajes históricos que han acabado siendo emblemas de cosas muy diferentes de las que desarrollaron en vida.

Henry Ford no inventó la producción en cadena de coches, aunque sí instaló en su fábrica la primera que hubo de ciertas proporciones. Richard Shenkman, en su revisión de mitos norteamericanos, indica que no se sabe bien quién inventó el sistema, y que es seguro que no fue una sola persona en un momento concreto, sino varias, acaso dispersas. Un biógrafo laudatorio de Ford, Robert Lacey, reconoce que fueron algunos de los ingenieros más destacados que trabajaban para aquél. La idea parece haber surgido en el marco de un apremio de producción. Las ventas del célebre modelo «T» pasaron de 18 000 unidades en 1909-1910 a 35 000 en el año siguiente y 78 000 en 1911-1912. Las fábricas de Ford no podían atender esta demanda y menos la que se auguraba para lo por venir. Nadie discute a Ford el talento de captar situaciones e idear remedios rápidos de ellas.

Esta cualidad del industrial contrasta con la cerrazón con que el célebre financiero John Pierpont Morgan se negó a relacionarse con el negocio del automóvil, no una sino varias veces. En 1908 William Capo Durant (creador de la marca Buick y luego de la General Motors) y Benjamin Briscoe acudieron a Morgan para solicitarle un crédito que les permitiera fusionarse con Henry Ford y Ransom Olds. Ford pedía tres millones de dólares para entrar en el nuevo negocio, y a Morgan le pareció un disparate. Cuando Durant opinó delante de él que llegaría un día en que se venderían 500 000 coches al año, Morgan y su gente se echaron a reír a carcajadas. Morgan había participado intensamente en el desarrollo de grandes industrias, pero en lo tocante a coches estaba obsesionado por la imagen del carruaje de caballos y entendía que duraría toda la vida, y que el automóvil era un camelo sin futuro.

Para retornar a la figura de Henry Ford, anotaremos que otra presunta genialidad que se le atribuye consiste en haber comenzado a pagar a sus obreros un jornal de cinco dólares, que en aquella época era el doble del mejor de Estados Unidos. ¿Por qué lo hizo? Se han arbitrado las explicaciones más retorcidas, empezando por la que pretende ser astuta: que Ford quería que sus obreros tuvieran dinero para que le compraran coches. No merece más audiencia la otra suposición: que era hombre humanitario. El mismo Ford dijo secamente que el jornal de cinco dólares era una cuestión de «montaje de la eficiencia en la que no se implicaba caridad de especie alguna».

Las razones fueron más elementales e inmediatas: primera y principal, el trabajo en aquellas primeras cadenas móviles era de una aridez y una fatiga destructivas, y la gente se habría marchado de él apenas hubiera podido; en segundo lugar, tanto la faena en sí como las ideas personales de Ford miraban a la creación de una masa de trabajo especializada y «robotizada», como aquella que satirizó Charlot en su inolvidable película *Tiempos modernos.* En tercer término, tanto el exitoso producto como el ahorrativo sistema de fabricación permitían dar al obrero más remuneración.

Se atribuye a Henry Ford, entre otros muchos rasgos de genialidad precursora, el haber ofrecido trabajo con especial afán a mujeres, ex presidiarios y minusválidos. En el año 1919, dentro de una plantilla de 44 000 empleados, Ford tenía más de nueve mil minusválidos; a varios les faltaban ambas manos, algunos eran ciegos y había 37 sordomudos. Sin querer desmerecer lo encomiable de esta actitud, lo básico es que a Ford le horrorizaban los sindicatos, los comités obreros, las huelgas, los piquetes y demás, y le gustaba tener obreros que sólo habían encontrado trabajo en su casa y estaban dispuestos a morir antes que perderlo o perjudicar al patrón que se lo había dado. Dejando aparte este factor sentimental, Henry Ford ponía cuadrillas de matones en las puertas cada vez que le amenazaba algún desorden laboral.

Ford había tenido una infancia penosa: sólo recibió enseñanza hasta los quince años y suplió sus deficiencias a fuerza de tesón, agudeza e intuición. Su vejez también fue triste, pues él siguió haciendo genialidades en asuntos donde cada vez tenían menos cabida. Una cosa era que supiera hacer él solo un automóvil y otra tener en sus manos el control, y aun la propiedad, de toda su empresa. Que Ford pontificara sobre la economía, la paz, el atletismo, los judíos, la dietética, la banca, la política internacional y otros temas sólo le llevó a perder dinero y prestigio. Al final de su vida, durante la segunda guerra mundial y después de ella, fue preciso apartarle de los trabajos porque lo enredaba todo y el negocio iba francamente mal.

Quedaban atrás las interpretaciones halagadoras y manipuladas de antaño sobre su figura. Se ha hecho popular la chanza de Ford sobre que fabricaba «modelos T de cualquier color mientras sean negros», y se ha conectado esta limitación con criterios de moralidad, austeridad, desdén de la moda y similares. La realidad fue más sencilla: al principio, Ford produjo coches de diversos colores, como los demás fabricantes; sin embargo, en cierto momento, un ingeniero listo le avisó de que la pintura negra se secaba más pronto, y ya no usó otra.

Al sucederle en el mando de la empresa su nieto, Henry Ford II, quiso lucirse presentando un producto insignia. Vino una etapa de confusiones con la peripecia de crear el modelo Edsel, denominado en honor del hijo del primer Ford. A diferencia de lo ocurrido con el modelo «T» del viejo Ford, que había impuesto al público sus propias tesis y conveniencias, los directivos de la fábrica se aturdían acumulando consultas y sondeos que duraron varios años e intentaban recoger los gustos y aspiraciones de todos los posibles compradores. Un diseñador audaz, Roy A. Brown, tomó parte en el proyecto, hacia 1955, elaborando unos perfiles pomposos del coche. Dos años después salían las primeras unidades, que resultaban feas y presuntuosas. Corrió la voz de que estaban llenas de defectos por dentro y por fuera y la gente, en suma, estuvo tan unánime en no comprarlo como medio siglo antes lo había estado en adquirir el modelo «T». La compañía perdió cientos de millones de dólares y Henry Ford II tuvo que aplicar toda su prudencia a reconducirla hacia una encomiable prosperidad.

El acero de la revolución

Las revoluciones contemporáneas se mueven muchas veces por mediación de símbolos y aspiran más bien a que «parezca» que ocurre algo que no a que se dé en la realidad. Por lo menos, esto es lo que hay que suponer en obsequio de la sensatez de sus dirigentes. Nadie ha dudado nunca del talento de Mao Zedong, y por esta razón cabe pensar que cuando concibió la idea del «gran salto adelante», se proponía tener a su pueblo distraído y magnetizado y no aspiraba a superar de veras en pocos años el potencial de las naciones occidentales. En contra de lo pensado en otras etapas de su mismo régimen, Mao entendía hacia 1957 que la mayor riqueza y fuerza de China era su enorme población: si convenía, construirían embalses «millones de personas con cucharillas de té», parece que dijo. Con semejantes criterios se propuso transformar también la agricultura del país.

Otra medida adoptada dentro del mismo contexto fue aumentar la producción de acero hasta el rango que habían alcanzado las potencias más dotadas. A partir de 1958, el gran conductor del pueblo fue ordenando cada año duplicar, triplicar y cuadruplicar la producción. Fueron sacados de sus casas cien millones de campesinos y se les encomendó construir y operar 600 000 pequeños hornos siderúrgicos que serían instalados en cada comuna. Se asignó a estas unidades una cuota obligatoria de producción sin proporcionarles ni mineral de hierro ni carbón.

El resultado fue una tragedia cada vez más estrepitosa: al principio, los aldeanos buscaron chatarra y restos de hierro; cuando se acabaron, entregaron todos sus útiles férreos de cocina, a la vez que el gobierno prohibía que en las casas se guisase y ordenaba que la gente comiera en cantinas comunales; más tarde hubo que entregar las camas de hierro y seguidamente los aperos agrícolas, con lo cual se detuvieron las labores del campo. Fueron echadas a los hornos las alambradas, y así las bestias quedaron sueltas, y más tarde se fundieron las propias máquinas agrícolas, como los tractores, las trilladoras y lo que fuera. Al propio tiempo, los bosques eran talados salvajemente para alimentar los hornos. Huelga decir que las clases quedaron suspendidas en las escuelas porque tanto los maestros como los discípulos andaban todo el día buscando algo que fuera de hierro a la vez que el combustible para fundirlo. A la misma constricción se sujetaron los médicos, las enfermeras y hasta los enfermos de los hospitales, dedicados todos a aumentar la producción de acero antes que a atender sus propios problemas.

Cuando llegó la hora de las cosechas se vio que las masas trabajadoras habían sido sacadas de los campos y estaban obteniendo aquel acero a muchos kilómetros de distancia, a la par que se carecía del utillaje agrícola perdido. El hambre general estaba a la vuelta de la esquina. Además, vino a resultar que el acero de los minihornos domésticos era de tan mala calidad que sólo valía como chatarra que llevar a los altos hornos de toda la vida. Sin embargo, las 26 000 comunas en que había sido organizada la población de China continuaban rivalizando vanidosamente sobre sus falsas cifras de producción de acero y sus cosechas, y el gran guía del pueblo visitaba satisfecho sus almacenes amañados. En 1958 la prensa china anunciaba jubilosa que la cosecha había sido más grande que la de Estados Unidos y planteaba el problema de qué hacer con los excedentes.

Como se supone, lo que vino mientras tanto fue un hambre horrorosa que forzó a algunas colectividades a incurrir en canibalismo, mientras había campos donde se pudrían los frutos por falta de mano de obra y de utillaje. En esta época murieron, según se estima, treinta millones de chinos. Al empezar el año 1961 Mao se retiró de la jefatura del Estado en favor de Liu Shaoqi y del protegido de éste, Deng Xiaoping.

El nuevo gobierno suspendió por entonces la producción doméstica de acero, importó cereales de Estados Unidos y el Canadá y moderó las ambiciones de la programación industrial. China parecía convalecer de una fiebre funesta, pero en 1966 Mao desencadenó la «revolución cultural» desde el partido comunista que seguía controlando, con el fin de restaurar el liderato efectivo de éste. El trágico contenido del decenio que siguió hasta la muerte de Mao, en 1976, no necesita recordación aquí. La propia China se ha esforzado en olvidar aquellos delirios y en emprender un rumbo más saludable y provechoso.

16. LA DEMOGRAFÍA Y SUS TITUBEOS

UN DILEMA ANTIGUO Y PENDIENTE

En otras páginas de este libro hemos expresado nuestro asombro ante la subsistencia hasta hoy de dilemas conflictivos que vienen de miles de años atrás y sobre los cuales no se ha logrado todavía establecer conceptos unánimes y claros. Uno de los más grandiosos es el de si es bueno o es malo que la humanidad crezca a su aire. El hecho de que semejante disyuntiva no se haya resuelto de modo indiscutible incita a recordar que nuestra cultura ha tardado también muchos siglos en tener una idea real de los procesos de la reproducción humana, como resumimos en otro capítulo. De aquí se podría pasar a deducir que el hombre dirige su inquietud científica primero hacia los temas lejanos y guarda para el final el ocuparse de sí mismo.

Recordamos unas conversaciones en Viena con el demógrafo profesor Nathan Keyfitz. Fuimos repasando el crecimiento incontrolado de la población y las razones que esgrimen los contrarios a él; es decir, los que se alarman de que la población crezca sin freno y subrayan el agotamiento del suelo, el deterioro de la ecosfera, el descenso de la riqueza, la pérdida de la calidad de vida. Quienes muestran una actitud optimista predican que, aplicando la ciencia y la técnica modernas, se superarán todas las carencias. Menos poéticamente, David E. Bloom y Richard B. Freeman aseveran que «no hay pruebas empíricas que demuestren una intensa relación entre el auge de la población y la renta per cápita u otras variables económicas relacionadas con aquél».

Con la enérgica firmeza que da el aplicar un dogma previo, hay varios gobiernos empeñados en reducir el ritmo de crecimiento demográfico —Indonesia, India, China, por ejemplo—, mientras que un dirigente mundial tan preeminente como el Padre Santo profesa la necesidad de respetar el surgimiento natural de la vida. Ciertamente, ni unos ni otros se merecen padecer semejantes preocupaciones, porque el problema lleva abierto demasiados siglos y debería estar sustanciado. Ya Cicerón se interesaba por él —y no era el primero en Roma—; decía en el año 44 a. J.C. que nunca podría haber demasiados romanos que conquistaran tierras donde sustentarse ni demasiadas mujeres romanas que parieran futuros soldados.

Juan Bodino (1530-1596) defendía, en su *República*, que «no hay otra riqueza que las personas», y sugería que, si no se sabe qué hacer con ellas, se las puede poner a producir tejidos u otros bienes negociables que aporten riqueza. Este optimismo mercantilista del «mucho de todo» fue puesto en cuestión por un melancólico pastor anglicano, Thomas Robert Malthus (1766-1834), cuyo pensamiento osciló hacía el lado contrario: el pesimismo universal, las ventajas del ahorro y la abstención y los peligros que implica cualquier especie de exceso. Las tesis de Malthus carecían de precisión cuantitativa y nunca se expresaron más que en abstracto. Su mejor fruto consistiría precisamente en haber excitado teóricamente las líneas de discurso que posteriormente siguieron Darwin y Keynes, entre otras lumbreras.

Como ha pasado en tantas ocasiones, se repite de Malthus sólo una frase que no hace justicia al total de su obra: se limitan a atribuirle el dicho de que «la población tiende a crecer, si no está controlada, en progresión geométrica mientras que las subsistencias crecen sólo en progresión aritmética», que figura en su *Essay on the principle of population* de 1798. En sus obras posteriores, al repetir estos análisis, Malthus no usó un lenguaje matemático tan avasallador y fatalista y se contentó con ponderar el contexto moral del problema demográfico: resultaba mejor, vino a decir, evitar el exceso de población mediante la cultura, la disciplina y la abstención que esperar a que el vicio, las guerras, las epidemias y la miseria acudieran a suprimir a la gente sobrante. El pensamiento de Malthus es más matizado y plural de lo que se repite, según han mostrado recientemente Boulding y otros.

El pensador que se pronunció más violentamente contra la idea de Malthus fue Karl Marx, el cual, a fuerza de enfadarse con él, perdió los papeles hasta el punto de decir: «Si Malthus tiene razón, el mundo estaría superpoblado aunque sólo tuviera un habitante.» Acaso por fidelidad al patriarca, diversos jerarcas de países marxistas declararon, como los chinos en 1974, que «la población no es problema dentro del socialismo». Más tarde se han retractado de este optimismo.

El pensamiento socioeconómico actual está lejos de tener planteamientos claros en tal materia. Podrá traslucirse que unos creen que conviene frenar el crecimiento libre de la población (Arthur Lewis, Gunnar Myrdal, Benjamin Higgins), a la vez que sienten reservas sobre que cualquier sistema sea eficaz en cualquier país. Otros sustentan con firmeza que el crecimiento demográfico no causa graves perjuicios al desarrollo económico.

Por lo demás, las opiniones que se profesan sobre tal asunto en cada sociedad son inseparables de las ideas que la familia se forma acerca de las garantías de una buena vejez. En las sociedades tradicionales el procrear una abundante familia es para los padres un sistema de asegurarse una ancianidad honorable, tanto o más firme que un montaje financiero. A la inversa, la creación de sistemas estatales o bancarios de previsión para la vejez hace innecesaria una prole copiosa. No puede sorprender que cada vez que se ha reunido una conferencia internacional sobre problemas de población, muchos países subdesarrollados han abogado por la fórmula tradicional de libre crecimiento y los países ricos, sobre todo Estados Unidos, han defendido el control de natalidad. Para resolver este antagonismo se llegó en la Conferencia de 1974 en Bucarest a la flexible fórmula de que «la solución efectiva de los problemas de población depende, sobre todo, de las transformaciones económicas».

Una flexibilidad semejante han adoptado distintas corrientes de estudiosos, y así el célebre J. R. Hicks viene a significar que tan dañoso es el exceso de población como un descenso demográfico que acabe generando desempleo. Esto último lo sostienen también Keynes y Kuznets. El profesor Keyfitz, al término de nuestra conversación, añadía una razonable advertencia: que recordemos que todos esos procesos han de desenvolverse en un mundo limitado donde van surgiendo problemas tales como la contaminación atmosférica, la extinción de especies animales, la acumulación de residuos, el calentamiento de la atmósfera y la creciente desertización.

El talento de Cesare Marchetti, al cual ya hemos tributado admiración en otras páginas, ha especulado sobre la posibilidad de que la especie humana remedie estas restricciones a fuerza de desarrollo tecnológico, de modo que vivan en el planeta un billón de personas, con «b», como ahora se dice a propósito de las finanzas nacionales. Ésta es la cifra teórica que alcanzará la población mundial dentro de tres siglos si continúa su desarrollo a la tasa actual. Las dos terceras partes de esta población podrían vivir en ciudades flotantes y el otro tercio en tierra, formando una urbe mundial, con una densidad de 2 000 personas por kilómetro cuadrado. Esto último parece una bendición si reparamos en que la densidad de Barcelona en 1995 es de más de 17 000 habitantes por kilómetro cuadrado y todavía queda sitio para que puedan chocar por las calles numerosos vehículos.

Si esta previsión es optimista por lo que toca al área en que cabría la humanidad, hay otras que no lo son menos en lo referente a su mantenencia. Se ha estimado que el total de tierras cultivables en el mundo es de 3 600 millones de hectáreas, de las cuales se explotaban en 1994 menos de la mitad, unos 1 400 millones. Dentro de las superficies aprovechables, las hay —el

45 %— que podrían aportar rendimientos muy altos, del orden de tres veces los que da el suelo español por término medio; dichas tierras de gran fertilidad se encuentran en su inmensa mayoría en el hemisferio sur, en Asia, África y América meridional, donde pocos son los que han pensado en sacarles este provecho, y casi ninguno lo ha emprendido y logrado más que en lugares singulares. Con todo, esa masa de tierras podría alimentar a 50 000 millones de personas con una satisfacción de nivel europeo actual. Los progresos que están al alcance de la mano en desalinización del agua marina, conservación de alimentos, abaratamiento de la energía y mejora de los transportes, adelantos agronómico y pecuarios y otros aseguran que estas disponibilidades de alimentos cambiarían por completo el cuadro con que se enfrentan los gobiernos del Tercer Mundo, si es que se enfrentan.

Otros estilos de futurología, no menos respetables, contemplan que, sin grandes quebraderos de cabeza, la billonaria humanidad se podría alimentar básicamente de derivados de celulosa, parafinas o hidrógeno procesados microbiológicamente, bebería agua reciclada y se trasladaría en vehículos suspendidos magnéticamente dentro de túneles y tuberías.

Si hemos empezado asombrándonos de que dos mil años de civilización occidental no hayan remediado aquellas disparidades de criterio sobre futuros inciertos, todavía es más notable que en el día de hoy no haya previsiones inequívocas acerca de cuántos terrícolas habrá ni siquiera dentro de pocos años. Las dimensiones de la población dependen de las expectativas de vida en distintas edades y de la tasa de fertilidad. No existen en el día de hoy modelos eficaces e indiscutibles de ninguna de las dos cosas. En 1951 la División de Población de las Naciones Unidas estimó que en el año 1980 la población mundial estaría comprendida entre 2 976 y 3 636 millones de personas; en realidad fueron 4 450 millones. En 1986 predijo que habría seis mil millones en el año 2000. En el año 1994 hemos llegado a 5 600 millones, y es de creer que en 1997 estaremos ya en aquel nivel augurado para el nuevo milenio.

Las predicciones para metas más lejanas son de una incongruencia tan grande que parecen haber sido hechas a bulto: las hay que anuncian para el año 2150 una población de diez mil millones, otras, once mil y otras que lindan con los veinte mil millones. Detrás de estas estimaciones palpita el hecho, más controlado, de que en el último siglo la población mundial ha crecido a un ritmo sostenido del 2 % anual, lo cual equivale a duplicarse cada 35 años. Es de notar que en los países europeos, y en general en los blancos, una mujer tiene una media de 1,3 o 1,4 hijos, y que es precisa una media de 2,2 hijos para conservar la integridad de una población. Todos estamos advertidos, además, de que va predominando el porcentaje de personas de edad y decae el de jóvenes fecundos. Como decía Le Play, «el *ancien régime* produjo el hijo primogénito; el nuevo régimen, el hijo único».

EPÍLOGO

Los últimos capítulos de este libro han tenido que recoger por fuerza las dudas agobiantes con que la humanidad entra en el nuevo milenio, preocupada no sólo porque la ciencia sea incapaz de resolver sus inquietudes sino incluso porque muchas de éstas sean producidas por la ciencia misma. Distingamos en tal punto entre lo amenazadora y temible que se pone la ciencia cuando se propasa —conduciéndonos a situaciones como esas centrales nucleares defectuosas y los ríos podridos por residuos morbosos— y lo prometedora que nos parece cuando ella misma se somete a crítica. Por desgracia, los saberes que afectan inmediatamente al hombre —cual la química o la medicina— se nos presentan como más arrogantes y mandones, y los que sólo se interfieren de rebote en nuestra vida son casualmente los más humildes, tímidos y morigerados, como la astronomía, la física teórica y las matemáticas.

Out of control denomina genéricamente un libro actual a diversos saberes del momento que se nos están escapando de las manos y adquiriendo soberanía propia. Kevin Kelly usa esta misma frase para el título de esta obra que ha sido editada en 1993 en Reading, Massachusetts. En ella nos alarma contra los peligros de una robótica, de una ingeniería biológica, de una informática, y de unas versiones artificiales de la vida y de la inteligencia que empiezan ya a producir resultados que son incomprensibles para sus creadores y dentro de poco serán incontrolables por ellos. Una serie de dinámicas tecnológicas se habrán convertido en sistemas vivos y autónomos. Norbert Wiener, uno de los patriarcas de la cibernética, ya nos avisó hace más de medio siglo de los peligros en que nos metíamos apostando por una tecnología ilimitada. Con todo, ¿es que la humanidad progresista ha escuchado jamás a quienes la han avisado en cada momento de los riesgos que corría?

Hace cinco siglos y pico se produjo una de esas bifurcaciones trascendentales cuando el hombre europeo emprendió el descubrimiento y conquista del resto del planeta sin saber en qué consistía tal empresa ni los resultados que iba a generar. La creación científica y técnica ha solido emprenderse de la misma manera, con una curiosa combinatoria de ensueños y cálculos, intuiciones y mediciones, ocurrencias y programas. Al químico Kekulé se le aparecieron en un sueño, en 1865, unas serpientes que se mordían la cola, y esta figura le dio la idea del anillo hexagonal del benceno. Igual podía haberle representado el destino del hombre en la persecución de la felicidad.

Lo que no inspira nunca idea alguna es una certidumbre inmovilista, como la de aquellos académicos franceses de fin de siglo, antes citados, que proclamaban el final de la ciencia, llegada ya a su cima. Aunque parezca cínico decirlo, la mejor prueba de que la ciencia continúa palpitante y tensa es que sigan registrándose errores en su elaboración.

BIBLIOGRAFÍA

AYALA, F. J., y T. DOBZHANSKY, *Estudios sobre la filosofía de la biología*, Barcelona, Ariel, 1983.

BARUK, Stella, *L'age du capitaine. De l'erreur en mathématiques*, París, Seuil, 1985.

BATLLORI, Miguel, *De la Edad Media a la Contemporánea*, Barcelona, Ariel, 1993.

BOCHNER, Salomon, *The role of mathematics in the rise of science*, Princeton UP, 1966

BOORSTIN, Daniel, *The discoverers*, Nueva York, 1970.

CARTWRIGHT, Nancy, *How the laws of Physics lie*, Oxford UP, 1983.

COHEN, I. Bernard, *The Newtonian revolution*, Cambridge UP, 1980.

DAHL, S., *Historia del libro*, Madrid, Alianza, 1989.

FEYERABEND, Paul, *Realism, rationalism and scientific method*, Cambridge UP, 1981.

GALISON, Peter, *How experiments end*, Chicago UP, 1987.

GARDNER, Martin, *Fads and fallacies in the name of science*, Nueva York, Dover, 1952.

GELB, I. J., *Historia de la escritura*, Madrid, Alianza, 1976.

GÓMEZ PIN, V., *El orden aristotélico*, Barcelona, Ariel, 1993.

HAKEN, Hermann, *Fórmulas del éxito en la naturaleza*, Barcelona, Salvat, 1994.

HERAS, Antonio R. de las, *Navegar por la información*, Madrid, Fundesco, 1991.

HOLMES, Frederic L., *Lavoisier and the chemistry of life: An exploration of scientific creativity*, University of Wisconsin P., 1985.

HOLTON, Gerald R., *Thematic origins of scientific thought*, Harvard UP, 1973.

HULL, L. W. H., *Historia y filosofía de la ciencia*, Barcelona, Ariel, 1989.
HUXLEY, Julian, y H. B. D. KETTLEWELL, *Darwin*, Barcelona, Salvat, 1993.
JACOMY, B., *Une histoire des techniques*, París, Seuil, 1990.
KOYRE, Alexandre, *Études d'histoire de la pensée scientifique*, París, PUF, 1973.
KRANZBERG, PURSELL (eds.), *Historia de la tecnología*, Barcelona, G. Gili, 1981.
LENTIN, Jean-Pierre, *Je pense, dont je me trompe*, París, Albin Michel, 1994.
LICHTENTHAELER, Charles, *Histoire de la médécine*, París, Fayard, 1978.
MERTON, Robert K., *Science, technology and society in the seventeenth century England*, Nueva York, Harper, 1970.
RUSSELL, Bertrand, *Our knowledge of the external world*, Chicago y Londres, Open Court, 1914.
SANTALÓ, L. A., *La matemática: una filosofía y una técnica*, Barcelona, Ariel, 1993.
SEGRE, Emilio, *Les physiciens classiques et leurs découvertes*, París, Fayard, 1987.
—*Les physiciens modernes et leurs découvertes*, París, Fayard, 1984.
SHAPIRO, Robert, *Orígenes. Lo que sabemos actualmente sobre el origen de la vida*, Barcelona, Salvat, 1993.
SHEA, W. R., *La revolución intelectual de Galileo*, Barcelona, Ariel, 1983.
SIMONDON, G., *Du mode d'existence des objets techniques*, París, Aubier, 1989.
TRÍAS SAGNIER, Eugenio, *Filosofía del futuro*, Barcelona, Ariel, 1983.
—*Los límites del mundo*, Barcelona, Ariel, 1992.
VALVERDE, José María, *Breve historia y antología de la estética*, Barcelona, Ariel, 1990.
VERDET, Jean-Pierre, y Richard S. WESTFALL, *Science and religion in XVIIth century England*, University of Michigan P., 1973.
VOLTES, Pedro, *Cristóbal Colón*, Barcelona, Salvat, 3.ª ed., 1995.
—*Dos mil años de economía española*, Barcelona, Planeta, 1988.

VOLTES, Pedro, *Disparates regios*, Barcelona, Planeta, 1994.
— *Grandes mentiras de la Historia*, Madrid, Espasa-Calpe, 2.ª ed., 1995.
WOOLGAR, S., y B. LATOUR, *Laboratory life. The construction of scientific facts*, Princeton UP, 1986.

Índice onomástico